Mark Benecke (Hg.)

Das MARK BENECKE-Universum

Mitstreiter, Oma und Opa erzählen …

Bibliographische Information der Deutschen Nationalbibliothek:
Die Deutsche Nationalbibliothek verzeichnet diese Publikation in der deutschen
Nationalbibliographie; detaillierte bibliographische Angaben sind im Internet
über http://dnb.ddb.de abrufbar.

1. Auflage
© Militzke Verlag GmbH, Leipzig 2011
Lektorat: Lydia Benecke, Julia Lössl
Umschlaggestaltung: Ralf Thielicke
Umschlagfoto: © Mark Benecke (Domgrabung, Köln, 2005)
Layout und Satz: Ralf Thielicke
Schrift: Hypatia Sans
Gedruckt auf: Schleipen Fly®
Druck und Bindung:
GGP Media GmbH, Pößneck

Printed in Germany
ISBN 978-3-86189-845-0 (Buch)
ISBN 978-3-86189-790-3 (E-Book)

Besuchen Sie uns im Internet unter: www.militzke.de
und unter: www.benecke.com

Mit tiefem Respekt vor meinen Klienten.

M.B.

Inhalt

Vorwort

Ich bin ein Fan vom Bram Stokers „**Dracula**". Nicht wegen der Vampire, sondern weil sein Roman zusammengeflickt ist aus Tagebucheinträgen, Berichten, Beschreibungen der damals abgefahrensten Apparate und deren Verwendung, objektiven Beobachtungen und dem unmöglichsten Quatsch, den sich ein Mensch nur ausdenken kann.

Ein solches Buch haben meine MitarbeiterInnen, KollegInnen, Freund-Innen und meine Frau hier zusammengetragen. Es ist voller Stilbrüche, mosaikartig und genauso bunt und verrückt wie unser forensischer Alltag.

Geschrieben haben wir es, weil wir auf Veranstaltungen sehr oft nach persönlichen Dingen oder Erlebnissen vor Ort gefragt werden, für die eine Vorlesung, ein Vortrag oder ein Kurs keine Zeit lassen. Hier sind sie also: Die Interviews mit Oma und Opa, eine Menge Fotos, Berichte aus Indien, Moskau und New York, Kurse, meine ersten wissenschaftlichen Versuche mit Tintenfischen, was das alles mit Forensik zu tun hat, sowie einige Fälle, die ich noch nie zu Ende erzählt habe.

Es gibt allerdings einen Unterschied zu Bram Stokers Buch: Alles ist wirklich passiert. Manchmal glauben wir es selber nicht. Aber so ist das eben – die Wirklichkeit ist spannender als jeder Roman.

Mark Benecke

P.S.: Die Fußnoten finden sich ganz hinten im Buch, ebenso die Namen der FotografInnen..

Oma und Opa erzählen über Beneckes Kindheit

versucht unbayerische Original- sowie übersetzte, hochdeutsche Version, 30. Dezember 2009, Bruckmühl, Bayern

Mark Benecke mit seinen Großeltern und seinem genetischen Vater im bayerischen Esszimmer.

Oma: Mit vier Jahren hatte er mal eine Rotznase. Ich konnte das nicht mit ansehen, denn er war sonst sehr reinlich, und dann habe ich mir ein Taschentuch gesucht. Dabei habe ich in seine Hosentasche gefasst und wollte ein Taschentuch herausholen, und was ziehe ich mit heraus? Fünf Regenwürmer, eine Spinne.

Mit vier Jahren hatte er mal a Rotznasen. I konnt' des ned mit ansehen, denn er war sonst sehr reinlich, und dann hab' i mir ein Taschentuch gesucht. Da hab' i in seine Hosentasche reing'langt und wollt' ein Taschentuch rausholen und was geht mit? Fünf Regenwürmer, eine Spinne.

Volker[1]: Ein Weberknecht oder eine richtige Hausspinne?

Oma: Ich weiß es nicht, ich kenne mich damit nicht so aus.

I woaß es ned, i kenn mi da ned so aus.

Lydia[2]: Gibt es dafür noch mehr Beispiele? Hat Mark sonst mal etwas gemacht, das mit etwas Verrücktem oder Neugierigem zu tun hat?

Volker: Wir hatten ein Schwimmbecken, das man aufblasen kann. Da saß er gern drin und hat die Fliegen, die darin ertrunken sind, herausgefischt. Daran kann ich mich noch erinnern.

Mir hom a Schwimmbecken g'habt, das man aufblosen kann. Da is er gern drinnen g'sessen. Und da hat er da die Fliegen, die da allawei ertrunken sind, die hat er da so raus g'nomma. Da konn i mi no erinnern.

Oma: Alle meine Marmeladengläser sind abhanden gekommen, denn in jedem saß ein Tier, das man auch noch füttern musste.

Meine sämtlichen Marmeladengläser sann abhanden 'kommen, weil in jedem Marmeladenglas hats irgend ein Tier drin g'habt, des musstest' füttern.

Mark: Zum Beispiel?

Oma: Kaulquappen zum Beispiel oder alles mögliche, sogar mit einer Leiter darin. Da hat er beobachtet, ob das Tier hinauf oder hinunter krabbelt.

Ja, Kaulquappen, gell, alles mögliche, sogar mit einer Leiter versehen. Da hat er gschaut, ob er rauf oder runter geht.

Opa: Der Grüne, das war der Wetterfrosch. Die anderen Tiere waren ja mehr oder weniger von den alten Häusern, aus dem Keller, der sehr feucht war. Außerdem fehlten die Kellerfenster. Auf der Schattenseite lebten die Quappen und die grauen Frösche. Die mögen keine Sonne.

Wir waren auch selbst auf einer Alm, die nicht uns, sondern einem Freund gehörte. Dort sind wir alle beide voraus marschiert, ganz laut. Ich habe gesagt, sie sollten ein bisschen ruhig sein, denn das Schauen und Schreien macht die Vögel wild. Alle sind weggeflogen.

Dann kamen wir zu den frisch gefällten Bäumen. Er fragte mich: „Was ist das? Da sind lauter Ringe drin." Und ich darauf: „Ja, setz dich hin, zählen kannst du ja. Zähle bis in die Mitte, jeder Ring steht für ein Jahr!"

Das kannten die alles nicht. Deswegen ist man nicht gleich dumm, wohlgemerkt, aber für Kinder muss man ein bisschen Interesse zeigen und auch etwas erklären.

Der Grüne, ja, das ist der Wetterfrosch. Das andere waren ja mehr oder weniger ... von den alten Häusern ... da war der Keller – mo ko' sog'n – bei siebzig Prozent Feuchtigkeit g'wesen. Und dann waren die Kellerfenster raus. Und auf der Schattenseite, da haben sich die Quappen, die grauen Frösche, g'halten. Die mögen koa Sonne und nix.

Mir hom auch selber a Alm besessen, ned Eigentum, sondern, wenn a Freund da g'wes'n ist, sind wir auch da g'wes'n. Und dann sind alle beide voraus marschiert, ganz laut. Da sog i, seids a bissl ruhig, sog i, vor lauter Schau'n und Schrei'n macht's die Vögel wild. Ois is davo' flog'n!

Dann samma an an frischen Baumschlag gekommen, da war'n die Bäume gefällt. Dann hat er g'sogt: „Was ist das? Lauter Ringe drin!" Da sog i: „Ja, setz di hin, zählen kannst' ja. Jetzt zählst von da bis in die Mitte rein. Jeder Ring is a Jahr!"

Des kannten die ois ned. Deswegen is ma ned dumm, also wohlgemerkt, aber für Kinder muss man a bissl Interesse zeigen und a bissl erklären.

Oma: Natur fand er schon immer gut. Am Anfang deines Berufslebens habe ich gesagt: „Mark, ich kann das nicht verstehen. Wie kann man einen solchen Beruf lernen? Ekelst du dich nicht vor den Toten?" Darauf hast du zu mir gesagt: „Oma, wenn du eine Leber brätst, kaufst du die lebendig oder tot?" Hahahaha!

Am Anfang von deinem Beruf, wo's da g'sessen bist, da hob i g'sogt: „Mark, i konn des ned verstehn. Wie kommer a so an Beruf lernen? Ekelt dir ned vor de Totn?" Dann hosd du zu mir g'sogt: „Oma, wenn Du eine Leber brätst, kaufst Du die lebendig oder tot?" Hahahaha!

Volker: Wie alt war er denn da? Wann war das? War er da schon zwanzig?

Wie oid war ern da an Anfang? Wann wor des? Warer da scho zwanz'g?

Oma: Das war, als er nur auf Besuch war, gewohnt hat er da schon nicht mehr hier. Wann bist du denn eingestiegen als Biologe?

Da worer scho z'Bsuach do, da warer scho nimmer da. Wann bistn du eistieg'n ois Biolog'?

Mark: Mit zweiundzwanzig habe ich das erste Mal in der Rechtsmedizin gearbeitet.

Volker: War das der Fall, in dem es um den Pfarrer ging? Nein, das ist noch nicht so lange her.

War das mit dem Pfarrer der Fall? Naa, des is no ned so lang her.

Mark: Das war mit siebenundzwanzig oder so.

Volker: Das war der erste Fall?

Des wor der erste Fall?

Mark: Das war der erste Fall, wo mich ein Richter mal während der Verhandlung beauftragt hat. Stimmt. Ja.

die dpa meldete:
„Geyer-Prozess: Insekten-experte trägt Gutachten vor. Der in New York arbeitende deutsche Diplombiologe Mark Benecke trägt am 10.3.1998 im Landgericht in Braunschweig sein Gutach-ten über drei bei der Leiche von Veronika Geyer-Iwand gefundene Maden vor. Damit soll in dem Indizienprozeß gegen den wegen Totschlags an seiner Ehefrau angeklagten Pastor Klaus Geyer der mögliche Todeszeitpunkt des Opfers festgestellt werden."

Oma: Da habe ich dich zum ersten Mal im Anzug gesehen, ja. Und das zweite Mal war erst jetzt, als Laudator mit Anzug und Krawatte. [Also zwölf Jahre später, bei der Preisverleihung der CORINE, im ZDF, M.B.]

Da hob i di zum ersten moi im Onzug g'sehn, ja. Und des zwoate Foto war jetzt ois Laudator mit Anzug und Krawatte.

Mark: Habt ihr das im Fernsehen gesehen? Das war mein PARTEI-Anzug von C&A.

Opa: Ich bin kein Freund von Schlips und Kragen. Aber wenn nun einmal die Umgebung nach so etwas verlangt, sollte man etwas mitschwimmen; dann musst du dich schlauerweise anpassen.

I bin a koa Freund von Schlips und Krogn, gej. Aber wenn hoid amoi die Umgebung ned anderes ist, und du mogst a bissei mitschwimmen, dann musst' di da schlauerweise anpassen.

Lydia: Manchmal!

Opa: Das hilft nichts. Ich gehe auch so in geschlossene Gesellschaften. Da komm ich rein und wenn alle begrüßt sind, dauert es meist keine halbe Stunde – dann hat sich das gegeben. Wir beide waren auf Teneriffa, der ganze Speisesaal war voll, mit sechshundert Personen: Keiner hat das Sakko ausgezogen, alle saßen bei dreißig Grad Wärme drinnen und haben geschwitzt und gegessen. Sepp Kober, von nebenan, sagte: „Du, ich bin doch nicht verrückt. Ich setzte mich doch nicht mit dem Sakko zum Essen." Dann sind wir aufgestanden, haben es ausgezogen und über den Stuhl gehängt. Es hat keine zehn Minuten gedauert, da saßen siebzig Prozent und mehr im Hemd und haben gegessen, und von dem Tag an habe ich das immer so gemacht.

Des heißt nix. Hernach, i geh a nei in eine geschlossene Gesellschaft. Da komm i nei, wenn alle begrüßt san, nocha dauerts keine hoibe Stund – dann is des weg. Wir warn beide auf Teneriffa, der ganze Speisesaal mit sechshundert Personen: Koanar hat des Sakko ausg'zog'n, alle san drin gsitzt bei dreißig Grad Wärme und hom g'schwitzt und g'essen. Der Kober Sepp von nebenan sogd: „Du, schau amoi, I werd do ned verrückt sei, I setz mi do ned daher mit am Sakko, zum Essen." Da sammer aufg'schdanden, homs auszogn und übern Stui g'hängt. Koane zehn Minuten hods dauert, da warn siebzig Prozent und mehr im Hemd drin g'sessen und hom g'essen, und von dem Tag iss immer so g'wen.

Oma: Das muss für dich als Psychologin doch auch interessant sein, oder?

Des muss für di do ois Psychologin a interessant sein, oder?

Lydia: Watt? Öh …

Oma: Die Menschenkenntnisse und so!

Lydia: Ich finde Menschen superinteressant. Deswegen bin ich auch so neugierig, hähä. Apropos … ich habe noch eine Frage, die passt eigentlich ganz gut, nämlich: Als Mark noch ein Kind war, welchen Beruf haben Sie gedacht, würde Mark mal machen? Hatten Sie da eine Idee?

Volker: Also, eine Idee hatte ich eigentlich nicht. Weil mit drei Jahren hat er noch nicht so …
Oiso, a Idee hob I eign'tlich koane g'hobt. Weil, mit drei Johr'n, da hodder no ned so…

Oma: Da hatte er außer Tante Ritas Schäferhund keinen Freund.
Da hod er ausser am Tante Rita Ihr'n Schäferhund hodder da koan Freind ghobt.

Opa: Dann hat er sich vor die Hundehütte gesetzt und dem Hund Schokolade gegeben. Und dann hat er die Schokolade gegessen.
Da hod er si vor die Hundehütte hig'sitzt, da hodder eam an Schoklad ge'm, und dann hod er den Schoklad g'essen.

Oma: Er hat in der Hundehütte drin gesessen und herausgeschaut.
Da hod er in der Hundehütte drin g'sessen und rausg'schaut.

Opa: Nein, draußen hat er gesessen.
Na, draus is er g'sessen.

Oma: Nein, er hat herausgeschaut!
Na, er hod raus gschaugt!

Oma, Opa, Volker: [uneiniges Stimmengewirr]

Mark: Wir haben ja noch alte Fotoalben …

Oma: Die Fotos hat die Mutter!

Mark: Ich guck dort mal.

Oma: Eines ist dabei, oder hat das die Rita noch, da schaut dein Kopf aus der Hundehütte raus.

Oans is dabei. Oder hods d'Rita no? Da schaust mi'm Kopf aus der Hunde-
hütten naus.

Mark: Wir können die Rita ja gleich mal fragen.

Lydia: Hatte er eigentlich Freunde als kleines Kind, mit denen er gespielt hat?

Oma: Nein.

Naaa …

Opa: Im Kindergarten war er nicht, oder?

Im Kindergarten wor er ned, oder?

Oma: Nein, im Kindergarten war er nicht.

Na, im Kindergarten wor er ned.

Volker: In Rosenheim war er eigentlich auch nicht oft.

In Rosenheim, da wor eigentlich a ned fui.

Lydia: Und da waren keine Kinder?

Volker: Da waren keine Kinder. Die waren alle schon größer. Moment, da gab es die Inge Schmäh mit der Christine…

Da worn koane Kinder. Die warn alle schon größer. Momentamoi, da war
die Schmäh Inge mit der Christine …

Lydia: War die denn auch so klein?

Volker: Ich überlege.
> I bin am überleg'n.

Opa: Ich weiß das auch nicht mehr.
> I woass des aa nimmer.

Mark: Ist nicht so wichtig.

Lydia: Wir haben noch eine Frage: Beschreibt Mark bitte mit drei Eigenschaften. Drei Wörter. Drei typische Eigenschaften, wo man sagen würde: Das ist typisch für ihn.

Volker: Typisch…

Lydia: Was beschreibt ihn gut?

Volker: Das kann man schlecht beschreiben. Zuerst ist er genau. Das ist sehr wichtig, oder?
> Des kommer jetzt schlecht sog'n. Weil zerst amoi muss er genau sei. Des ist sehr sensibel, oder?

Lydia: Ah! Das ist gut, okay.

Volker: Und dann soll er ein bisschen über den Dingen stehen.
> Und dann muss er a bissl über den Dingen stehen.

Lydia: Das bedeutet?

Volker: Dass er sich nicht alles zu sehr zu Herzen nimmt. Das sag ich jetzt in Bezug auf die Arbeit. Was gibt es noch? Was können wir noch über Mark sagen?
> Dass er sich nicht alles zu sehr zu Herzen nimmt. Des moin I jetz, für die Arbeit. Was hommer no? Was kommer no sog'n vom Mark?

Das Benecke-Universum

Oma: Was er ist?

Wos er is?

Lydia: Ja, Eigenschaften!

Oma: Ein Charmeur!

A Charmeur!

Volker: Das ist keine Eigenschaft!

Des is koa Eigenschaft!

Lydia: Das reicht schon[3]. Dann machen wir noch ein Gruppenbild. Danke schön!

Mama und Papa erzählen auch …

Finden Sie es nicht eklig, dass ihr Sohn mit Maden und Leichen arbeitet?

Wie viele Menschen hatten wir anfangs damit Probleme. Nachdem wir uns aber immer mehr für seine Arbeit interessierten, fanden wir seinen Beruf außergewöhnlich und spannend – aber keinesfalls eklig. Spannend ist zum Beispiel, dass Mark durch seinen Beruf und anhand von Maden, Käfern etc. den Todeszeitpunkt ermitteln und erforschen kann.

Welche Tipps haben Sie für Eltern, die auch so ein komisches Kind haben, das vielleicht erst 8 Jahre alt ist?

Seine Interessen ernst nehmen – viel in der Natur unternehmen und erklären – zusammen Bücher lesen (z.B. aus der Reihe „Was ist was?") und nicht so viel allein am Computer sitzen lassen.

Mark Benecke mit seinen Eltern, Köln, 2011

Können Sie sich an irgendeine lustige Geschichte erinnern, die schon früh das naturwissenschaftliche Interesse Ihres Sohnes gezeigt hat?

Käfer, Regenwürmer etc. waren schon seit frühesten Kindertagen interessant für ihn. Ein tolles Exemplar eines Hirschkäfers aus einem Spanien-Urlaub war lange Zeit sein Lieblingsobjekt, bis ihn leider die Katze zum Spielen entdeckte. Dafür hätte er der Katze am liebsten den Hals umgedreht.

Wie erklären sie sich die rätselhafte Vorliebe ihres Sohnes für Kaiserschmarrn?

Das war schon immer das Lieblingsgericht der Männer der Familie, wohl daher, weil die Mutter aus Bayern kommt und den Schmarrn besonders gut zubereiten kann. Außerdem, was kann es für einen Vegetarier Besseres geben?

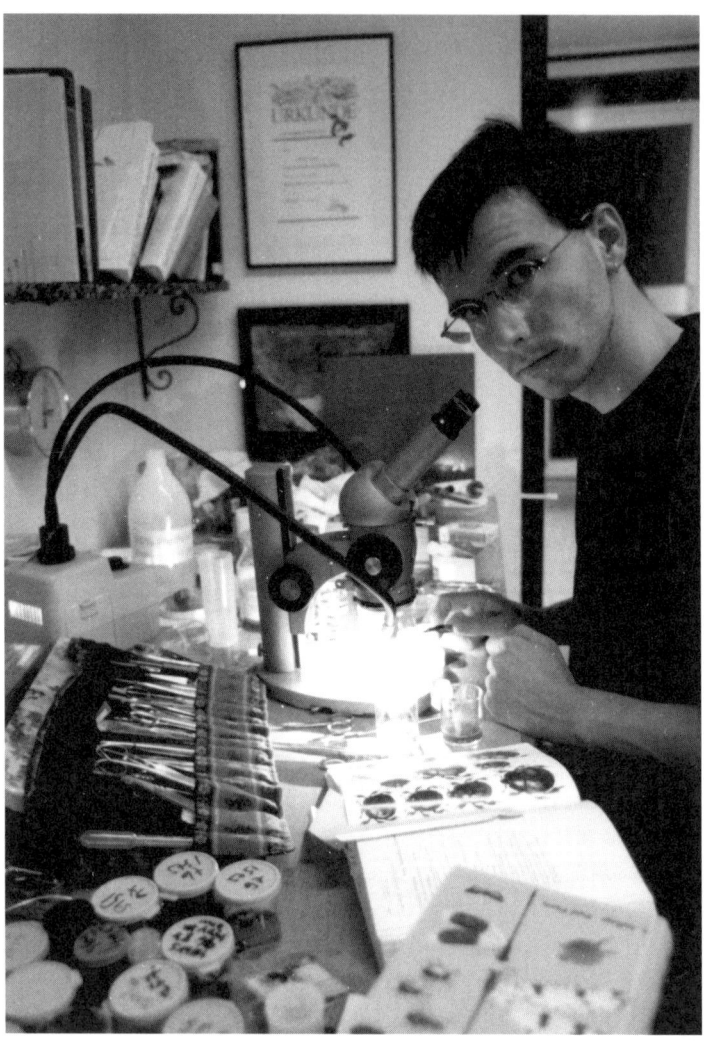

Erstes Labor im Institut für Rechtsmedizin Köln; man beachte die von Marks Mutter aus einem Dirndl oder Sofa-Bezug genähte Sezier-Besteck-Tasche, ca. 1996.

Von einsamen Seefahrern und gemeinsamen Häfen

Lydia und Mark Benecke

Lydia Benecke wurde im polnischen Bytom (Beuthen) geboren und wuchs seit ihrem fünften Lebensjahr im Ruhrgebiet auf. Sie studierte Psychologie mit den Nebenfächern Psychopathologie und Forensik und schrieb ihre Diplomarbeit über Persönlichkeitseigenschaften von Sadomasochisten. Berufserfahrungen sammelt(e) sie schon vor und während ihres Studiums in verschiedenen psychologischen und psychiatrischen Einrichtungen. Sie arbeitet(e) mit an unterschiedlichen psychischen Störungen leidenden Menschen sowie mit Gewalt- und Sexualstraftätern. Ihre Interessensschwerpunkte sind Persönlichkeitsstörungen, Sexualität, Traumastörungen, Kriminalpsychologie, die psychologischen Betrachtungen von Subkulturen (unter anderem BDSM, Gothic, Vampyre) und abergläubischen Überzeugungen. Zurzeit arbeitet sie als selbstständige Diplompsychologin mit mehreren Tätigkeitsfeldern in Beratung, Therapie, Forschung und Bildung (www.benecke-psychology.com). Sie ist freie Mitarbeiterin bei **Benecke International Forensic Research & Consulting**, Mitautorin der Bücher **Vampire unter uns! Band 1 und 2** sowie des im Herbst 2011 erscheinenden Buches **Aus der Dunkelkammer des Bösen**. Unter anderem hält sie Kriminalpsychologiekurse für Studenten und schreibt eine psychologische Kolumne für Deutschlands bedeutendste BDSM-Zeitschrift **Schlagzeilen**.

Ich weiß nicht wie du heißt
Doch ich weiß dass es dich gibt
Ich weiß dass irgendwann
irgendwer mich liebt.
(Rammstein)

Todesermittlungen-Fachtagung in Bremen 2011. Ein mir unbekannter, neben mir stehender Polizeibeamter schaut auf mein Namensschild und sagt. „Lydia Benecke?" Kurzes Zögern und ein Blick von meinen roten Haaren über meine schwarzen Klamotten bis hinunter zu meinen mit Rosen bestickten Doc Martens. „Bist du die Schwester, Frau oder Tochter von Mark?" Ich verkneife mir ein lautes Lachen und sage: die Frau.

Lydia und Mark:
Wir werden öfter für Geschwister gehalten, denn „ihr redet ja beide so schnell, und gestikuliert so viel dabei, und ihr lauft so alternativ gekleidet herum". Öfter kommt auch die Frage, wie zwei so viel und schnell sprechende Menschen es überhaupt schaffen, sich miteinander zu unterhalten und ob uns nicht die Themen ausgehen. Das passiert in der Tat nie, denn wenn man private Interessen sowohl ins Berufsleben als auch in die Beziehung einfließen lassen kann, hat man einen ziemlich unerschöpflichen Pool an gemeinsamen Gesprächsthemen und Unternehmungen. Ein echter Vorteil für die Ehe übrigens, denn psychologische Studien belegen, dass Paare umso länger zusammen bleiben, desto mehr gemeinsame Interessen, Einstellungen und Eigenschaften vorhanden sind. Umso mehr

Lydia und Mark Benecke
im Gruselschloss, 2010

Gemeinsamkeiten, desto größer ist aber auch die Wahrscheinlichkeit, dass man sich irgendwo begegnet. So war es dann auch bei uns.

Lydia:

2003 schrieb mir ein Bekannter ins Gästebuch meiner damaligen Homepage, dass in meiner Heimatstadt Bottrop ein Vortrag stattfindet, der sicher interessant für mich wäre. „Du findest doch Kriminalfälle so spannend und liest viele Bücher darüber. Heute sah ich in der Zeitung, dass ein Kriminalbiologe sein Buch über Kriminalfälle in Bottrop vorstellt, da hab ich direkt an dich gedacht." Ich schrieb mir Uhrzeit und Veranstaltungsort auf und fuhr mit einem Freund hin. Von Mark Benecke hatte ich noch nie etwas gehört.

Marks Vortrag handelte von Serienmördern – einem meiner Lieblingsthemen. Ich fand es super, dass hier jemand mal sachlich über die Fälle sprach, ohne das in vielen „Real-Crime-Büchern" vorkommende „diese Monster sind so gruselig, mich mit denen zu beschäftigen erfüllt mich mit Abscheu"-Gelaber einiger Autoren. Diese wollen scheinbar um jeden Preis verhindern, sich mit einer sachlicheren Haltung beim Leser persönlich unbeliebt zu machen. Einige – wie der ehemalige New Yorker Polizeibeamte Vernon Gerberth, den wir von der AAFS-Tagung (siehe Foto auf Seite 58) kennen, ertragen ihren Job auch nur, indem sie daran festhalten, von Gott persönlich zur Bekämpfung des Bösen in der Welt beauftragt worden zu sein.

Ich dachte mir jedenfalls nach Marks Vortrag, „dieser wie ein Computernerd aussehende Junge in seinem komischen Holzfällerhemd hat die richtige Einstellung, wie sympathisch". Ich kaufte sofort sein Buch, um es mir signieren zu lassen.

Mark:

Beim Signieren redeten wir kurz, Lydias schwarze Klamotten fielen mir positiv auf. Sie sagte, dass sie Psychologie studiere und auch mal im forensischen Bereich arbeiten wolle. Ich bat sie, kurz stehen zu bleiben, drückte einem Mann meine Kamera in die Hand und ließ ihn ein Foto von der auf eine Buchsignatur wartenden Schlange machen, während Lydia gerade mit meinem Buch neben mir ganz vorn stand.

Lydia:

Bis heute erzählt er mir: „Ich fand dich schon damals nett und wollte gerne ein Foto mit dir zusammen machen." Ein Charmeur ist er ja, das wissen schließlich selbst seine bayrischen Großeltern (siehe Seite 19).

> I don't know who you are
> I know that you exist
> Sometimes love seems so far
> Your love I can't dismiss.

Lydia:
Das hätte auch schon das Ende dieser Geschichte sein können, wenn nicht einige Zeit später der Freund von mir, der mich zu Marks Vortrag begleitet hatte, Mark wegen einiger Sachinformationen zu Todesarten hätte befragen wollen. Er traute sich aber nicht, eine E-Mail an Mark zu schreiben. Da er bei dem Vortrag nicht mit Mark geredet hatte, ich aber schon, sollte ich die Anfrage übernehmen. Das tat ich und hieraus entwickelte sich – „von Hölzken auf Stöcksken" – ein kontinuierlicher und reger Mailkontakt über die nächsten Jahre. Wir tauschten uns unter anderem über Kriminalfälle, die Bekopptheit von Kreationisten, Vampi/yre und allerlei Subkulturgedöns aus. Auch damals gingen uns die Themen nie aus, ganz im Gegenteil.

Mark:
Parallel dazu liefen wir uns an unterschiedlichen Orten immer wieder über den Weg, beispielsweise bei den Rhein-Ruhr-Skeptikern im **Unperfekthaus Essen** – bis heute eine unserer Lieblingslocations –, wo sich mehr

Seit Jahren ein gemeinsamer Hafen mitten in Köln: Das schwarze Amphi-Festival am Tanzbrunnen, 2006.

oder weniger kauzige Wissenschaftler oder Wissenschaftsinteressierte kritisch mit abergläubischen Überzeugungen auseinandersetzen. Auch innerhalb der Rhein-Ruhr-Gothicszene begegneten wir uns hier und da, wie beim **Amphi-Festival** in Köln oder beim **Blutengel**konzert im Eventschloss **Pulp** in Duisburg. Lydias damalige kleine Clique und ich nutzten solche zufälligen Treffen zu angeregten Gesprächen beim Abendausklang.

Lydia:
Ab und zu lud Mark uns dann ein, wenn er mal wieder einen Vortrag in der Nähe hielt, und wir fuhren hin. Vor einem Vortrag im Ruhrgebiet trafen wir uns mit Mark in meiner damaligen Wohnung auf einen Tee. Mark kam aus dem Staunen nicht mehr heraus: „Deine Wohnung ist die polnische Mädchenversion von meiner Wohnung", witzelte er.

Mark:
Lydias Wohnung war meiner durchaus in vielen Dingen ähnlich – nur noch wesentlich vollgestopfter als meine – mit Kram aus verschiedenen Kulturen und Zeiten, Gruftitrash und Horrorstuff. Den meisten Platz besetzten ebenso wie bei mir Zuhause Bücher, die thematisch sortiert waren. Auch die Themen in den Buchregalen zeigten erstaunliche Übereinstimmungen mit meiner privater Bibliothek: Kriminalfälle, Vampirismus, Aberglaube und Skeptizismus, Psychologie, Sexualität und BDSM, Sagen und Legenden, geschichtliche und philosophische Bücher.

Lydia:
Während Mark staunend dasaß, kommentierte meine älteste Freundin Vanessa grinsend: „Lydia weiß sogar immer, wenn man sie nach einem Thema fragt, in welchem ihrer Bücher etwas dazu steht, und vor allem, wo in diesem Gerümpel hier das Buch zu finden ist."
    „Das mach ich auch so", merkte Mark gar nicht überrascht an.

Ich warte hier
Don't die before I do
Ich warte hier
Stirb nicht vor mir.

Lydia und Mark:

Wenn man sich immer wieder an denselben Orten begegnet, zufällig dasselbe Essen und Trinken bestellt, sich über seine Lebenswelten virtuell und persönlich so intensiv über Jahre austauscht, immer mehr gemeinsame Freunde und gemeinsame Projekte hat, dann merkt man irgendwann, dass das alles kein Zufall sein kann oder sein sollte. So ging es uns also. Wir kennen uns gefühlt schon ein Leben lang, haben auch in unseren Lebensgeschichten teilweise erschreckend viele Gemeinsamkeiten entdeckt und sind irgendwann an der Einsicht, dass wir unsere Leben nun auch ganz gemeinsam verbringen wollen, nicht mehr vorbeigekommen. Wie es mit unserer gemeinsamen Geschichte weiter geht, darauf sind wir selbst vielleicht am meisten gespannt. Auf jeden Fall segeln wir jetzt zusammen auf den durchgeknallten, wilden und wunderschonen Wellen des Lebens und sind glücklich darüber, uns nicht nur das Schiff, sondern auch die inzwischen gemeinsamen Heimathäfen dieser Welt zu teilen.

Mit herzlichem Dank und vielen Grüßen an RAMMSTEIN, deren Lied „Stirb nicht vor mir"[4] einer von vielen Denkanstößen war, dank derer unser gemeinsames Schiff nun segelt.

In zwölf Tagen um die halbe Welt: Mark und Lydia Benecke auf forensischer Tour

Lydia Benecke

An einem kalten Februarmorgen brechen wir zum Kölner Hauptbahnhof auf. Am Vortag bin ich direkt von meiner Arbeit als Psychologin in einer Psychiatrie im Ruhrgebiet nach Köln gefahren, wo ich abends ankam. In der Nacht vor der Abreise war ich noch lange mit Vorbereitungen beschäftigt, weshalb ich die Reise schon im Erschöpfungszustand antrete.

Es ist kurz nach fünf Uhr, der ICE zum Frankfurter Flughafen ist im wahrsten Sinne des Wortes gähnend leer, sodass wir unmerklich einschlafen. Abrupt werde ich wach, als ich die Ansage „Nächster Halt Frankfurt Hauptbahnhof" höre. Wir haben die letzte Haltestelle, den Flughafen, verschlafen. Na das fängt ja gut an, denke ich. Also nix wie raus am Hauptbahnhof und mit der Straßenbahn zurück gen Flughafen. In diesem

So fangen die Kongress-Reisen an. In Lydias Händen: die Posterrolle.

Moment sehe ich ein, dass Marks oft nervender Grundsatz, bei Reisen immer mindestens zwei Stunden mögliche Verzögerungszeit einzuplanen, zwar unbequem aber notwendig ist.

Bei der Sicherheitskontrolle am Flughafen werde ich – wie eigentlich immer – dazu aufgefordert, mit meinem Laptop und einem Sicherheitsbeamten in ein Hinterzimmer zu gehen, wo das Gerät auf Drogen und Sprengstoff untersucht wird. Scheinbar rufen das Tragen eines Gothic-Outfits und ein dazu passender großer Aufkleber mit Vampirinnen auf dem Laptop beim Flughafenpersonal – egal in welchem Land – stets Assoziationen mit Drogenkonsum und/oder Terrorismus hervor. Umso amüsanter finde ich es, dass wir dieses Klischee schon diverse Male widerlegen konnten und die Sicherheitsleute oft bezüglich unserer Berufe ins Staunen brachten. So fragte auch der nette Beamte vom Frankfurter Flughafen „Na, seid ihr Tattoo-Künstler oder sowas?" Mit der Antwort „Ich bin Psychologin und er ist Biologe", rechnen Sicherheitsleute bei unserem Anblick nie. Schönes Beispiel dafür, wie falsch der erste Eindruck von Menschen sein kann.

Die Flugreise beginnt fast schon rituell mit Tomatensaft, einer Priese Salz und Pfeffer.

> ▶ Warum Tomatensaft im Flugzeug einfach besser schmeckt
> Wie vom deutschen Fraunhofer-Institut herausgefunden, schmeckt Toma-
> tensaft am Boden und auf Flughöhe sehr unterschiedlich. Die Aroma-Che-
> mikerin Burdack-Freitag erklärte in einem Interview für das österreichische
> Nachrichtenportal **Vorarlberg Online**: „Tomatensaft wurde bei Normal-
> druck deutlich schlechter benotet als bei Niederdruck. Er wurde als muffig
> beschrieben. Oben traten angenehm fruchtige Gerüche und süße, küh-
> lende Geschmackseindrücke in den Vordergrund"[5].

Vom Rest des etwa achtstündigen Fluges bekommen wir nichts mit, wir schlafen mal wieder durch. Das tun wir in Flugzeugen und Zügen öfter, weil ich nur 1,58 Meter klein bin und mich (eine genetische Eigenschaft, die ich von meiner Oma geerbt habe) wie ein Faltregenschirm zusammen-klappen kann, ohne dass es für mich unbequem wird. Deutlich erholter als die meisten Mitreisenden kommen wir also in New York an.

Am Flughafen warten wir auf das Gepäck. Da auch im letzten Jahr unsere Koffer in den USA auf dem Weg zum Kongress der **American Academy of Forensic Sciences** durchsucht worden sind, rechnen wir auch heute mit einer erneuten Verzögerung. Schließlich erscheint mein Koffer, Marks Koffer hingegen bleibt verschwunden. Ein Gepäckband am Frankfurter Flughafen habe gebrannt, so teilt man uns mit, und deshalb haben einige Koffer gar nicht erst das Flugzeug erreicht. Mark bekommt ein Überle-benspaket, bestehend aus einem weißen XXL-T-Shirt und einer Miniration Waschzeug. Der Koffer soll am nächsten Tag ins Hostel nachgeliefert wer-den, teilt uns das Flugpersonal routiniert mit, das derlei Vorfälle gewohnt zu sein scheint.

Wir gehen zur Subway, wo ein junger Mann am Ticket-Automaten neben uns erst einige Male verstohlen zu Mark herüberschaut und dann fragt: „Bist du nicht der … Mark Benecke?" Mark bejaht und der Mann beginnt

Benecke mit seinen Helden in der Manhattener U-Bahn (2009)

sofort begeistert zu erzählen, wo er Mark schon live gesehen hat. Er nimmt dieselbe Bahn wie wir, setzt sich neben uns und erzählt, als sei er ein alter Bekannter. So fragt er auch, ob wir am Abend schon etwas vorhaben, da er gern mit uns „einen Trinken gehen" würde, was Mark freundlich ablehnt.

Solche Situationen kommen in ähnlicher Form in Deutschland öfter vor, besonders in Ostdeutschland, wo viele Menschen Mark von seiner wöchentlichen Sendung bei **Radio Eins** (Radio Berlin Brandenburg) und von seinen Live-Shows kennen. So kommt die Frage von Fans beim Büchersignieren, „erinnerst du dich nicht an mich, ich hab doch schon in Stadt X und Stadt Y ein Buch von dir signieren lassen", bei jeder Show mindestens zwei Mal vor. Diese Menschen bedenken nicht, dass bei etwa 5.000 Buchsignaturen und dazugehörigen Kurzgesprächen im Jahr eine Erinnerung an einzelne Personen nicht möglich ist. Anfangs fand ich solche Begebenheiten noch unterhaltsam und interessant. Mit der Zeit erzeugen sie aber schon ein etwas befremdliches Gefühl, wenn Menschen Mark manchmal in teilweise persönliche und lange Gespräche verwickeln wollen, egal, ob wir grade beim Frühstücken im **Dunkin' Donuts** in Berlin oder beim Abendessen in einer Dönerbude in Hamburg sitzen.

> ▶ Parasoziale Beziehungen – Der Promi von Nebenan
> Seitdem Fernseher Einzug in die Wohnzimmer der Allgemeinbevölkerung gefunden haben, hat sich ein für Medienpsychologen interessanter Effekt entwickelt. Menschen, die öfter im Fernsehen zu sehen sind, werden im echten Leben gelegentlich von ihnen unbekannten Personen angesprochen, die sich so verhalten, als würden sie einen guten Bekannten treffen. Beispielsweise erzählen die fremden Menschen direkt und ungefragt persönliche Dinge aus ihrem Leben und stellen der aus dem Fernsehen bekannten Person ebenfalls teilweise sehr persönliche Fragen.
> Dies liegt daran, dass das menschliche Gehirn auf sehr schnell automatisch ablaufende Erkennung bekannter und unbekannter Gesichter ausgerichtet ist. Während der Menschheitsentwicklung hat es sich als Vorteil erwiesen, bekannte, zum eigene Stamm gehörende Menschen rasch von fremden, möglicherweise feindlich gesinnten zu unterschieden. Diese Unterscheidung geschieht unbewusst und hat starke Folgen darauf, wie man sich anderen gegenüber verhält.
> Personen, die häufig im Fernsehen gesehen werden, werden vom Gehirn als Bekannte mit allen Eigenschaften, die der Zuschauer im Fernseher wahrnimmt, abgespeichert. Dem Zuschauer ist (meistens) bewusst, dass er die Person aus dem Fernsehen nicht wirklich kennt. Sein automatisches Gefühl einen Bekannten zu sehen führt aber unbewusst dazu, dass er sich deutlich distanzloser verhält, als es einem eigentlich unbekannten Menschen gegenüber angemessen wäre.

Obwohl ich mich über derlei Vorfälle in der Regel nicht mehr wundere, überrascht es mich doch, dieses Phänomen nun sogar in New York zu erleben.

Kurz darauf kommen wir im Hostel – einem altmodischen Gebäude im East Village – an. Die erstaunlich gut erhaltene Inneneinrichtung erweckt den Eindruck, man sei ins frühe zwanzigste Jahrhundert zurückgereist, was wir sehr gemütlich finden.

Da wir vom Flug noch relativ ausgeruht sind, erledigen wir den touristischen Teil des New York-Aufenthalts direkt, schlendern etwas durch die Gegend und gehen, als es schon dunkel ist, zum **Empire State Building**. Mark findet Sightseeing langweilig, aber wir finden auf Reisen immer einen Kompromiss, damit ich stets einige obligatorische, klischeehafte Touristenfotos für meine Verwandten in Polen machen kann. Glücklicherweise sind verhältnismäßig wenige Touristen da, sodass wir „nur" ungefähr zwei Stunden anstehen, wobei wir insgesamt drei riesige, abgesehen von der Menschenschlange fast leere Räume durchqueren, die mit labyrinthähnlichen Absperrband durchzogen sind. Wie lange ein Tourist hier ansteht, wenn die Schlange an manchen Tagen sogar bis vor das Gebäude reicht, mag man sich lieber nicht ausmalen. Der romantische Ausblick über das hell erleuchtete New York unterm Sternenhimmel entschädigt uns.

Am nächsten Morgen wird der verschwundene Koffer erfreulicherweise tatsächlich ins Hostel nachgeliefert. Das feiern wir gleich bei einem leckeren Frühstück am St. Marks Place mit süß belegten Bagels und „Orio Cheesecake" (Käsekuchen, in den amerikanische Schokokekse eingebacken sind). Der St. Marks Place ist ohnehin der Dreh- und Angelpunkt unseres New York-Aufenthalts. Dies liegt einerseits daran, dass die dort gebotene Läden-, Farb- und Geruchszusammenstellung einzigartig ist. Für Menschen, die intensive und vielfältige Reize ansprechend finden, ist der St. Marks Place so perfekt wie sonst nur das Amsterdamer Rotlichtviertel.

> ▸ Experience Seeking – Die Sucht nach Neuem
> Menschen, die intensive und sich abwechselnde Reize auffällig stark in ihrem Leben suchen, werden in der Psychologie als Experience Seeker (deutsch: „Erfahrungen-Sucher") bezeichnet. Das Persönlichkeitsmerkmal „Experience Seeking" beschreibt die bei manchen Menschen stark ausgeprägte Verhaltenstendenz, immer wieder neue Eindrücke zu sammeln und neue Erfahrungen zu machen – beispielsweise durch einen unkonventionellen Lebensstil, Umgang mit sozial auffälligen Randgruppen, Experimentieren mit Drogen, Vorliebe für ungewöhnliche Speisen und Getränke, häufige Reisen, überdurchschnittlich viele Sexualpartner und das Experi-

mentieren mit verschiedenen Sexualpraktiken, Bevorzugen ungewöhnli-
cher Kunst und Musik, Neigung zu Tätowierungen und Piercings und Ähnlichem.

Darüber hinaus ist es der Ort, an dem Mark in den Neunzigern zwei Jahre
lebte und den er auch deshalb sehr schätzt. Das vermittelt er mir auch
deutlich, indem er immer, wenn wir dort sind, in Erinnerungen schwel-
gend erzählt: „Schau mal Lydia, da habe ich gerne Comics gekauft, dort
hab ich mein erstes Piercing machen lassen, in dem Laden da hab ich gern
gegessen, wenn ich Geld dafür hatte, an dem Kiosk dort habe ich immer
meine Fotos entwickelt." So geht das die ganze Zeit, was ich aber sehr cool
und sympathisch finde, weil es mir vorkommt, als würde er mich wie in
einer Zeitreise an seinem damaligen Leben teilhaben lassen.

Benecke in New York, St. Mark's Place, 1998

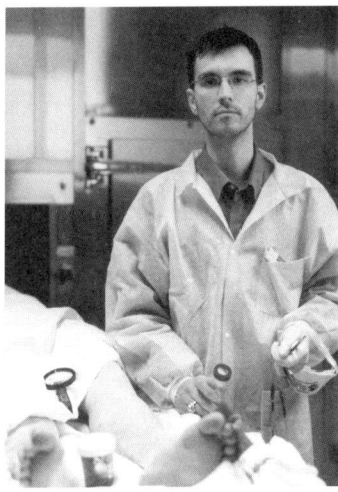

oben links: Ohne Führerschein geht auch in Manhatten ..., 1998
oben rechts: Im Institut für Rechtsmedizin der Stadt New York, 1998
unten: Mit US-Plastikkittel vor der Rechtsmedizin New York (Chief Medical Examiner), 1998

oben: Im Yaffa Cafe, East Village, Marks damaligem Wohnzimmer, 1998
unten: Marks „Garten", Souterrain, St. Mark's Place, New York, 1998

Mit Klaus Fehling (S. 90) im „Garten"

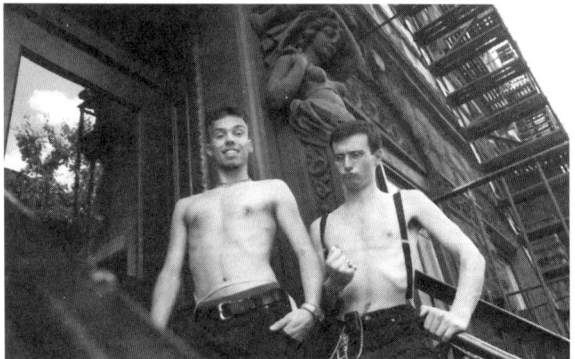

oben: Vor dem Piercingstudio gegenüber
mitte: Design aus der Altkleidertonne, Stimmung gehoben
unten: Harte Kerls mit kurviger Dame aus Stein im Hintergrund

Eng, aber gemütlich: Zu Hause in New York, 1997

Nach dem Frühstück fahren wir nach Williamsburg (ein Stadtteil von Brook-
lyn), wo wir uns in einem Tattoostudio mit Yasha Young treffen. Sie ist die
Besitzerin der **Strychnin Gallery** in New York, London und Berlin. Mark
bespricht mit ihr ein geplantes Fotoprojekt und fotografiert dann begeistert das für ein Tattoostudio ungewöhnliche Ambiente: Ein frischer, edel
wirkender Blumenstrauß ziert einen ebenso edlen Tresen, hinter dem ein
Elvis-Gemälde hängt. Alles ist betont sauber und hochwertig mit einem
Touch von Luxus. Damit steht die Ausstattung des Studios in deutlichem
Kontrast zum umliegenden Stadtteil, durch den wir nach unserem Besuch

Dreizehn Jahre später: Benecke vor seiner alten Wohnung

bei Yasha spazieren: Heruntergekommene Häuser, eine große Wiese, auf der Kinder spielen. Einige Meter weiter beginnt eine ebenso heruntergekommene, wenn auch belebte, Einkaufsstraße, auf der allerlei osteuropäische Sprachen, jedoch kaum englisch zu hören ist. Ich fühle mich fast wie in Polen, meinem zweiten Heimatland, und daher ziemlich wohl in dieser Gegend.

Mit der Subway geht es zurück nach Manhattan, wo wir Essie besuchen, eine Freundin, die unter anderem als Türsteherin der **Mercury Lounge** arbeitet. Der Club ist ganz in der Nähe von **Katz's Delicatessen**. Dieses Lokal, in das wir auf dem Weg reinschauen, ist international berühmt, seit Meg Ryan 1989 im Film **Harry und Sally** einen Orgasmus während des Essens überzeugend vortäuschte. Heutzutage bekommt man dort abends keinen freien Platz mehr, da die Besucher sich scheinbar immer noch eine zutiefst befriedigende Mahlzeit versprechen. Ich gebe meinen Plan, bei **Katz's Delicatessen** ein „Kosher-Style Sandwich" zu erwerben, also auf. Stattdessen überraschen wir Essie am Club-Eingang, während sie gerade

Mit Essie, der zweiten Frau der Welt, die sich die Zunge spalten ließ, im New Yorker Untergrund, wo sie nachts als Türsteherin arbeitet (tagsüber ist sie Bürokraft).

junge Möchtegern-Gangsta Rapper, die ein bis zwei Köpfe größer sind als sie selbst, abfertigt. Sie begrüßt uns auf die für mich immer noch ungewohnte, typisch amerikanische, überschwänglich herzliche Art und wir begießen das Wiedersehen mit einem Glas Wodka.

Essie ist einer der coolsten Menschen, die ich kenne. Sie war die zweite Person in der modernen, westlichen Welt, die sich die Zunge spalten ließ, hat einen künstlerisch atemberaubend schön und einzigartig tätowierten Körper, arbeitet tagsüber in einem Büro und nachts an den Wochenenden als Türsteherin. Den 11. September 2001 hat sie nach einer Nachtschicht in ihrer Wohnung ziemlich nah am **World Trade Center** einfach verschlafen. Ich wundere mich nicht, dass Mark sie während seiner Zeit in New York kennen gelernt hat. Solche Menschen treffen wir oft, denn es gibt einfach Orte auf der Welt, wo Freaks aller Art (wie auch wir) willkommener sind als anderswo. New York ist definitiv einer dieser Orte, ebenso wie die beispielsweise von uns ebenso geschätzten Städte Köln, Berlin, Amsterdam, London und Leipzig während des **Wave Gothic Treffens**.

Wir wollen Essie an diesem Abend aber nicht lange bei der Arbeit stören und die Musik trifft auch nicht wirklich unseren Geschmack, so dass wir uns mit ihr für den nächsten Abend verabreden – dann in Ruhe auf einen „After Work Drink".

Da der Abend noch jung ist und wir in Partystimmung sind, schauen wir im Internet nach spontanen Ausgehmöglichkeiten. Dabei finden wir unter anderem die Ankündigung einer SM-Party, veranstaltet von einer BDSM-Gruppe, die Mark noch aus seiner Zeit im East Village kennt. Diese Party weckt mein Interesse, da ich mich mit der deutschen BDSM-Szene im Rahmen meiner Diplomarbeit intensiv beschäftigt habe. Mark möchte mal sehen, was sich dort in den letzten zehn Jahren so verändert hat, also ist die Entscheidung für die Abendgestaltung schnell getroffen.

► BDSM-Szene

Als ich während des Psychologie-Studiums darüber nachdachte, zu welchem Thema ich meine Diplomarbeit schreiben könnte, war ich von Anfang an auf der Suche nach Gebieten in der Psychologie, die noch nicht gut erforscht sind. Dabei kam ich bald auf den Bereich der menschlichen Sexualität, die insgesamt während des Studiums nur sehr zaghaft bis gar nicht behandelt wird. Nach einigem Überlegen beschloss ich, meine Diplomarbeit zum Thema BDSM zu schreiben, weil hier der aktuelle Forschungsstand grauselig schlecht ist und das, obwohl in jedem Sexualratgeber und Sexshop Tipps und Utensilien angeboten werden, die zum Bereich BDSM gehören. Die meisten Menschen denken bei dem Begriff an das Klischee von Manager verhauenden Dominas. So einfach ist das, wie bei den meisten Dingen im Leben, aber nicht.

Der Begriff BDSM fasst mit sechs englischen Stichworten unterschiedliche sexuelle Vorlieben zusammen, die bei einer Person einzeln auftreten können, sich aber bei vielen Menschen in verschiedenen Kombinationen überschneiden. „Bondage" bezeichnet die Fesselung eines Partners, „Discipline" eine Disziplinierung in Form von Schlägen mit der Hand oder einem Schlagwerkzeug, „Dominance" die (gefühlsmäßige) Beherrschung und „Submission" die (gefühlsmäßige) Unterwerfung eines Partners, „Sadism" die Schmerzzufügung und „Masochism" die Schmerzerduldung. Anhand dieser Begriffe wird klar, dass BDSM-Praktiken nicht nur körperlich, sondern (vor allem) auch psychisch und emotional von den Beteiligten erlebt werden. Das bewusst erzeugte Machtgefälle beruht auf Freiwilligkeit beider Seiten und besteht nur solange, wie es die Beteiligten in ihrem Denken und Fühlen aufrechterhalten wollen.

Unter Menschen, die BDSM-Elemente mit ihrer sexuellen Neigung entsprechenden Partnern ausleben, gelten strenge Verhaltens-Regeln. Die handelnden Personen müssen in der Lage sein, sich für das, was sie praktizieren frei und vernünftig zu entscheiden. Einvernehmlichkeit und gegenseitiger Respekt, Vertrauen und Sympathie füreinander sind die Ausgangsbedingungen für jede Form von BDSM-Handlungen. Im Gegensatz zu typischen Vorurteilen hat BDSM weder mit roher Gewalt noch mit Missachtung des Gegenüber zu tun. Menschen die BDSM miteinander praktizieren, kommunizieren vorher ausführlich miteinander über die möglichen gewünschten Verhaltensweisen und vor allem auch über ihre persönlichen Grenzen. Es werden Safewords (deutsch: Sicherheitsworte) festgelegt, mit denen der devote (sich unterordnende) Partner Handlungen des dominanten Partners beeinflussen oder sofort beenden kann. Der devote Partner legt also die „Spielregeln" fest. Auch wird vorausgesetzt, dass die Beteiligten sich zunächst über gesundheitliche Vorsichtsmaßnahmen informieren, sodass eine ernste gesundheitliche Schädigung ausgeschlossen werden kann. Hierfür werden vielfältige Informationsmöglichkeiten im Internet, in Büchern und bei Szene-Treffen zur Verfügung gestellt.

Viele Menschen, zu deren sexuellen Vorlieben BDSM-Praktiken gehören, tauschen sich mit Gleichgesinnten entweder nur im Internet oder auch bei Stammtischen und Workshops aus. Besonders Menschen, die damit beginnen, sich mit ihrer BDSM-Neigung auseinander zu setzen, sind anfangs wegen der gesellschaftlich weitverbreiteten Vorurteile gegen sie verunsichert. Daher finden sie es hilfreich, andere Menschen zu treffen, die dieselbe Neigung haben und mit denen sie offen über die Möglichkeiten des Auslebens ihrer Phantasien sprechen können. Es besteht auch die Möglichkeit, Partys in speziell dafür eingerichteten Clubs zu besuchen, wo sadomasochistische Praktiken ausgelebt werden. Viele bleiben auch über längere Zeit mehr oder weniger aktiv in der so genannten „BDSM-Szene", da sie sich in diesem Umfeld nicht verstellen und ihre Neigung als einen normalen Bestandteil ihrer Persönlichkeit frei zeigen und leben können. Hier besteht eine deutliche Ähnlichkeit zur Entwicklung in der Homosexuellen-Bewegung. Es wird allerdings noch viele Jahre dauern, bis die Öffentlichkeit Menschen mit BDSM-Neigung auch nur ansatzweise in einer ähnlichen Form akzeptieren wird, wie homosexuelle Menschen.

Die Gelegenheit, auch einen Einblick in die New Yorker BDSM-Szene zu bekommen, möchte ich mir nicht entgehen lassen. Erfahrungsgemäß ist ein schickes Gothic-Outfit bei solchen Veranstaltungen nie verkehrt – wie gut, wenn man so was grundsätzlich und überall dabei hat. Mit dem Taxi fahren wir zur angegebenen Adresse, einer düsteren, leeren Straße. Den Eingang zu finden, erweist sich als schwierig, da wir uns inmitten dunkler Büro- und Lagergebäude befinden. Einige Zeit irren wir suchend umher, bevor ein wie ein Cowboy aussehender Amerikaner – kurz frage ich mich, ob wir in einem David Lynch-Film gelandet sind – uns fragt, ob wir auch zu der Party wollen. Hier erweisen sich unsere schwarzen Klamotten als hilfreiches Identifikationsmerkmal.

Die Veranstaltung hat das Motto „Mardi Gras" (die amerikanische Version von Karneval), wovon man beim Betreten der fensterlosen Innenräume allerdings nicht viel bemerkt. An einer Bar und umherstehenden Tischen sitzen hauptsächlich Männer zwischen Mitte Vierzig und Mitte Sechzig. Einige tragen Cowboyoutfits, andere Straßenkleidung oder schlichte Lederklamotten. Anders als bei vergleichbaren Veranstaltungen in Deutschland scheint es hier keine vorgegebenen Kleidungsregeln zu geben. Über den Tischen hängen Fernseher, auf denen Spankingvideos (Darstellungen des Schlagens auf das bekleidete oder entblößte Gesäß) laufen. Es gibt ein Fingerfood-Buffet aus Chicken Nuggets, Fleischbällchen, Gemüsestückchen und verschiedenen Dips. Die Räumlichkeiten sind mit Liebe zum Detail altmodisch eingerichtet, sodass die SM-Geräte wie Pranger, Streckbank und Ähnliches sehr gut ins Gesamtbild passen. Die Ausstattung wirkt hochwertiger als es in vielen deutschen Örtlichkeiten vergleichbarer Art der Fall ist. Gegen ein Uhr treffen zunehmend auch jüngere Gäste (etwa zwischen zwanzig und dreißig) ein. Diese sind im etwas edleren Studentenstyle gekleidet.

Beim Umhergehen in den unterschiedlichen Räumen sieht man kleine Menschengruppen, die an den Gerätschaften hantierenden Paaren zuschauen. Die Zuschauer verhalten sich relativ leise, während die handelnden Paare teilweise ernst, teilweise aber auch neckisch miteinander sprechend verschiedene sadomasochistische Praktiken ausüben. Die Atmosphäre ist sehr entspannt und wir kommen sogar mit einer Domina ins Gespräch, die neben uns einen Cocktail trinkt und vom örtlichen Hersteller für SM-Zubehör schwärmt. So lassen wir in gemütlicher Atmosphäre den Abend ausklingen.

Der nächste Tag ist für einen Besuch bei Jeanne Youngston vorgesehen, einer schlanken, drahtigen Dame Mitte Achtzig, die allein das Penthouse eines luxuriösen Hochhauses am Washington Square Park mitten im vormals coolsten Teil Manhattans bewohnt. Die Gattin des verstorbenen Hollywood-Film-Produzenten und zweifachen Oscar-Gewinners Robert Youngson (bester Kurzfilm 1956 und 1957) beschäftigt sich seit Jahrzehnten mit Vampiren und sammelt begeistert alles, was sie zum Thema findet. Dementsprechend ähnelt ihre Wohnung auch eher einem vollgestellten Dachboden. Zwischen überquellenden Buchregalen, Vampire darstellenden Figürchen, Bildchen und sonstigen Gegenständen, führt ein schmaler Gang von der Eingangstür zu mehreren Sitzgelegenheiten im kleinen Wohnzimmer. Hinter diesen lässt sich ein großflächiger Balkon betreten, der in drei Himmelsrichtungen einen unfassbar schönen Ausblick auf die Stadt bietet. Marks Kommentar zur Aussicht: „Siehst du da drüben, da stand das **World Trade Center.**" Jeanne hatte von genau diesem Balkon aus seinerzeit beeindruckende Fotos vom brennenden und einstürzenden WTC gemacht.

Das Wohnzimmer zeigt deutliche Spuren des Verfalls. Putz rieselt in großen Stucken von der Decke, die Fenster sind verrostet, und ich frage mich, ob sie der nächsten stürmischen Nacht in derartiger Höhe gewachsen sein werden. Wir nehmen auf von Jeanne zugewiesenen Plastikhockern Platz und werden mit Limonade („Vitamin Water") und einer frisch gekauften Quiche bewirtet, wobei Jeanne selbst nichts isst. Ich bin ihr sofort sympathisch, da sie ihre Haare in demselben hellen Rot gefärbt hat wie ich. Sie erzählt freimütig aus ihrem Leben, von ihrer Kindheit und der sie bis heute belastenden Tatsache, dass sie nie erfahren hat, wer ihr leiblicher Vater war. Seit ihrer frühen Heirat mit dem längst verstorbenen Robert Youngston lebt sie in ihrem Penthouse und widmet die gesamte freie Zeit ihrer Leidenschaft für Vampire und dem Besuch von Kinovorführungen alter Hollywoodfilme. Ihre Art zu sprechen, sich zu bewegen und zu kleiden ähnelt deutlich mehr der eines jungen Mädchens als einer alten Frau. So beklagt sie sich auch, dass sie in einem Interview als „ältere Dame" bezeichnet worden sei. Für sie scheint sich das Leben in den letzten sechzig Jahren nicht wesentlich verändert zu haben. Es macht den Anschein, sie sei selbst mit der Zeit zu einer Countess Dracula in ihrem persönlichen kleinen Vampirschlösschen über den Dächern New Yorks geworden – ohne, dass ihr dies bewusst zu sein scheint.

Nach dem Besuch bei Jeanne zeigt mir Mark den Waschsalon, den er nutzte, als er noch in New York lebte. Zwei Stunden verbringen wir dort mit Waschen, währenddessen ich mir an etwa vierzig Postkarten die Finger wund schreibe. Anschließend, mit nun sauberen Klamotten, machen wir uns auf den Weg zur „Afterwork-Cocktail-Runde" in die Bar, in die uns Essie am Vorabend eingeladen hatte. Dort gibt es die wohl schärfsten, aber auch schmackhaftesten Bloody Marys, die ich je trinken durfte. Hier werden wir direkt in lebhafte Diskussionen von Essies durchgestylten Freunden einbezogen, wobei unter anderem intensiv die Frage diskutiert wird, ob der Trend zur Ganzkörperrasur bei Frauen etwas mit dem Hang von Männern zu kindlichen Frauenkörpern zu tun hat. Obwohl sich die Meinungen an dieser Frage spalten, bleiben alle entspannt, freundlich und gut gelaunt. Eine tolerante Diskussionskultur, die ich in Deutschland zuweilen vermisse. Ich stelle an diesem auch weiterhin äußerst unterhaltsamen Abend übrigens insgesamt fest, dass die Serie „Sex and the City" vom realen Verhalten der New Yorker Yuppies gar nicht so weit entfernt ist. Erst nach Mitternacht gehen wir durch die einsamen Straßen des East Village zurück zum Hostel. Ich wundere mich unterwegs noch über die sich an den Bordsteinen häufenden Müllbeutel, welche mir am Tag nicht aufgefallen sind. Mark erklärt mir, dass die Müllabfuhr in New York jede Nacht den Müll abholt.

Am nächsten Morgen heißt es wieder früh aufstehen. Wir fliegen nach Seattle, was den von uns bis dahin tapfer ignorierten Jetlag noch einmal intensiviert, da es zwischen New York und Seattle weitere drei Stunden Zeitverschiebung gibt. Vor dem Abflug gibt es schon wieder Probleme: Wie müssen aus unerfindlichen Gründen zweimal einchecken und erfahren im Flugzeug, dass die von uns bereits in Deutschland gebuchten Sitzplätze am Flughafen neu vergeben wurden, weshalb wir nicht zusammen sitzen können. Dies ärgert mich nicht nur wegen der offensichtlichen Inkompetenz der Fluggesellschaft, sondern auch, weil wir eigentlich geplant hatten, die Flugzeit für die Fertigstellung unseres geplanten Vortrags für die **American Academy of Forensic Sciences** zu nutzen. Nach langem Hin und Her kann ich den Mann, der den Platz neben mir hat, davon überzeugen, mit Mark den Sitzplatz zu tauschen (dafür schenke ich ihm mein Mittagessen), so dass wir doch noch zur Arbeit am Vortrag kommen.

In Seattle angekommen, fahren wir mit dem Bus vom Flughafen in die Innenstadt. Der Busfahrer ist ein Mann Mitte sechzig, der die ganze Fahrt über Scherze macht und wie ein Reiseführer ab und an Informationen über Seattle in seine Durchsagen einbettet. Auch hier zeigt sich die von Amerikanern so gerne gezeigte entspannte Freundlichkeit, die einen in Deutschland sozialisierten Menschen wie mich immer wieder überrascht. Seattle erweist sich als reiche Stadt, mit der geringsten Analphabetenrate der USA und einem kostenlosen Bussystem. Die Straßen sind sauber, Obdachlose sieht man kaum und die Innenstadt wirkt – wie die Innenstädte vieler amerikanischer Großstädte – wie eine Miniatur von New York.

Wir kommen in einem Hostel im Stadtkern unter. Da alle Doppelzimmer belegt sind, wir aber schon lange per Internet ein Doppelzimmer gebucht haben, bekommen wir ohne Aufpreis ein Vierbettzimmer. Die

So sieht das luxuriöse Leben der Beneckes aus: Hier im Hostel-Zimmer beim Forensik-Kongress in Seattle.

„Jugendherbergsatmosphäre" erweist sich als sehr gemütlich. Den restlichen Tag nutzen wir für die Besichtigung der berühmten und in der Tat sehenswerten Markthalle von Seattle. Da die Stadt am Meer liegt, wird haufenweise Fisch angeboten, aber auch selbstgemachte Kunstgegenstände und örtliche Feinkost. Sowohl an der Qualität als auch an den Preisen vieler dort angebotener Waren merkt man, dass es hier viele wohlhabende Bürger und Besucher gibt. Anstecker mit politisch eher linken Botschaften, die hier und da verkauft werden, unterstreichen die insgesamt liberale Atmosphäre der Stadt. Die Verkäufer wirken alle gut gelaunt und offen. Man wird von der überschwänglich freundlichen Atmosphäre, die schon der Busfahrer verbreitet hatte, förmlich mitgerissen. Da an meiner Handtasche ein Schlüsselanhänger mit dem Namen „Lydia" hängt, bekomme ich an diesem und den folgenden Tagen noch häufiger mit einem Augenzwinkern von Verkäufern den Spruch „Hey, Lydia, the Tattooed Lady!" hinterhergerufen. Für mich besonders unterhaltsam ist dabei die Tatsache, dass die Verkäufer gar nicht sehen können, dass ich tatsächlich mehrfach tätowiert bin.

Das Benecke-Universum

► Marx Brothers Song „Lydia the Tattooed Lady"

„Lydia the Tattooed Lady" (deutsch „Lydia, die tätowierte Dame") ist ein Lied, das der Komiker Groucho Marx im Marx-Brothers-Film **At the Circus** (1939) sang und das zu einer seiner Erkennungsmelodien wurde. Der gereimte Text beschreibt die Motive der zahlreichen Tätowierungen auf Lydias Körper. Diese Motive stellen eine bunte Auswahl von in den USA bekannten Personen, Dingen und Ereignisse dar. Deshalb ist das Lied dort sehr bekannt und wird bis heute immer wieder in verschiedenen US-Fernsehsendungen und Filmen erwähnt.

Einige Meter von unserem Hostel entfernt befindet sich ein kleines, schmuddeliges Café, das so gar nicht zur sonst aufpolierten Stadt zu passen scheint. Da Mark und ich uns in solchen Läden deutlich heimischer fühlen als in schicken Trendrestaurants, wird dieser Ort zu unserer Dinier-Zentrale für die nächsten Tage. Ich favorisiere besonders die hervorragenden Schokoladenmilchshakes und den von Mark empfohlenen Bread Pudding, ein Gericht, welches ich nie zuvor gegessen habe und das direkt in meine persönliche Top Ten der besten Desserts, die ich je aß, aufgenommen wurde.

► Bread Pudding-Rezept

Unterschiedliche Varianten des Bread Pudding (deutsch: Brotpudding) sind auf der ganzen Welt bekannt. Diese leckere Süßspeise ist vermutlich deshalb so verbreitet und beliebt, weil man aus altem, trockenem Brot wieder eine schmackhafte Mahlzeit zaubern kann. Folgendes Rezept kommt dem Bread Pudding, den ich in Seattle kennen lernte, schon ziemlich nahe: Man nehme vier schon harte Brötchen oder eine vergleichbare Menge eingetrocknetes Weißbrot und breche es in kleine Stücke, weiche es in Wasser ein und drücke es aus. 50 Gramm Mehl, 75 Gramm Zucker, ein Teelöffel Lebkuchengewürz und 200 Gramm getrocknete oder kandierte Früchte wie Rosinen, Orangeat oder Zitronat dazugeben. Dann noch einen halben Teelöffel Natron in etwa zwei Teelöffeln Milch auflösen und 75 Gramm Butter schmelzen. Butter und Natron hinzufügen, alles zusammen durchmischen und in eine vorgefettete Auflaufform füllen. Backofen

Wovon Lydia träumt: Dem guten Bread Pudding aus dem extrem trashigen Diner an der Ecke in Seattle, das außer uns kein Kongressteilnehmer jemals betreten hat.

vorheizen und bei 180 Grad eine dreiviertel bis eine ganze Stunde backen. Währenddessen Vanillesoße kochen und anschließend beim Anrichten darüber gießen.[6]

Im Café arbeiten scheinbar rund um die Uhr zwei ältere Damen und Herren zusammen mit jungen, „indianisch" aussehenden Kellnerinnen. Die Kundschaft besteht ebenso wie das Personal hauptsächlich aus ärmlich wirkenden Menschen, von denen der ein oder andere recht offensichtlich ein Alkohol- oder Drogenproblem hat. Im Gegensatz zum Rest der Stadt, in der die weiße Bevölkerung deutlich in der Mehrzahl zu sein scheint, sind die Weißen an diesem Ort in der Minderheit. Die Angestellten des Restaurants sind sehr freundlich und identifizieren uns auch richtig als Gothics. Sofort wird uns ein Gothicladen einige Meter weiter empfohlen, falls wir am Abend ausgehen möchten. Doch für uns heißt es nur noch Zeug im Hostel auspacken und schlafen, denn während des Kongresses müssen wir täglich um 6.30 Uhr aufstehen.

Lydia morgens um sechs vor dem ersten Starbucks der Welt in Seattle – wo der koffein-
haltigste Kaffee der Welt gebraut wird.

Am nächsten Morgen geht es nach dem Duschen und Frühstücken – beides in Gemeinschaftsräumen – zum Kongress, der angenehmerweise nur
zehn Gehminuten entfernt ist. Zwischen acht und siebzehn Uhr lauschen
wir dem wirklich interessanten und abwechslungsreichen Vortragspro-
gramm. Jeder dort vertretene forensische Fachbereich (wie Biologie,
Medizin, Jura, Psychiatrie usw.) bietet fast ganztägig Vorträge an, so dass
man zwischen den Veranstaltungen schnell quer durch das ganze Kon-
gresszentrum rast, um so viel Interessantes wie möglich im Tagesplan unterzubringen. Das in einer der **CSI**-Serien erwähnte Gerücht, die Kongressteilnehmer würden sich eher eine entspannte Urlaubszeit gönnen, kann
ich wirklich nicht bestätigen.

Die ersten beiden Abende verbringen wir damit, unseren Vortrag einzu-
üben. Das hilft im Wesentlichen mir, meine Nervosität abzubauen – vor
großem Fachpublikum habe ich bis dahin noch nie gesprochen und schon
gar nicht auf Englisch. Aufgrund des seit Tagen ignorierten Jetlags sind wir
ab 19 Uhr ohnehin todmüde, so dass konzentrierte Arbeit zusätzlich

oben: Fett an Fett: Das Frühstück beim Kongress der U.S.-RechtsmedizinerInnen
unten: Alternativ-Frühstück mit sehr vorsichtigen Ansätzen von Frucht

schwer ist. Am entscheidenden Tag verläuft alles deutlich besser als von mir befürchtet. Offenbar gilt das Motto „Sex sells" auch für wissenschaftli-

Das Benecke-Universum

Anstelle eines Vortrages kann man auch ein Poster ausstellen. Hier unseres über den Serienmörder Garavito aus Kolumbien.

che Vorträge. Unser Titel „Prevalence of asphyxial games in sadomasochists and non-sadomasochists" (deutsch: Die Verbreitung von Atemreduktionsspielen bei Sadomasochisten und Nichtsadomasochisten) zieht zur allgemeinen Überraschung weitaus mehr Menschen als nur das psychiatrische Fachpublikum an. In diesem Augenblick wird mir klar, dass die Daten meiner Diplomarbeit, auf denen auch unser Vortrag bei der AAFS basiert, tatsächlich nicht nur mich und einige BDSMler interessieren. Sicher ist die Tatsache, dass wir während des Vortrags eine Erklärung für den Tod von **David Carradine** (bekannt unter anderem als Bill aus der Filmreihe **Kill Bill**) liefern, auch ein Publikumsköder. Der Raum ist jedenfalls brechend voll. Zum Glück tritt bei mir während des Sprechens vor Publikum immer ein gewisser „Blackout-Effekt" ein, so dass ich nichts mehr von der Umgebung wahrnehme, mich leider anschließend aber auch kaum an den Ablauf des Vortrages erinnern kann. Zu meiner Erleichterung wird der Vortrag sehr positiv aufgenommen, im Laufe des Tages kommen immer wieder Menschen, die Fragen dazu haben oder einfach anmerken, dass sie die Darstellung gut fanden. Das Programm geht anschließend sofort weiter, mit nur einer Pause insgesamt bis 22 Uhr.

Noch total aufgedreht vom Vortrag und den vielen anschließenden Gesprächen sind wir an diesem Abend etwas weniger müde als an den Vorabenden. Deshalb nutzen wir den Zufall, dass unser Hostel direkt neben einer Tabledance-Bar liegt und schauen noch schnell rein. In solchen Läden empfiehlt es sich, vorher einfach zu fragen, ob man als Pärchen hineingelassen wird. Meistens geht das – außer in Frankfurt am Main, wo nur etwa einer von zehn dieser Läden weibliches Publikum duldet. Vielleicht, weil dort die Angst vor eifersüchtigen Ehefrauen, die ihre Männer auf Geschäftsreise beim Besuch solcher Lokale ertappen wollen, besonders groß ist. Vielleicht aber auch, weil es gegen die kulturellen Gepflogenheiten der dort meist arabischen Ladenbesitzer geht.

In Seattle jedenfalls lässt man uns gutgelaunt hinein. Die U.S.-Tabledancedamen unterscheiden sich in ihrer Mentalität merklich von ihren in Deutschland arbeitenden Kolleginnen – wobei es auch in Deutschland große regionale Unterschiede gibt. Seattles Tabledancerinnen vermitteln jedenfalls die typische U.S.-Herzlichkeit und reden gerne auch etwas länger über Gott und die Welt, ohne dafür einen sogenannten „Ladie's Drink" ausgegeben bekommen zu wollen. Ein „Ladie's Drink" ist ein überteuertes, alkoholisches Getränk – typischerweise Sekt – das eine Art „Anzahlung" für spätere „private Lap Dance-Vorführungen" darstellt. Die knapp bekleidete „Tracy" fragt uns freundlich, ob uns der Laden gefällt, aus welchem Land wir kommen, ob wir öfter in solchen Läden abhängen und ob wir Kongressteilnehmer sind. Beim letzten Punkt sind wir verwundert und bejahen das. „Schön, dass ihr hier seid", sagt sie, „von den Forensikern traut sich sonst keiner hierher. Das ist einer der Kongresse in Seattle, wo unser Geschäft nicht so gut läuft." Sie erzählt, dass dieser Laden neben normalen Touristen als Hauptzielgruppe Kongressteilnehmer hat, die aus den um das nahe gelegene Kongresscenter herum verteilten Hotels unauffällig abends in die Tabledance-Bar gehen können. „In den USA ist besonders vor Gericht das mit dem guten Ruf noch wichtiger als in Deutschland", erzählt mir Mark. „Wenn ich da als Sachverständiger beim

Prozess Auskunft zu den Spuren geben würde und jemand von der Anklage oder Verteidigung wüsste, dass ich so einen Laden besuche, dann würden sie das – falls meine Auskunft ihnen nicht in den Kram passt – beim Prozess vorbringen, mich als unmoralische Person hinstellen und deswegen meine sachliche Aussage in Zweifel ziehen." Eigentlich schade, denke ich, dass die „Moral" und das „Ansehen" eines Menschen gesellschaftlich an solchen Dingen festgemacht wird. Schließlich ist ein Mensch, der offen zu seinen für alle Beteiligten unschädlichen Interessen steht, respektvoll mit allen seinen Mitmenschen umgeht und in der Welt auch mal über den Tellerrand schaut, doch wesentlich integerer als ein Mensch, der sich nur aus Angst um seinen Job oder das öffentliche Ansehen Dinge verkneift, die er ansonsten gerne mal ausprobieren oder erkunden würde. Tracy, die nette Tabledancerin, sieht das ähnlich. „Wir machen einen Job wie jeder andere auch. Unanständig ist nicht unsere Arbeit, sondern die Art, wie manche Leute auf uns und unseren Job herabsehen, als wären sie die besseren Menschen." Wir unterhalten uns noch eine Weile mit ihr, sie erzählt von ihrem Job, ihrem Alltag, den Kunden und dass es – solange die Kunden nett sind – auch Spaß macht, hier zu arbeiten. Als wir uns verabschieden, wünscht sie uns noch schöne Tage in Seattle und eine angenehme Heimreise.

Die nächsten drei Tage verlaufen im selben Takt wie bisher: Unangenehm früh aufstehen, am Samstag sogar mit einer nächtlichen Schlafunterbrechung, da Mark seine Live-Radiosendung selbstverständlich auch per Handy vom anderen Kontinent aus macht. Tag für Tag wird der Kaffee zum immer wichtigeren Nahrungsmittel, da neun Stunden des Zuhörens und Notizenmachens trotz Jetlags ohne größere Mengen Koffein kaum durchhaltbar wären. In der Mittagspause und am Abend treffen wir uns mit Kollegen von Mark. Er ist beim Kongress als „verrückter deutscher Wissenschaftler" sehr bekannt, so dass er ständig von alten Bekannten begrüßt wird. Die ganze Zeit ist Action um uns herum, so dass wir deshalb spätabends – zur Abwechslung allerdings jeden Abend in einem anderen der vier Hostelbetten – in sofort einsetzenden, steinernen Tiefschlaf fallen.

oben: erkennbar Sleepless in Seattle, um acht Uhr morgens im Kongress-Zentrum

unten: Wen man auf Kongressen so trifft: Vernon Gerberth, der bekannteste Ermittler in Sachen Sexualmord, Catherine Ramsland, Kennerin der Vampyr-Szene in New York und Michael Baden, ehemaliger Chef der Rechtsmedizin Manhattan

rechte Seite, oben: Sieht irgendwie aus wie bei Beneckes zu Hause: Bar nahe des Hostels in Seattle, über der ein Scheitan mit glühenden Augen und Höllenschwingen die Trinker überwacht.

unten: Mark Benecke im Herrenzimmer seiner Wohnung

Am letzten Abend gönnen wir uns doch noch einen kleinen Ausflug in den Gothicladen. Eine bizarre Mischung aus mittelalterlich und römisch wirkenden Elementen schmückt einen großen Raum. Hinter einer großzügigen Bar läuft auf einem Flachbildschirm ein japanischer Horrorfilm. Es ist fast wie im „Beneckschen Herrenzimmer" (so nennen wir das von Mark eingerichtete Wohnzimmer, in dem wir leben und arbeiten), was mich mit einer Woge heimatlicher Gemütlichkeitsgefühle erfüllt, so dass ich direkt vor Ort und in Marks Arm in plötzlichen Tiefschlaf sinke – wie Mark mir später erzählt zur Belustigung einiger anderer Gäste, die es scheinbar nicht fassen können, dass jemand bei deutlicher Lautstärke und einem ziemlich blutigen Horrorstreifen gemütlich einschlafen kann.

Am nächsten, allzu frühen Morgen brechen wir auf zum Flug von Seattle nach Frankfurt. Von dort wollen wir sofort weiter nach Moskau. Wie immer verschlafen wir den kompletten Flug und kommen daher halbwegs fit, wenn auch mit völlig gestörtem Biorhythmus in Frankfurt an. Dort stellen wir zu unserem Entsetzen fest, dass unser Gepäck zu schwer für den Billigflieger nach Moskau ist. Also ab zum Postschalter, wo zwei sehr gelangweilte Damen Zeitung lesen und sich nur mit Unmut unserer Frage zuwenden, ob man bei ihnen Packsets erwerben könne. Nein, dies sei nur außerhalb des Flughafens möglich, und da es Sonntag sei, hätten wir sowieso keine Chance, eine andere offene Post zu finden. In solchen Momenten – was auf Reisen öfter vorkommt, als uns lieb ist – hat man genau dreißig Sekunden Zeit, sich zu entscheiden, wie das Problem zu lösen ist. Wir rasen also in den nächstbesten Koffershop und kaufen ein verhältnismäßig preisgünstiges Modell, um das Übergewicht darin zu verstauen und im Idealfall per Post nach Köln zu schicken. Wieder bei den Damen am Postschalter angekommen, sagen uns diese, dass der Paketversand sonntags leider nicht möglich sei. Auf unsere Frage, welche Funktion die beiden Damen denn in ihrer Arbeitstätigkeit erfüllen, wird uns schlechtgelaunt mitgeteilt, dass ihre Aufgabe sich auf das Verkaufen von Briefmarken beschränkt. Zusammenfassend: Zwei Postschalter werden besetzt, lediglich um die Funktion eines Briefmarkenautomaten zu erfüllen. Eine typische Reise-Situation, in der man merkt, dass es keinen Sinn hat, irgendeine logische Erklärung zu erwarten.

Auch hier bleibt keine Zeit zum langen Überlegen. Im Flughafenbereich ist das Deponieren von Gepäck aus Sicherheitsgründen nicht möglich, weshalb ich keine andere Wahl habe, als den Koffer in einem Bahnhofsschließfach unterzubringen, das man für genau 72 Stunden nutzen kann. Das dürfte – so berechne ich – ziemlich genau mit unserer Rückkehr in Deutschland vereinbar sein. Also schnappe ich mir das nächste Taxi zum Frankfurter Hauptbahnhof, deponiere den Koffer dort und rase wieder zurück zum Flughafen, während Mark dort noch einen Beratungstermin mit einem Klienten hat. Der kaum deutsch sprechende Taxifahrer findet diese Aktion – besonders, da er mir beim Koffertransport bis zum Schließfach hilft – sichtlich merkwürdig, sagt aber nichts weiter dazu. Keine Minute zu früh komme ich zurück. Wer braucht schon Videospiele, wenn er stattdessen einen derartigen Irrsinn erlebt.

Wir treffen gerade noch rechtzeitig zum Einchecken ein und nutzen die Wartezeit vor dem Einstieg, um auf dem Boden ein improvisiertes Keks-Frühstück einzulegen – wobei wir von den umstehenden Russen neugierig beäugt werden. Als wir den vorbereiteten Zettel zur Einreise ausfüllen, bekomme ich fast einen Lachanfall, da auf dem Zettel unter anderem die Frage gestellt wird, ob man radioaktive Substanzen nach Russland einführen wolle. Schließlich habe ich noch deutlich einen Vortrag der letztjährigen Tagung der **American Academy of Forensic Science** im Kopf, bei dem der Weg der radioaktiven Substanz vom Flughafen quer durch London nachgewiesen werden konnte, mit der der russische Ex-Spion Alexander Litwinenko 2006 ermordet wurde. Dies blieb trotz des klaren Nachweises rechtlich und politisch folgenlos.

> ▸ Der Fall Alexander Litwinenko –
> Demokratie so lupenrein wie Polonium
> Alexander Litwinenko arbeitete in den 1980er Jahren in der Abteilung für Spionageabwehr für den sowjetischen Geheimdienstes KGB und anschließend für dessen Nachfolgeorganisation FSB. Ab 1998 trat er als Kritiker der russischen Regierung und des FSB auf, woraufhin er mehrmals angeklagt und verhaftet wurde. Er reiste im November 2000 illegal nach London, wo er politisches Asyl für sich und seine Familie beantragte, das ihm sechs Monate später gewährt wurde. In London arbeitete er als Journalist und Buchautor.
> Seine Anschuldigungen gegen die russische Regierung waren schwerwiegend. So behauptete er 2002 in dem Buch **Blowing up Russia: Terror from**

Within, dass die Sprengstoffanschläge auf russische Wohnhäuser 1999, bei denen etwa 300 Menschen starben, vom russischen Geheimdienst FSM geplant worden seien. Dieser habe tschetschenische Terroristen dafür verantwortlich gemacht, um einen Vorwand für die Einleitung des Zweiten Tschetschenienkrieges zu haben. Ein Lastwagen mit einer russischen Auflage des Buches, die in Moskau verkauft werden sollte, wurde im Rahmen einer Antiterror-Aktion beschlagnahmt. Darüber hinaus behauptete Litwinenko unter anderem, der FSB habe 1998 al-Qaida-Führer trainiert, sei 2002 für die Geiselnahme im Moskauer Kulturhaus verantwortlich gewesen, ebenso wie für die Zerschlagung des russischen Ölkonzerns Jukos im Jahr 2006 und damit seiner Meinung nach zusammenhängender plötzlicher Todesfälle einiger Jukos-Mitarbeiter. Auch die Ermordung der ebenfalls regierungskritischen Moskauer Journalistin Anna Politkowskaja 2006 war, so Litwinenko, eine von Vladimir Putin beauftragte FSB-Aktion.

Litwinenko traf sich am 1. November 2006 in der Bar des **Millennium Hotels** in London mit den russischen Geschäftsmännern und ehemaligen KGB-Mitarbeitern Andrei Lugowoi und Dmitri Kowtun. Den Ermittlungen des Scotland Yard zufolge habe Lugowoi die radioaktive Substanz Polonium 210 in eine Teekanne gegeben, aus der Litwinenko getrunken habe. Lugowoi sei dabei selbst mit der Substanz in Berührung gekommen und habe daher eine noch Monate später verfolgbare Poloniumspur auf seinem Weg hinterlassen.

Kurz darauf kam Litwinenko mit Vergiftungserscheinungen in das Krankenhaus von Barnet. Als sich sein Zustand drastisch verschlechterte, wurde er in die Londoner Universitätsklinik verlegt. Der Toxikologe John Henry vermutete eine Vergiftung mit Thallium, die sich nicht bestätigte. Erst in einer wenige Stunden vor seinem Tod abgegebenen Urinprobe wurde eine hohe Konzentration von Polonium 210 entdeckt. Kurz vor seinem Tod diktierte Litwinenko einen Abschiedsbrief, in dem er Vladimir Putin persönlich für seinen Tod verantwortlich machte. Litwinenko starb am 23. November 2006 um 21.21 Uhr Ortszeit.

Die britische Staatsanwaltschaft stellte aufgrund der Poloniumspur, die Lugowoi bis zu seiner Rückreise nach Russland in London hinterlassen hatte und mit der man seine Wege genau rekonstruieren konnte, einen Auslieferungsgesuch an Russland. Lugowoi sollte in London wegen Mordes anklagt werden. Russland lehnte die Auslieferung mit der Begründung ab, diese würde gegen die Verfassung der Russischen Föderation verstoßen. Daraus entwickelte sich ein Konflikt zwischen der russischen und der britischen Regierung, im Zuge dessen beide Staaten unter anderem Diplomaten des jeweils anderen Landes ausweisen ließen. Bis heute ist trotz der hervorragenden Spuren-Lage niemand für den Mord an Litwinenko zur Rechenschaft gezogen worden.

Dass ich mir den spontanen Kommentar, aber die schmuggeln doch Radioaktivität **raus** und nicht **rein**, in dem Zusammenhang nicht verkneifen konnte, brachte mir unfreundliche Blicke der umsitzenden Russen ein.

Das russische Flugzeug selbst wirkt insgesamt etwas „schlichter" als Modelle größerer Airlines, doch für eventuell aufkommende Flugangst sind wir doch zu müde und setzen die „Flug-Durchschlaf-Tradition" ein weiteres Mal fort.

Am Flughafen Moskau erwartet uns eine böse Überraschung: Es herrscht vollkommenes Chaos vor der Passkontrolle. An genau zwei kleinen Schaltern sitzen russische Beamte, die für den Check jedes einzelnen Fluggastes etwa drei Minuten brauchen – was bei schätzungsweise zweihundert Fluggästen also einen langen, ungemütlichen Abend in Aussicht stellt. Es gibt keine Schlange, sondern die Menschen bilden einen riesigen, den Raum ausfüllenden Pulk. Als wir nach etwa drei Stunden in dieser Menschenmenge, in der sich einige streiten und andere innerlich zu schlafen scheinen, endlich vor der Schalterbeamtin stehen, stellt diese uns eine Frage auf russisch – wohlgemerkt am Schalter für ausländische Gäste – und ist sichtlich uninteressiert, als wir versuchen, ihr etwas auf Englisch, Deutsch oder Polnisch mitzuteilen. Sie wedelt mit einem kleinen, etwa handflächengroßen Zettel, den wir scheinbar dabei haben sollten und zeigt mit dem Finger ans andere Ende des Raumes. Wir räumen also mehr oder minder verzweifelt den Platz und gehen in die gewiesene Richtung, wo ein kleiner Stapel der Kärtchen liegt. Diese füllen wir eilig aus, da wir sehen, dass praktisch alle Passagiere unseres Fluges abgearbeitet wurden, die Passagiere des nächsten Fluges aber jeden Moment in die Halle stürmen dürften. Etwa dreißig Sekunden vor Ankunft der Nächsten geben wir die Kärtchen mit unseren eingetragenen Personalien ab und dürfen endlich weiter.

Hinter der Passkontrolle gehen wir zum Taxischalter. Die Frau am Schalter traut sich nichts zu sagen, stattdessen kommt direkt ein neben dem Schalter stehender, zwielichtiger Russe auf uns zu, der uns eine überteuerte Taxifahrt aufdrängt und die am Schalter ausgeschriebenen Preise als „veraltet" bezeichnet. Er führt uns direkt zu einem von ihm vorbereiteten Auto, während ich bete, dass wir die nächsten dreißig Minuten überleben und nicht für immer in irgendeinem dunklen Loch verschwinden. Wir fahren quer durch die Moskauer Nacht, was von Radiomusik der frühen Neunziger des letzten Jahrhunderts untermalt wird.

Als der Taxifahrer vor unserem Hotel hält, traue ich meinen Augen nicht – es befindet sich in einem der Lenintower. Das Innere ist mit Marmor, Gold und allerlei kostbaren Verzierungen bis ins letzte Detail einem Märchenschloss nachempfunden – so scheint es mir zumindest. Ein derartiges Hotel habe ich noch nie gesehen und werde es vermutlich auch nie wieder von Innen sehen. Wir kommen aus dem Staunen nicht raus – und machen schnell ein paar Fotos, was von den überall verteilten Anzugträgern mit Skepsis beobachtet wird. Vollkommen baff über den Deal des Reisebüros bringen wir unser Gepäck aufs Zimmer und beschließen, uns die Stadt anzuschauen.

Unser erstes Ziel ist der Bahnhof, wo haufenweise ärmlich gekleidete, großteils ältere Menschen auf Holzbänken schlafen. Ein für eine kalte Nacht recht überraschender Anblick. Die Polizei ist überall präsent. Es ist noch erstaunlich viel los am Bahnhof, wir kaufen Tickets und fahren mit der U-Bahn zum Roten Platz. An der Haltestelle in der Nähe des Platzes begegnen wir einem jungen Mann, den wir auf Englisch nach dem Weg fragen. Er antwortet uns auf Deutsch, erzählt, er habe einige Jahre bei Verwandten in Deutschland gelebt und freue sich sehr, eine Gelegenheit zu haben, seine Sprachkenntnisse mal wieder anzuwenden. Spontan bietet er sich an, uns zum Roten Platz zu führen, da er und seine Freunde ohnehin gerade in diese Richtung wollen. Er fragt uns, ob wir wegen des **Rammstein**-Konzertes nach Moskau gekommen sind, was wir bejahen. Scheinbar entsprechen wir mit unseren schwarzen Klamotten dem, was man sich in Russland unter den Fans der Band vorstellt. Der junge Mann erzählt uns unterwegs, Moskau sei zwar schön, doch eine reiche Phantasiewelt, die mit dem „wirklichen Russland" nichts gemein hätte. Wöllten wir jemals das „wirkliche Russland" kennen lernen, sollten wir in die umgebenden Städte fahren, empfiehlt er. Bei dieser Aussage klingt Verbitterung mit. Schließlich gelangen wir zu unserem Ziel, unser Begleiter und seine Freunde verabschieden sich freundlich.

Auf dem Platz ist außer uns und einer Polizeistreife niemand zu sehen, so dass wir gemütlich darüber spazieren und Nachtaufnahmen machen können. In der Mitte des Areals steht eine bunt erleuchtete Schlittschuhbahn. Die Gebäude ringsherum wirken im Mondschein wie ein surreales Märchenland. Es ist leicht zu verstehen, was der junge Mann mit „Phantasiewelt" meinte. Hier ist alles sauber, bunt und prunkvoll. Vom Gesamteindruck mitgerissen, bekomme ich kaum mit, dass es bitterkalt ist. Es wird mir erst vollständig bewusst, als wir riesige Eiszapfen bemerken, die von den Dächern hängen. Irgendwann spazieren wir gemütlich wieder zur U-Bahn, wo wir versuchen, in einem winzigen Verkaufshäuschen Gebäck zu erstehen. Die ältere Frau in dem Kiosk schläft auf ihrem Klappstuhl in die Ecke gedrückt. Wir klopfen zunächst vorsichtig, dann etwas lauter. Die Frau wacht kurz auf, schaut uns an und geht sofort dazu über, sich demonstrativ abzuwenden und weiterzuschlafen. Verwundert machen wir uns wieder auf den Weg zum Hotel.

Am nächsten Morgen stehen wir gegen sieben Uhr auf, da Mark einen Drehtermin beim russischen Staatsfernsehen hat. Wir frühstücken im Hotel, wo ein üppiges Buffet in einem edlen Speisesaal angerichtet ist. Junge Kellnerinnen bringen Kaffee und decken Tische ab. Der Saal ist gefüllt mit russischen Anzugträgern, nur sehr vereinzelt sitzen auch Frauen an den Tischen. Wir nehmen uns eine kostenlos ausliegende, englischsprachige Moskauer Zeitung. Der Inhalt: Inhaltsleere Propaganda, wie man sie satirisch kaum überbieten könnte. So lesen wir, dass die Bürgermeister-wahlen abgeschafft werden sollen, um „bürokratische Abläufe zu vereinfa-chen".

Direkt nach dem Frühstück werden wir zur Zentrale des russischen Staats-fernsehens gefahren, einem Betonklotz, an dessen Front ein mehrstöcki-ges Plakat mit dem Gesicht eines vor Jahren erschossenem Journalisten hängt. Im Inneren ist eine Sicherheitsschleuse aufgebaut, die denen an Flughäfen gleicht. Nach etwa einer Stunde Wartezeit dürfen wir – nach dem Einscannen unserer Reisepässe – durch die Sicherheitskontrolle ins Innere. Das Erdgeschoss wirkt wie ein kleines, modernes Einkaufszentrum. Die Journalistin erzählt, sie verbringe die meiste Zeit tagsüber im Inneren des Gebäudes. Es sei praktisch für die Angestellten, den Großteil ihrer Einkäufe vor Ort erledigen zu können.

Als wir mit dem Fahrstuhl in einem der oberen Stockwerke ankommen, stellen wir überrascht einen deutlichen Kontrast zum unteren Stockwerk fest: Die Böden, Decken und Wände sind voller Löcher, überall bröckelt der Putz und lose Kabel hängen in der Gegend herum. Es wirkt wie ein Haus kurz vor dem Abriss. Unsere Frage, ob eine Renovierung stattfinde, wird verneint. Wir werden von der Journalistin in ein etwa acht Quadrat-meter kleines Büro geführt, in dem fünf Personen eng aneinandergedrängt arbeiten. Hier findet die Vorbesprechung statt. Anschließend wird in einem kleinen Raum in einem anderen Stockwerk die Sendung gedreht. Hierfür werden Fotos von Marks Arbeit mit einem Projektor an die Wand geworfen, während er davor steht und Fragen der Reporterin zu seiner Arbeit an Hitlers Schädel und Zähnen beantwortet.

Zwischendurch laufen Personen durch den Raum, der nur ein Durch-gang zur dahinter liegenden Garderobe ist. Dies scheint das Kamerateam nicht weiter zu stören. Zu unserer Unterhaltung rutscht dem Filmteam auch mal statt FSB (Inlandsgeheimdienst der Russischen Föderation, Nach-folgeorganisation des KGB) die alte Bezeichnung KGB (Komitee für Staats-sicherheit) heraus. Dies verwundert nicht, wenn man in der Wikipedia hierzu nachliest: „Die ‚regelmäßige' Umbenennung der Geheimdienste hat schon seit 1918 in der Sowjetunion / Russland eine lange Tradition und

Bei der Untersuchung von Hitlers Zähnen und Schädel im FSB (KGB), Moskau, 2003

war mit dem stetigen Umbau der Organisationsstrukturen verbunden." Wir erfahren auch, dass es vor Kurzem eine feindliche Übernahme des Senders durch Gazprom gab. Von deren Geld fließt offensichtlich in Anbetracht des maroden Gebäudes und des kaum vorhandenen Geldes für Produktionskosten nicht viel in den Sender. Das Kamerateam – bestehend aus jungen, engagierten Leuten – fragt Mark unter anderem, ob er nicht für sie einen genetischen Fingerabdruck von Hitlers Schädel nehmen könnte. Mark erklärt, dass dies nur mit hohem Bestechungsgeld möglich wäre, was das Filmteam direkt abschreckt – schließlich stehen ihnen für die fünf Stunden Dreharbeiten mit Mark gerade 100 Euro Honorar für ihn zur Verfügung. Dennoch sind sie am Ende der Dreharbeiten recht zufrieden, und wir werden von der Journalistin wieder zur Sicherheitsschleuse begleitet, an der wir weitere 45 Minuten warten dürfen, da „irgendjemand irgendwelche Papiere unterzeichnen muss, die uns das Verlassen des Gebäudes erlauben". Vor gähnender Langeweile beginne ich, die Sicherheitsschleuse zu fotografieren, was allerdings sehr schnell von einem wütenden Sicherheitsmann untersagt wird, der auf mich zugerannt kommt und mir signalisiert, ich solle die gemachten Bilder löschen. Zu meinem Glück sind die Kenntnisse des Mannes, was Digitalkameras angeht, etwa so gut wie sein Englisch – also nicht vorhanden. So lösche ich demonstrativ unter seinem strengen Blick das letzte gemachte Foto, eines von etwa zwanzig, was er wohl als völlige Löschung wahrnimmt, so dass ich die Kamera ohne weiteren Stress wieder wegpacken kann.

Als wir endlich die Erlaubnis bekommen, das Gebäude zu verlassen, werden wir von zwei Kameraleuten zurückgefahren. Leider erweist sich Moskau um 16 Uhr als Ort mit riesigem Verkehrschaos. Für eine Strecke, die ohne Stau fünfzehn Minuten dauern würde, brauchen die Kameraleute eine Stunde. Da wir abends noch zum **Rammstein**-Konzert wollen, steigen wir an einer U-Bahn-Station aus – in der Hoffnung, so schneller voranzukommen. Der nächste Schock erwartet uns allerdings in der U-Bahn, wo etwa zweihundert Personen an einem Kassenhäuschen anstehen, um Tickets zu kaufen. Personen, die ohne vorher das Ticket einzuschieben, durch die engen Durchgänge am Eingang der U-Bahn gehen wollen, werden von blitzschnell hervorschießenden Plastikschranken unsanft in die Hüften gestoßen, während lautes, künstliches Gedudel im ATARI-Spielsound erklingt. So dreist wie einige junge Männer, die mit einem Sprung die Durchgangssperre überwinden, um sofort in den Massen zu verschwinden, sind wir nicht, obwohl es von an den Übergängen sich erstaunlich gleichenden, dicken, ältere Frauen, die die Vorgänge überwachen sollen, geflissentlich ignoriert wird. Zu diesem Zeitpunkt ahnen wir noch nicht, das knapp drei Wochen später ein Anschlag auf die Moskauer U-Bahn verübt wird, bei dem 38 Menschen sterben und viele weitere verletzt werden. Eine Information, die, wenn man so kurz vorher selbst in der Bahn dort saß, ziemlich beängstigend ist. Doch an diesem Tag in Moskau haben wir andere Sorgen: Da wir uns ausrechnen können, dass die Warteschlange uns locker nochmal eine Stunde kosten wird, versuchen wir es mit einem Taxi.

Der Taxifahrer behauptet natürlich, selbst im After-Work-Wahnsinn von Moskaus Straßen schneller zu sein als die deutlich überfüllte U-Bahn. In der Tat sieht es kurz so aus, als kenne er einige Straßen, die noch nicht völlig dicht sind. Doch bald stehen wir auch mit ihm wieder im Stau und

Mit dem Präparator von Lenins Leiche, Ilya Zbarski, in Moskau, 2003.

kapitulieren vor der völlig ausweglosen Transportsituation. Der Fahrer selbst scheint sich auch zu ärgern, weil er die uns genannte Fahrzeit deutlich überschreitet und – da wir vorab einen festen Preis vereinbarten – nun auch für ihn wertvolle Arbeitszeit verloren geht. Schließlich kommuniziert er mit Händen und Füßen, dass es zum Roten Platz nicht mehr weit ist und wir zu Fuß auf jeden Fall schneller sein werden als mit ihm. Wir entschließen uns, ihm zu glauben, bezahlen den natürlich angesichts der örtlichen Preise völligen Phantasietarif von zwanzig Euro für die Fahrt und machen uns zu Fuß in die angegebene Richtung auf. Immerhin hat der Mann nicht gelogen und in etwa zehn Minuten sind wir am Roten Platz, wo wir es wieder mit der U-Bahn probieren. Die Schlange dort ist ein wenig kürzer und wir sind schon etwas näher an unserem Zielort: dem Olimpijskij-Stadion. Dank Marks grundlegenden Kenntnissen der kyrillischen Buchstaben können wir uns irgendwie an den Fahrplänen orientieren und kommen 90 Minuten vor Konzertbeginn am Stadion an – keine Minute zu früh, wie sich erweist, da wir den unerklärlicherweise als „Chess Door" bezeichneten Eingang zur Abholung unserer VIP-Pässe nicht finden können, weshalb wir um ein Haar das Konzert verpasst hätten.

▶ Mark Benecke: Rammstein in Moskau[7]

Dieser Artikel räumt mit dem alles zersetzenden Missstand auf, dass die sehr gute Band **Rammstein** zwar zuletzt das Cover des gedruckten **Body-styler-Magazins** zierte, innen drin aber nie zu sehen ist. So geht das nicht, Señores Towarische! Wir zogen daher unsere schmutzigen Strippen, die uns auch in der Tat zwei herrliche VIP-Pässe bescherten. „VIP" bedeutet hier, dass wir nach dreifacher Umrundung des Olympia-Stadions, einmal oben bei den normalen Eingängen, einmal unten bei den Lastwagen sowie mehrfachen Diskussionen mit den Soldaten am Eingang, die uns auf russisch eindringlich rieten, doch bitte russisch zu lernen, durch reinen Zufall ein winziges, nicht beleuchtetes Türlein hinter einem Schneeberg fanden, die „Chess Door".

Warum und weshalb das alles so war, werden wir nie erfahren, da niemand uns und wir niemanden verstanden. Selbst das Tunneltelefon half nicht, weil wir von dessen eigentümlichem Hörer eingeschüchtert waren.

Der zuletzt erreichte, mit zwei Metalldetektorschleusen vergitterte Garderobe und von ernst aussehenden Menschen abgeschirmte Sonder-Eingangs-Bereich war unser Zugang zu den links und rechts neben dem Mischpult – also mitten in der Halle, optimal gelegenen – Sitzplätzen mit fett rotem Plüsch drauf.

Die Vermutung, hier Fans zu treffen, ging in die Irre. Stattdessen waren die luxuriösen Ränge mit Pärchen bestehend aus jeweils einem dicken Mann über Fünfzig in grauem Anzug nebst einer jeweils sehr dünnen Blondine unter fünfundzwanzig besetzt. Der graue Herr direkt neben uns war der Coolste: Er hatte sein Opernglas dabei (und bei **Combichrist** auch im Einsatz), wollte aber ums Verrecken nicht fotografiert werden.

Noch schwieriger gestaltete sich angesichts der Sitzsituation das dringend erforderliche Mitgehen zur Musique, so dass wir eine zumindest uns bis dahin unbekannte Technik, das „Sitz-Headbangen", entwickelten. Das geht so: Nach Sturztrunk eines doppelten Водка „Парламент" aus dem beliebten Plastikglas mit Zitronenscheibchen sowie Butterbrot an orangenem Kaviar auf Plastikfolienbett fix zurück auf die samtenen Sitze und wie dareinst die Metaller Kopf und Oberkörper (nur halt im Sitzen) schütteln – Haare oder nicht Haare ist dabei wurscht. Diese Methode sorgte für Irritation, um nicht zu sagen, Indignation (falls es das Wort gibt), wir hatten aber mächtig Spaß und zogen so die Wurst vom Stadionhallenmitte-Brötchen. Lydia bewirkte zusätzliches Befremden, da ihr Lackkleidchen, das wir zuvor hinten mit Wäscheleine korsettartig verschnürt hatten, sogar den im Hintergrund anwesenden **Hells Angels** eine gelupfte Augenbraue abnötigte – wie gesagt, das Klamottenmotto des Abends wäre auf unseren Plätzen Anzug und Abendkleid gewesen. Kammer ja nicht ahnen!

Ansonsten gibt es nicht so megaviel Unerwartetes zu berichten, außer, dass die beiden **Combichrist**-Trommler zum Ende des Auftritts ihre Instrumente hin und hertraten sowie von den Podesten stürzten (die Trommeln, nicht sich selbst) und Rammsteinsänger Till ebenfalls zum Ende der absolut krachbummenden Show neu entwickelte, Feuer speiende Engels-Flügel ausklappte. Wer meint, schon alles gesehen zu haben, sollte sich das mal anschauen und danach für immer schweigen. Es bleibt dabei: **Rammstein** war, ist und wird die einzige schwarze Band sein, der ich gerne Guitaren erlaube, so geil, aber ich schweife ab.

Das prima Lied „Moskau" wurde übrigens leider nicht gespielt, sondern ertönte nach dem nicht mehr zu toppenden Konzert-Ende nur aus den Boxen. Das entsprach der im Internet kursierenden Setlist der vorigen Konzerte, wäre aber nicht nur mir, sondern auch dem Publikum vorn an der Bühne und hinten auf den Rängen – also den normalen Jungs in schwarzen T-Shirts recht gewesen, denn man trällerte diesen Abspann noch lauthals mit, bis nach einer halben Minute 'eine sehr wirsch klingende russische Lautsprecher-Durchsage das Volk blitzschnell aus der Halle vertrieb. Übrig blieb nur eine Katze (!), die laut Aussage des deutschen Security-Chefs dort mit ihren Kindern lebt, denn „immerhin gibt es hier im überdachten Olimpijskij-Stadion Reste zu fressen, und es ist ja auch nicht so kalt wie draußen". Das stimmt allerdings nicht nur für Katzen, sondern auch für Kätzchen, und so wurde es lange nicht kalt, plus wir saugten ein wenig übrig gebliebenen Honig.

Das alles bekamen unsere dicken Nachbarn in den grauen Anzügen allerdings schon nicht mehr mit, weil sie mit ihren Begleiterinnen auf die Sekunde genau nach neunzig Minuten **Rammstein** – das heißt nach genau hundertdreißig Minuten insgesamt – wie auf Knopfdruck das Konzert verlassen hatten. Echt spooky. Die spinnen, die VIP-Zonen-Russen.

Auch wenn es vielleicht nervt und den **Bodystyler**-LeserInnen nur ein müdes Lächeln entlockt: Die aktuelle Show von **Rammstein** ist von L wie „Licht" bis G wie "Glitzeranzug" eine Showbesonderheit, wie sie härter und schöner und deutscher nicht sein kann. Das ist fett und cool, und dass **Combichrist** obendrauf noch eine in silbergrau gehaltene Trommel-Ouvertüre geben durfte, ist das, was dem Elektroniker sonst eigentlich zurecht missfällt: Nämlich echt Hut ab und Rock'n'Fucking'Roll.

Am nächsten Morgen heißt es wieder: „Der frühe Vogel …" Am Flughafen sind wir zunächst erleichtert, da die Menschenschlange am Schalter nicht allzu lang ist. Zu früh gefreut: Sie wird zu unserer Überraschung vor uns immer länger, da sich unter anderem eine Sportmannschaft von Gazprom und diverse teuer gekleidete Menschen, die offensichtlich zur bevorzugten Gesellschaftsschicht gehören, einfach an der Schlange vorbei drängeln und erst einmal in aller Ruhe abgefertigt werden. Als wir endlich an der Reihe sind, kann der Beamte am Schalter – wohlgemerkt erneut ein Schalter für internationale Flüge – kein einziges Wort Englisch. Das überrascht uns aber inzwischen auch nicht mehr.

Schließlich werden zum wiederholten Mal unsere Pässe eingescannt und wir gehen durch eine im Gegensatz zum sonstigen Überwachungs-staat-Eindruck erstaunlich lasche Sicherheitskontrolle.

Im Duty Free-Bereich will Mark noch schnell Schokolade mit nostalgischen russischen Bildchen auf der Verpackung kaufen. Als ich den Haufen mit den bunt verpackten russischen Schokoladentafeln fotografieren will, kommt einer der geklont-aussehenden Sicherheitsmänner angerannt und verbietet mir mit Händen und Füßen – das kenne ich ja inzwischen – zu fotografieren. Scheinbar birgt die Anordnung der russischen Schokotäfel-chen wichtige Staatsinformationen.

Zu unserem Erstaunen kann die Verkäuferin im Duty-Free-Shop englisch: Offensichtlich ist eine englisch sprechende Kassiererin wichtiger als ein englisch sprechender Flughafenangestellter für internationale Fluggäste. Als Mark drei Schokoladentafeln kaufen will, sagt die Verkäuferin, er müsse fünf Minuten warten und bedient zunächst einige hinter ihm stehende russische Geschäftsleute in grauen Anzügen. Auch hier – wie erkennbar überall in Russland – hängt die Art der Behandlung vom gesellschaftlichen Status – gleichbedeutend mit dem Rang im halb bis ganz illegalen Geschäftsleben – ab.

Endlich im Flugzeug angekommen, sitzt neben uns ein muffig riechender russischer Geschäftsmann. Aber wir schlafen zum Glück schnell ein – während ich in Alpträumen von geklont wirkenden grauen Geschäftsmännern verfolgt werde.

Als wir endlich am Flughafen Düsseldorf ankommen, müssen wir leider noch den „kleinen Umweg" über den Frankfurter Hauptbahnhof auf uns nehmen, um den dort deponierten Koffer mit dem Übergepäck abzuholen, bevor das Zeitschloss sich nach 72 Stunden öffnet. Das bedeutet, wieder an Köln vorbei mit dem Zug anderthalb weitere Stunden nach Frankfurt, Koffer holen, auf den nächsten Zug warten und wieder zurück nach Köln. Der Abend endet in der Beneckschen Küche mit einer Portion Spaghetti mit Pesto. Dumm für mich, dass ich meine Urlaubstage ausgeschöpft habe und am nächsten Morgen um fünf Uhr aufstehen muss, damit ich wieder pünktlich um acht Uhr in der Psychiatrie im Ruhrgebiet arbeiten kann – wo es zum Glück weder Geschäftsmänner noch graue Anzüge gibt. Bei der Frage meiner Arbeitskollegen am nächsten Morgen, ob ich einen erholsamen Urlaub hatte, lächele ich müde.

Forensischer Insektenkurs für Studenten an der University of Huddersfield, West Yorkshire, England

Kristina Baumjohann

Kristina Baumjohann studierte Biologie an der Ruhr-Universität Bochum. 2003 absolvierte sie ihr erstes Studententraining bei Mark Benecke. Es folgten ein Fortgeschrittenen-Training sowie die Begleitung einiger Kurse als Trainerin. Seit 2006 ist sie selbstständig und arbeitet u.a. bei Benecke Forensics. Ihre Doktorarbeit über Insekten auf Leichen in einem rechtsmedizinischen Institut wird sie 2012 abschließen.

Fast wären wir zusammen mit Rolf Eden im selben Flieger gewesen, und wenn das Schicksal eine Bitch gewesen wäre, hätte ich wohl auch noch in seiner Nähe sitzen müssen. Das Schicksal aber war mir positiv gesonnen und so flog der schrumpelige Rolf zur nächsten Hautstraffung nach Flo-

Die Vegetarier Kristina Baumjohann und Mark Benecke machen Quatsch (2009).

rida, und Mark und ich konnten in Ruhe und völlig angstfrei im Flieger nach Manchester Platz nehmen. Im von dort circa 45 Kilometer entfernten Huddersfield wollten wir für drei Tage einen Kurs über Insekten auf Leichen für die dortigen Studenten geben.

Vor zwei Jahren, also 2006, hielt ich diesen Kurs schon zusammen mit Saskia (S. 238) und ich war gespannt, ob sich an den dortigen Gegebenheiten etwas geändert hatte.

Am Flughafen Köln/Bonn wartete ich also zur ausgemachten Uhrzeit („Tina, 11 Uhr **sharp! sharp**, Tina, ne?") in der Abflughalle und von Mark keine Spur. Er schrieb mir eine SMS, dass seine Bahn Verspätung hätte, er aber auf dem Weg wäre. Anstatt der Leerzeichen zwischen den Wörtern hatte er lauter Sternchen gesetzt, so*dass*es*sich*ungefähr*so*las. Mir wurde heiß. Wenn die kommenden Tage genauso übersichtlich würden, hätte ich meine nicht existente Reiseapotheke wohl besser um eine Packung Valium bereichern sollen.

Mark traf dann schnell ein und nach dem obligatorischen Zeitungs-kaufen suchten wir auf der Flaniermeile eine Art „Kölsche Kneipe" auf, um bis zum Aufruf unseres Fluges die Zeit totzuschlagen. Wir wären wohl besser woanders hingegangen, aber ich konnte schließlich nicht wissen, dass der dortige Besuch meinen Seelenfrieden nachhaltig beeinflussen sollte. Wir suchten uns einen Platz im hinteren Teil, direkt neben der Flaniermeile.

Wir packten unsere Rechner aus, bestellten etwas zu essen, tranken Kölsch und während Mark erzählte und gleichzeitig auf seine Tastatur einhackte, ließ ich den Blick schweifen, sah mir die Leute in den anderen Restaurants an und schaute mir schließlich die restlichen Besucher eben dieser „Kölschen Kneipe" an. Huch? Kam mir der nicht bekannt vor? Kannte ich den nicht von irgendwoher? KREISCH! Rolf Eden!!! Mir wurde erneut heiß. War er das denn wirklich? Ich schaute also wieder hin und blickte in zwei tote blaue Fischaugen, die mich im selben Moment anschauten. Sogar jetzt, in dem Moment, in dem ich diese Zeilen schreibe, läuft mir ein kalter Schauer über den Rücken. Mir ging es gar nicht gut. Mark plauderte angeregt weiter. Ich hatte dann aber doch Schwierigkeiten, mir ein Grinsen zu verkneifen. Dies entging Marks Aufmerksamkeit nicht, und so fragte er mehrfach nach, was denn los wäre. Ich konnte nicht darüber sprechen. Außerdem hatte ich Angst: Mark würde zu Rolfi rennen und Fotos mit ihm machen wollen. Das wollte ich auf keinen Fall erleben, wäre ich doch irgendwie dort mit hineingezogen worden und hätte ihn eventuell sogar berühren müssen. Minuten vergingen wie Stunden, ich versuchte krampfhaft **nicht** zum Nachbartisch zu schauen. An anderen Tischen war der skurrile Gast ebenfalls erkannt worden und zwei ältere Frauen tuschelten angeregt und kicherten.

Eine halbe Stunde später wollte Mark am Rechner arbeiten und bat mich, ihn in den nächsten Minuten nicht anzusprechen. Fast im selben Moment muss Herr Eden die Kneipe verlassen haben, denn plötzlich flanierte er direkt neben uns den Gang außerhalb der Kneipe entlang. Vor ihm ging eine große, schlanke Blondine, die – wie er auch – ganz in weiß gekleidet war. Dahinter schlurfte Herr E. in einem viel zu großen Jackett und einer weißen Stoffhose, die mir später noch einmal begegnen sollte.

Verglichen mit Hugh Hefner erschien Rolf E. wie ein Möchtegern-Playboy, der mit allen Mitteln versuchte, sein Alter zu vertuschen und möglichst jugendlich auszusehen. (Für den Fall, dass ich verklagt werden sollte, hier meine Lebensbeichte: Lieber Rolf Eden, natürlich bin ich neidisch, dass Sie mich am Flughafen nicht kennen lernen wollten, Sie mich nicht gegen die Blondine eingetauscht haben und ich nicht an ihrer Stelle Sie in Ihrem ausschweifenden Partyleben begleiten darf.)

Ich wollte Mark darauf hinweisen, wer uns soeben passiert hatte, aber von ihm kam nur ein „Scht, nicht jetzt, Tina, gleich, ja?" Das bizarre Duo schritt erneut an uns vorbei und ich versuchte wieder Marks Aufmerksamkeit auf die beiden zu lenken; auch dieser Versuch scheiterte.

Als von dem alternden Spieljungen keine Spur mehr zu sehen war, blickte Mark auf und sagte: „So, Tina, jetzt aber. Was gibt's denn?" Und wie ich es befürchtet hatte, ärgerte Mark sich ein wenig, dass er kein Foto für seine VIP-Seite (siehe Seiten 86 ff.) ergattern konnte. Mir hingegen fiel ein Stein vom Herzen.

Aufgrund dieser Traumatisierung konnte ich mich an Einzelheiten des Flugs nach Manchester, der anschließenden Zugfahrt und Ankunft in Huddersfield nicht erinnern. Fotos der Zugreise zeigen mich jedoch mit einem Schokomuffin auf dem Kopf. Ich danke Ihnen, Herr Eden.

Mark und ich teilten uns ein wunderschönes Zimmer im besten Hotel am Platz – so zumindest war es in meinen Träumen. In der Realität schichtete sich auf den Fensterbänken unseres Zimmers Taubenkot, mit einzelnen Federn garniert, unter unserem Zimmer befand sich der Partybereich des Hotels und die gesamte Einrichtung war eher zweckmäßig als hübsch. Der Duschkopf in der Badewanne musste nach einer ganz besonderen Anleitung angestellt werden, die man sich selbst erarbeiten musste. Ich kann nur jedem dieses Erlebnis empfehlen, morgens übermüdet, nackt und frierend in der Wanne zu stehen und möglichst viele Variationen der Einstellungen sämtlicher Hebel und Knöpfe vorzunehmen. Und wenn es dann endlich klappt und warmes Wasser aus dem Duschkopf läuft, weiß man schon nicht mehr, welche Knöpfe und Hebel in welcher Reihenfolge zuvor gedrückt wurden.

Mark wäre ja nicht der jute Bene, wenn er nicht weiter auf meine Kosten Späße über Rolf Eden gemacht und sich an meinem Ekel ergötzt hätte. Es gipfelte darin, dass wir abends jeder in seinem Bett lagen, das Licht bereits gelöscht und ich bereit war, in ein friedliches Traumland zu entweichen, als er plötzlich anfing mit verstellter, tiefer und fieser Stimme zu reden: „Tina, ich bin's, der Rolf, ich bin so einsam. Komm rüber zum Rolfi! Mir ist kalt, komm kuscheln. Tiiiiinaaaaa, mir ist kalt, lass mich deine Körperwärme spüren." Ich lag kreischend im Bett und wehrte Hände ab, die nach mir griffen. Schließlich bildete ich am Fußende ein kleines Knäuel, das mich vor Angriffen von Rolf Mark Edecke schützte. Verschwitzt vor Angst konnte ich schließlich in mein beschützendes Flauschi-Bauschi-Land entweichen und für einige Stunden Frieden finden.

Am nächsten Morgen frühstückten wir im renovierten Bar-Lounge-Breakfast-Room, der, mit roten, ledernen Clubsesseln bestückt, daherkam. Crazy shit, der Raum war nicht wiederzuerkennen. Zu meinem großem Leidwesen vermisste ich die ältere britische Dame, die uns vor zwei Jahren mit „Here you are, Love" das Frühstück servierte. Nun gab es eine auf andere Weise typische Britin, die eher grummelig und schlecht zurecht gemacht ein paar Mal auftauchte, um nach dem Rechten zu schauen.

Wir machten uns zu Fuß und in britischem Regen auf den Weg zur University of Huddersfield. Der Kurs durfte nicht zu früh anfangen, weil die Studenten dann murren oder erst gar nicht erscheinen würden. Die Huddersfielder Studenten unterscheiden sich von denen in Marks übrigen Kursen und solchen, die ich bisher in der Uni antraf, vor allem dadurch, dass sie völlig lustlos und unmotiviert sind, nach ihrem Studium zum Großteil Hausfrauen werden und das auch schon während des Studiums wissen. Fröhliche Gesichter sieht man hier eher selten.

Als die Studenten den Raum betraten, zu dem wir vom dortigen Leiter Gareth geführt wurden, hatte ich wie schon zuvor ein Déjà-vu nach dem anderen. Waren das nicht alles Studenten, die schon vor zwei Jahren am Kurs teilgenommen hatten? Merkwürdigerweise ähnelten sie sich sehr.

Allerdings muss betont werden, dass in diesem Jahr ungewöhnlich viele männliche Studenten am Kurs teilnahmen, mehr als überhaupt jemals in irgendeinem Kurs von Mark gewesen waren: vier. Nach dem ersten Tag waren es nur noch drei. Der vierte Student schien mit der deutschen, obwohl bereits an die britischen Eigenheiten angepassten, Arbeitsweise überfordert.

Es gab viele Sallys und Nellys, wobei ich tatsächlich schon eine Sally kannte und dies nur eines bestätigt: meine Bekanntschaften erstrecken sich offensichtlich über die wichtigsten geografischen Meet-and-Greet-Points der Erde. Sie hatte den Kurs tatsächlich bereits vor zwei Jahren schon einmal besucht. Dieses Mal sprang sie für eine Freundin ein und konnte sich nicht mehr so genau an die Kursinhalte erinnern. Dass sie auch nur **ein** Déjà-vu hatte, wage ich zu bezweifeln. Es waren eher Aha-Erlebnisse.

Als Mark das Ende des Kurses auf täglich 17 Uhr legen wollte, kam es zum Aufruhr. Das wäre ja viel zu lang (die Kurse in Köln dauern mindestens bis 19 Uhr, meist länger), das ginge so gar nicht, 16 Uhr wäre ja auch schon recht lange. Aber nix da, wir reisen doch nicht extra an, um dann fünf Stunden Kurs pro Tag abzuhalten. Entsetzte Blicke trafen uns. Die Deutschen wollten sich wohl zu Tode arbeiten.

Vielleicht aber waren wir auch von der britischen Königsfamilie angeflunkert worden, als sie uns in ihrer Einladung schrieb, die Studenten wären glücklich, dass wir diesen Kurs geben und würden freiwillig daran teilnehmen. Aufgrund der Irrungen und Wirrungen am britischen Königshof wäre diese Möglichkeit durchaus realistisch. Wenn ich es mir genau überlege, sahen viele Kursteilnehmer aus wie Charles und/oder Camilla. Als zuverlässige Tippgeberin für die britische „Sun" (nur so viel sei verraten: „Harry the Nazi") muss ich mich noch einmal mit den Inselkollegen zusammensetzen.

Die britischen Studenten hatten stärkere Probleme mit der Handhabung des englischen Bestimmungsschlüssels als die deutschen Studenten

Das wiederum bestärkt meine Hypothese, dass sie gar kein Englisch sprachen. Man kann sich ihre Sprache so vorstellen: zwei Golfbälle in den Mund genommen und die Vokale weggelassen. Wie gut würden Sie das

Alles halb so wild: Während eines Kurses an der Universität Huddersfield/England

verstehen? Mit zunehmender Kurslaufzeit nahm mein Sprachverständnis ab (oder hatte es mit den abendlichen Wodka-Shots zu tun?) und ich wollte irgendwohin, wo ich die Menschen akustisch verstehen konnte.

Für Samstag und Sonntag wurde mir ein smarter Brite als Assistent zur Seite gestellt. Eigentlich kann man sich darüber freuen. Aber sein Englisch war so unverständlich, dass ich, nachdem er sich für mein Studium und für noch irgendwelche Dinge interessierte, die ich nicht verstand, und er mich immer weiter in Gespräche verwickelte, stets die andere Ecke des Kursraumes aufsuchte, sobald er sich näherte.

Aufgrund der Sprachbarriere verpuffte meine Idee vom Eintritt in die britische Army relativ schnell. An jeder Ecke wurde für sie geworben. Sogar auf dem Markt standen sie. Es handelte sich um äußerst breite, große und grimmig dreinschauende Jungs in Tarnkleidung – man hätte sie fast gar nicht gesehen –, die so Angst einflößend waren, dass selbst Mark sich jeden Spaß mit ihnen schenkte. Da ich jedoch einen Faible für düstere Kriegsgestalten habe und zudem von einer Kursteilnehmerin

Das Benecke-Universum

wusste, wie viel England diesen tapferen Kameraden für ihren uneigen-
nützigen Einzug nach Afghanistan zahlte, kam mir die Idee, mich dort
einzuschleichen. Und obwohl sie nicht viel zu reden schienen oder auch
zu reden hatten, so dass das Sprachproblem wegfallen würde, waren mir
die Kriegsvertreter Englands nicht gut gesonnen und Mark und ich wurden bereits mit Blicken in einen Hinterhalt gelockt und dort niederge-
streckt. Ich glaube, sie dachten, wir würden sie nicht so ganz ernst nehmen.
Die tapferen Burschis.

Es gibt eine recht erheiternde Seite über die British Army im Internet.
Dort sieht man unter anderem Soldaten hinter einem Anführer hermar-
schieren. Das Kuriose dabei: Der Anführer spielt Dudelsack. Wie realistisch mag dieses Szenario sein? Sollen wir wirklich denken, dass britische
Soldaten hinter einem dudelsackspielenden General durch Afghanistan
ziehen und so für Frieden sorgen?[8]

Wenn wir uns in den Mittagspausen nicht gerade vor den Tommies versteckten, suchten wir uns ein Plätzchen in der Stadt, wo wir Kaffee und
Cookies zu uns nehmen konnten. Dabei entdeckte mein wissenschaftli-
cher Geist eine besonders entzückende Freizeitbeschäftigung. Wenn man
den Kaffee in den Coffee-to-go-Bechern mit schnabeltassenähnlichem
Aufsatz gleichmäßig und schnell in der Hand rotieren lässt, so entsteht
eine relativ beständige Kaffeeblase am Becherschnabel. Schwenkt man
den Becher langsamer, wird auch die Blase kleiner, legt man an Geschwin-
digkeit zu, wird sie wieder größer. Langsam, kleiner – schneller, größer. Ich
war ganz vertieft in diese wundervolle Entdeckung, da mussten wir auch
schon wieder zurück zum Kurs, wo uns Gareth mit **Milky Ways** zur Stär-
kung und komischen rosa-farbenen Puscheldingern empfing, die etwa so
groß wie eine Aprikose waren und zwei wackelnde Glupschaugen auf
dem rosa Pelz trugen. Sie warben für den **Women's Day**, und ganz ehrlich:
Sie sahen vielen britischen Frauen ähnlich: etwas voller, knallig-farben und
auffällig.

Die Modeevolution hat hier in Huddersfield einen großen Spielplatz gefunden. Ruft man sich städtische Spielplätze in Erinnerung, so kann man

sich auch gleich die Modeumstände vorstellen. Zwei Jahre zuvor – der Kurs in Huddersfield findet immer im November statt, d.h. das Wetter ist entsprechend schlecht und die Temperaturen niedrig, – saßen wir abends dick eingepackt in einer Bar, als plötzlich Schwärme von Mädchen auf der Straße entlang zogen, die kurze Röcke und Trägerhemden trugen. Bevor wir an eine individuelle Verirrung denken konnten, kam die nächste Horde die Straße entlang – genauso entkleidet. In Huddersfield ist es nämlich so, dass das Wetter völlig überbewertet wird: Egal, wie niedrig die Temperaturen sind, die Klamotten am Wochenende müssen möglichst knapp sein.

Das Unglaubliche daran: Die Mädchen werden nicht krank. Auch für die Kursteilnehmerinnen war das völlig normal, und sie wunderten sich darüber, dass Mark und ich sie darauf ansprachen, denn auch in diesem Jahr waren knappe Outfits angesagt. Es ist gut möglich, dass die kaum existente Kleidung Ausdruck für den Niedergang der Textilindustrie ist, mit der sich Huddersfield in seiner Geschichte einst identifizierte. Heute stellt die Pharmaindustrie den größten Industriezweig dar, dazu sag ich mal in Hinblick auf die beginnenden „Partyzeiten" (dazu komme ich noch) nichts. In Vorbereitung auf diesen Kurs überlegten wir uns, wie wir uns modisch an die Gegebenheiten anpassen könnten und Mark schlug vor, dass wir Hasenkostüme tragen oder zumindest abends Hasenohren aufsetzen könnten. Wir legten diese Idee aber wieder ad acta, schließlich wären wir so überhaupt nicht aufgefallen, und um einen modischen bleibenden Eindruck in Huddi zu hinterlassen, braucht man mehr als ein tiergleiches Aussehen.

Der zweite Abend begann damit, dass Bene ein Foto für den **Blood Boy** machen musste. **Blood Boy**, der eigentlich Tobias heißt, besitzt ein Label und entwirft Metal- und Gothic-Motive für T-Shirts und anderes. Mark sollte in einem seiner T-Shirts für seine Homepage merchandise-mäßig posieren, und so suchten wir einen entsprechend coole Location auf: unser Hotelzimmer vor der sehr britischen geblümten Gardine. Leider sagte diese Location dem **Blood Boy** nicht zu, und so schnitt er Mark vor der Blümchengardine aus. Dabei hätte er trotz der Blümkes sehr gut zu

Besagte Fotografie für den **Blood Boy** vor der Blümchentapete im schrottigen, aber stilechten Huddersfield Hotel

all den anderen „Berühmtheiten" auf der Internetseite gepasst, wie z.B. **Kreator**, die strengstens um ein finsteres Aussehen bemüht, mit Gesten, die ich hier nicht zu beschreiben wage, posieren.

Passend zu der andersartigen Kleidung in Huddersfield waren auch die Party- und Trinkgewohnheiten. Die Partynacht beginnt bereits um 17 Uhr, wohl ein Relikt aus der Zeit, als der Alkoholausschank um 23 Uhr eingestellt werden musste; immerhin war das bis zum 24. September 2005 der Fall. Ab 20 Uhr hat jeder Club und jede Kneipe mindestens zwei Türsteher und einen mit rotem Teppich und Absperrband gestalteten Eingangsbereich. Ich muss nicht extra betonen, dass die Türsteher keine weiteren Aufgaben hatten als den Eingang zu schmücken, denn von einer „Kleiderordnung" kann ja keine Rede sein. Mit zwei besonders attraktiven und hünenhaften Türstehern hatten wir das Vergnügen vor einem Lapdance-Schuppen, der sich direkt neben unserem Hotel befand. Die letzten Absacker dieses Abends nahmen wir dort ein. Es blieb natürlich nicht aus, dass Mark die Herren fragte, ob es denn okay wäre, wenn ich als Lady dort mit hineinginge.

Mit meinem nettesten Lächeln fragte auch ich noch einmal artig nach, wäre aber eigentlich lieber vor der Tür bei den dazugehörigen Stehern geblieben. Gut, dass ich mich doch dagegen entschieden habe, denn drinnen wären mir großartige Szenen entgangen. Wie stellt man sich die Mädchen in einem solchen Laden vor? Extrem attraktiv, sehr gut gebaut, keine Fettpolster, die zahlreichen Herren charmant anflirtend. Wenn Sie mal einen wirklich lustigen und bizarren Abend erleben wollen, fahren Sie nach Huddersfield ins **La Salsa**, dort sieht die Welt ganz anders aus: die Damen überwiegend mopsig, nur zwei erinnerten aufgrund ihrer Figur an 12-jährige Jungen, sie lungerten auf einem Sofa herum, kauten gelangweilt Kaugummi oder saßen ebenso begeistert auf der „Tanzfläche" neben der Stange. Einige sahen fern. Mit Bene und mir füllte sich der Laden um 40 Prozent, drei Besucher waren schon dort: zwei Jüngelchen, von denen der eine zum Lapdance hinter einem Vorhang verschwand und plötzlich wieder da war. Hinter dem Vorhang war nun schemenhaft der aneinander ausgeführte Lapdance zweier „Angestellter" zu sehen.

Dann war da noch ein älterer Herr mit viel Fleisch im Gesicht und auf dem Kopf, der sich mit einem Mädchen „unterhielt", das zwischendurch äußerst kokett ihr Negligé lüftete. Dem Herren gefiel es, und darauf kommt es schließlich an. Eines der Mädchen schwang sich urplötzlich Kaugummi kauend und stark gelangweilt an die Stange und lieferte eine wirklich beeindruckende Leistung ab. Sie hing elegant kopfabwärts an der Stange und bearbeitete noch immer ihren Kaugummi. Ich weiß, dass die Huddersfielder, und besonders die Frauen, in diesem Artikel nicht ganz so gut wegkommen, aber ich muss an dieser Stelle hervorheben, dass dieses Mädchen eine Lässigkeit an die Stange legte, dass ich staunen und ein weiteres Bier bestellen musste.

Am nächsten Tag fragte der Assistent Mark und mich (Mark hatte die Frage verstanden), was wir so gemacht hätten und ob wir ausgegangen wären. Wir erzählten ihm unter anderem auch, dass wir im Lapdance-Schuppen gewesen wären, woraufhin diesmal wohl er dachte, er würde nicht so ganz verstehen und schaute ungläubig von Mark zu mir.

Im Kurs wurden die Studenten zunehmend enthemmter, was besonders Mark wohlwollend wahrnahm. Ich war wohl zu sehr in die mir neue Bedeutung der „Blow-Fly" vertieft, die ich mit einer Studentin zusammen entdeckt hatte, als ich mich umdrehte und Mark vom Großteil der TeilnehmerInnen umringt dastand, die ihre T-Shirts hoch- und Hosen heruntergezogen hatten und viel **Fish and Chips**-Haut entblößten, um ihre britischen Tätowierungen zu zeigen. Die beste und stilvollste Tätowierung hatte Stewart. Er hatte sich die Unterschrift von **Slash** auf den Unterarm tätowieren lassen. Die anderen Kunstwerke sind auf Benes Homepage zu sehen, ich weigere mich, sie hier zu beschreiben (siehe „Trainings" auf www.benecke.com).

Eine interessante Info zur Universität Huddersfield darf nicht vorenthalten werden: Der Kanzler der Uni ist kein geringerer als **Captain Picard** alias Patrick Stewart. Es gibt noch weitere bekannte Persönlichkeiten Huddersfields. So wird sich hoffentlich jeder an den zweimaligen britischen Premierminister Harold Wilson erinnern oder auch an den Schauspieler James Neville Mason. Letzterer gehörte 1981 zur hochrangigen Besetzung des Agatha-Christie-Films **Das Böse unter der Sonne**, in dem er neben Peter Ustinov spielte. Wie gerne hätte ich mehr Miss Marples in Großbritannien getroffen, die resolut mit ihrem Damenreitsattel unter dem Arm durch den Ort schreiten.

Stattdessen sah ich Rolf Eden wieder. Zuvor jedoch packten Mark und ich am Sonntagnachmittag unsere Koffer und fuhren im völlig überfüllten Zug zum Flughafen in Manchester, wo sich unsere (Flug-)Wege trennten. Doch schon sehr bald hörte ich wieder von Mark: Er schickte mir mit unverhohlenem Vergnügen Fotos von Herrn Eden zu, die diesen in eindeutig unseriöser Pose zeigten. Und da war sie auch wieder, die weiße Bundfaltenhose – das einzige, was Herr Eden am Leib trug, während sich eine junge Dame über die Bundfalte räkelt und Herr Eden süffisant mit einem Champagnerglas in der Hand in die Kamera runzelt. Und im Schatten seines knittrigen Oberkörpers spielt sich ein ganzes tschechisches Scherenschnitt-Märchen ab.

Mark Beneckes

... mit Bela B.

... mit Campino

... mit Bushido

... mit Willem Dafoe

... mit Cypress Hill bei den „Körperwelten"

... mit Ville Vallo

VIP-Galerie

... mit Stefan Raab

... mit Kurt Krömer

... mit Anke Engelke

... mit Sir Alec Jeffreys, Erfinder des
genetischen Fingerabdrucks

... mit dem Mainzelmännchen Det

... mit Jürgen Rüttgers

Mark Beneckes

… mit Adam

… mit Mike von Agonoize

… mit Alea, dem Bescheidenen

… mit Darrin Huss und der Schwarzen Witwe

… mit [:SiTD:] Eisbrecher

… mit Eskil und Plastique

Alternative VIP-Galerie

... mit Nachtmahr

... mit Lola Angst

... mit Sven von der Patenbrigade:Wolff

... mit Oswald Henke

... Noisuf-X und Suicide Commando

... mit Project Pitchfork

Die Blonden Burschen

Klaus Fehling

Klaus Fehling lebt und arbeitet als Theaterschriftsteller in seiner Wahlheimat Bodenheim am Rhein. Unter dem Namen Wolfgang „James" DIN war er mit Mark Benecke alias Belcanto Bene Die Blonden Burschen. Als Drei-Akkord-Musiker ist er heute Mitglied der Promovierten Praktikanten.

Ich weiß noch: Seine Pranke hatte mich getroffen wie ein Schmiedehammer. Zumindest glaube ich, mich an eine große, kräftige Hand erinnern zu können, die mit Wucht auf meiner rechten Schulter gelandet war. Und ich erinnere mich an den strengen Blick des Rockers, der sich mir in den Weg gestellt hatte, als ich mir mit ein paar Bechern Bier den Weg durch die Menge – zurück in den Backstagebereich – bahnte.

Mark Benecke und Klaus Fehling in New York

„Ey", hatte der Rocker gesagt, „du bist doch einer von diesen blonden Jungs?" Leugnen wäre zwecklos gewesen, schließlich hatte er mich kurz zuvor noch auf der Bühne gesehen. „Wir heißen **Die Blonden Burschen**", antwortete ich. Die Hand des Rockers lag noch immer schwer auf meiner Schulter und hinderte mich am Weitergehen. „Jungs, ihr seid richtig scheiße." Sein Blick verlor das Bedrohliche und ich erkannte plötzlich so etwas wie Respekt in seinen Augen. „Dass ihr euch das traut", sagte er und nahm endlich das Gewicht von meiner Schulter. Dann boxte er mir noch lächelnd auf den Oberarm und ich begriff, dass das wohl anerkennend gemeint war. Ich verschüttete mein Bier. Die Umbaupause war vorbei. Auf der Bühne begannen die zwölf Musiker der **Testers** ihre Show und es wurde Zeit, dass ich zurück zu den anderen kam.

So ist es gewesen. Zumindest erinnere ich mich daran, dass es so gewesen ist. Es war irgendwann Anfang der 1990er Jahre auf einem Festival, das der Kölner AStA für die Erstsemester veranstaltet hatte. Vor uns hatten **Tass Kaff** gespielt und nach uns die **Testers** aus Berlin. Backstage gab es Erdbeeren, und nach dem Konzert tranken wir Bier mit den Berlinern in ihrem zum Bandfahrzeug umgebauten Omnibus. Wir fühlten uns wie Popstars und ich war beim Bier holen zum Ritter geschlagen worden. Wir

waren, unserem Bandmotto gemäß, „geschmacklos, langweilig, peinlich".
Wir waren **Die Blonden Burschen**.

Die Burschen, das waren in erster Linie Belcanto Bene und ich. Damals, beim AStA-Festival, hatten noch Peter Tusch als Bassist und Wolfgang „Berserker" Smirnov als Leibwächter mit uns auf der Bühne gestanden. Hinter dem Schlagzeug saß an diesem Abend als Gast Gisbert Lemke, der sonst für die Hertener Band **Fantasma Desnuda** trommelte. Im Laufe der fast zwanzigjährigen Geschichte der **Blonden Burschen** haben uns noch viele andere als Bandmitglieder oder Gäste eine Zeit lang begleitet.

Die Veranstalter des AStA-Festivals hatten uns eingeladen, nachdem sie uns bei der Talentprobe am Kölner Tanzbrunnen gesehen hatten. Hier hatte viele Jahre zuvor bereits die spätere European-Song-Contest-Gewinnerin Nicole Seibert vor Deutschlands angeblich härtestem Publikum bestanden. Wir hatten uns deshalb für unseren ersten Auftritt dort den **Nicole-Hit Flieg nicht so hoch, mein kleiner Freund** als eines von zwei Liedern ausgesucht. Wir sangen es so schön, wie wir konnten und ich schmuste dabei mit einer gelben, aufblasbaren Gummiente. Die mehr als dreitausend Zuhörer waren gekommen, um die auftretenden Talente scheiße zu finden und sie bekamen von uns, was sie haben wollten. Ein Teil der Meute drehte uns den Rücken zu, andere riefen „Ausziehen!" oder „Aufhören!" und ich meine, dass das ein oder andere sehr reife Stück Obst auf die Bühne flog. Als wir dann unser zweites Lied sangen, eine Eigenkomposition namens **Hochverehrtes Publikum**, geschah etwas Unglaubliches. Zumindest glaube ich, mich daran erinnern zu können, dass es geschah: Die wilde Meute vor uns hörte auf, uns mit Rufen wie „Hühnerbrust!" beleidigen zu wollen. (Belcanto Bene hatte die Bühne mit den Worten „Guten Tag, ich bin der zweidimensionale Mann" betreten und auch ich war nicht gerade ein Athlet.) Sie hörten uns zu. Und dann sangen sie tatsächlich unseren Refrain mit:

> „Ihr seid so zum Kotzen, oh wir halten's gar nicht aus. Ihr seid so banal, warum bleibt ihr nicht zuhaus'. Ihr seid wirklich der allerletzte Dreck. Doch bleibt ruhig da, denn ihr seid unser Lebenszweck."

Beim ersten Mal hatten wir uns aus einer Laune heraus um die Teilnahme an der Talentprobe beworben und an einem vorherigen Casting teilgenommen. In den folgenden zwei Sommern wurden wir – soweit ich mich erinnern kann – vom Veranstalter eingeladen, so dass wir insgesamt drei Mal vor dem härtesten Publikum Deutschlands aufgetreten sind. Jedes Mal spielten wir als zweiten Titel unser **Hochverehrtes Publikum**. Dabei wurden wir von unserem Leibwächter Smirnov unterstützt, der mal aus einer hölzernen Torte sprang und mal frische Kirschen ins Publikum warf. Nach unseren Auftritten verteilten wir Autogrammkarten, die nicht uns, sondern ein paar bärtige Männer aus einem Tätowier-Magazin zeigten. Den ersten Platz des Talentwettbewerbs belegten wir nie. Zumindest daran erinnere ich mich ganz genau.

Belcanto Bene und ich hatten schon immer gern zusammen gesungen. Bereits in der Schule haben wir unsere Mitschülerinnen mit A-Capella-Vorträgen umgetexteter Pop-Hits (**Désirée, du hast gelbe Beine**) erfolgreich zu beeindrucken versucht. Anlässlich unserer Abiturfeierlichkeiten haben wir dann ein Lied für unsere Deutschlehrerin geschrieben, das wir zur Gitarre vortrugen.

> „Sowohl in Deutsch, als auch in Literatur, dachten wir an unsere Lehrerin nur.
> Sie war so modisch angezogen. Darum haben wir sie nie belogen. (…)"

Kurz darauf gründeten wir die Band, die wir ursprünglich **Die singenden und tanzenden Wixvorlagen** nannten. Wenig später entschieden wir uns für den öffentlichkeitstauglicheren Namen **Die Blonden Burschen**. Die Band waren wir beide. Gemeinsam schrieben wir Texte über Themen, die uns gerade im Kopf herum gingen, wie teuren, schlechten Kuchen oder darüber, wie wir uns das Leben als Popstar vorstellten. Ich reihte ein paar Akkorde aneinander und begleitete uns auf der Gitarre. Selten brauchten wir länger als fünf Minuten für die Fertigstellung unserer Lieder, die wir dann meist auf privaten Partys zum Besten gaben. In meiner Erinnerung kommt es mir so vor, als wären es manchmal sogar mehrere an einem Tag gewesen.

Um öfter eingeladen zu werden, erfanden wir die Aktion „Schick uns deinen Slip". Wir verteilten selbstgedruckte Postkarten als Aufforderung, uns zum Musizieren gegen freies Essen und Trinken einzuladen. Die Teilnahme an der Aktion war, wie der Name schon verrät, an die gleichzeitige Einsendung einer Unterhose gebunden. Dass wir daraufhin tatsächlich zahlreiche, teils getragene oder kunstvoll gestaltete Wäschestücke zugeschickt bekamen, hat uns sehr überrascht.

In einem Kölner Tonstudio, in dem ich damals als Teaboy arbeitete, nahmen wir unsere ersten Demos auf. Einmal kam Belcanto Bene in Begleitung einer Gruppe junger Mädchen zu den Aufnahmen. Als „Chor der minderjährigen Mädchen" sind sie noch heute auf unserer CD **Die Blonden Burschen von A bis Z. Die (ersten) zehn Jahre** zu hören. Wir bekamen Einladungen zu Auftritten in Berlin, Stuttgart, Münster, Dortmund und anderen Städten. Wir spielten bei Hochzeiten und Geburtstagen, wurden vom lokalen Radiosender interviewt und verschwendeten unsere Jugend mit Legendenbildung und zu vielen Proben. Mitmusiker kamen und gingen. Die meisten konnten jedoch mit unserem Motto „Geschmacklos, langweilig, peinlich" auf die Dauer nicht viel anfangen. Ein Bassist, den wir kurz zuvor in einer Kneipe angesprochen hatten, ging während eines Konzerts in Köln „Zigaretten holen" und kam nie wieder zurück. Ich weiß bis heute seinen Namen nicht. Ich erinnere mich aber, dass ich mich damals gewundert hatte, dass er zum Zigaretten holen seinen Bass mitnahm. Und ich erinnere mich, dass sowohl wir, als auch das Publikum bei diesem Konzert froh waren, dass wir nicht mehr weiter spielen konnten. Das Showgeschäft war manchmal auch für uns ein hartes. Der Einzige, der wirklich lange dabei geblieben ist, war unser Leibwächter Smirnov. In seiner Rechtsanwaltskanzlei in Köln steht vermutlich auch heute noch ein staubiger Karton voller Slips.

Bei unseren späteren Auftritten bemühten wir uns, dem Publikum neben unserer Musik noch weitere Unterhaltungselemente zu bieten. Wir zeigten Dias, verlosten unnütze Sachen, ließen Smirnov strippen, und Belcanto Bene machte es sich zur Gewohnheit, bei jedem Konzert einen wissen-

Die Blonden Burschen on Stage: Fehling, Berserker Smirnov, Benecke (v.l.n.r.)

schaftlichen Vortrag zu halten. Bei unserem Auftritt im Bochumer Schau-spielhaus hatten wir uns vorgenommen, nicht eher von der Bühne zu gehen, bis der letzte Gast gegangen war. Bene nutze die Gelegenheit, die Anwesenden ausführlich und mit vielen Schautafeln und Statistik-Kurven über seine empirisch gewonnenen Erkenntnisse über die Luftigkeit von Schokoladencroissants (Cornus Cacaonis) verschiedenen Alters aufzu-klären. So etwas macht er auch heute noch bei seinen Solo-Auftritten. Nur, dass er nicht mehr zwischendurch singt. Das Konzert in Bochum wurde dann übrigens nach dreieinhalb Stunden vorzeitig durch den Protest des Garderobenpersonals beendet. Die wollten endlich nach Hause. Zumin-dest erinnere ich mich so. Dann wird es wohl auch so gewesen sein.

Auf der Games-Convention mit dem bekanntesten Wrestler Mexikos

Lydia Benecke

Freitag, 20. August 2009. Eine vom frühen Aufstehen müde Psychologin kommt von der Arbeit im Ruhrgebiet pünktlich um 14.30 Uhr in der Beneckschen Wohnung in Köln an, wo die gute Tina fleißig bei der Arbeit ist. Noch dreißig Minuten bis zum Aufbruch zur Games Convention 2009 – Europas größte Messe für interaktive Spiele und Unterhaltung. Tina und ich haben zwar von Computerspielen keine Ahnung, doch die Aussicht, sich die Produktion einer MTV-Sendung aus Backstageperspektive anzusehen, klingt hinreichend unterhaltsam, um zum Dreh mitzufahren. Da im Beneckschen Arbeitsuniversum Pünktlichkeit groß geschrieben wird, wundern wir uns schon etwas, als zehn Minuten vor geplanter Abfahrt Mark samt Assistentin Saskia noch nicht zurück in der Wohnung sind. Sie kommen gerade „von der Leiche"; in diesem Fall ist eine Schweineleiche gemeint, mit der sich die Teilnehmer des Forensikkurses ausführlich beschäftigen dürfen. Um 14.55 Uhr trudeln Saskia und Mark ein. Während Mark schnell seine Utensilien für die Sendung zusammensucht, fragt uns Saskia, ob wir es spannend finden, die bekannten Moderatoren Joko und Klaas von MTV nun mal hautnah zu sehen. Wir sehen uns verwirrt an, weil wir nie MTV schauen und daher keine Ahnung haben, wovon Saskia redet. Beim Namen Joko steigt in meinem Hirn eine Assoziation zur Witwe von John Lennon – Yoko Ono – auf und so nehme ich an, dass Joko wohl eine nach Yoko Ono benannte Moderatorin sein muss. Meine Gedanken über Joko finden ein abruptes Ende, als Mark uns zur Tür hinaus scheucht, wo wir direkt ins Taxi springen.

Bei unserer Ankunft sehen wir große Gruppen von jungen Männern, die in der Eingangshalle verschwinden. Frauen scheinen hier deutlich in der Minderheit zu sein. Wir betreten den Eingangsbereich und warten einige Minuten darauf, von einem gestressten jungen Mitarbeiter von MTV empfangen zu werden. Dieser drückt uns Eintrittskarten sowie einige Essensgutscheine in die Hand und führt uns in rasantem Tempo durch die sehr lauten Ausstellungshallen. Bei näherer Betrachtung der Eintrittskarten stellen wir fest, dass auf Marks Karte „Mark Bennecke – MTW Networks" steht. Nun gut, denken wir uns, scheinbar ist Rechtschreibung in der Unterhaltungsbranche nicht eine der wichtigsten Fähigkeiten. Wobei – MTV falsch zu schreiben schon eine durchaus beeindruckende Kreativitätsleistung ist.

Wir werden zum MTV-Backstagebereich geführt. Von Glamour keine Spur, liegt dieser im hinteren Bereich eines großen, leer stehenden Parkplatzes hinter den Messehallen. In der prallen Sonne stehen ein Wohnwagen und zwei Autoanhänger, hauptsächlich mit Technik-Gegenständen gefüllt. Nur der Wohnwagen ist betretbar und dient als Schminkraum für die Maskenbildnerin. Der Raum ist so klein, dass Mark, Tina und ich ihn mit der Maskenbildnerin zusammen völlig ausfüllen. Dennoch ist der Aufenthalt darin angenehmer als der schattenlose, heiße Platz davor. Während aus dem in Natura eher blassen Mark ein sonnengebräunter „Mallorca-Urlauber-Typ" geschminkt wird, bemerken Tina und ich drei direkt vor dem Masken-Wagen in der prallen Sonne platzierte silberne Tabletts, von denen zwei noch voll und das dritte zur Hälfte mit unterschiedlich belegten Brötchenscheiben bedeckt sind.

Umso näher man den Tabletts kommt, desto unangenehmer werden Anblick und Geruch dieses „Buffets". Die dünne Frischhaltefolie glitzert vor geschmolzenem Fett. Etwas, was vermutlich einige Stunden zuvor leckere Mortadella war, ist nun eine grau-grünlich schimmernde Fettpampe, Mozzarella fließt schmelzend von den Brötchen und andere Käsesorten krümmen sich langsam mumifizierend in der Hitze. Der inzwischen fertig geschminkte Mark hebt mit naturwissenschaftlich-interessiertem Blick die Alufolie hoch, was einen unbeschreiblich widerlichen Geruch in voller Konzentration direkt in unsere Nasen steigen lässt. Ich unterdrücke einen spontan auftretenden Brechreiz und stelle erstaunt fest, dass der Geruch verwesender Schweine nicht annähernd so unangenehm ist wie dieser Gestank.

Während Mark begeistert beginnt, die sich zersetzenden Brötchen zu fotografieren, trifft auf dem ansonsten leeren Platz eine etwa neun Meter lange Stretchlimousine ein. Wir werden von einem MTV-Mitarbeiter freundlich aber bestimmt darauf hingewiesen, dass wir unsere Sachen aus dem Schminkwagen räumen müssen, da in diesem nun der große, amerikanische Stargast – der Wrestler Rey Mysterio jr. – für seinen Auftritt geschminkt werden soll. Keiner von uns hat jemals zuvor etwas von Rey Mysterio gehört, so dass wir keine Ahnung haben, wie er aussieht. Aus der Limousine steigen einige Personen, die eine Weile vor dieser stehen bleiben. Wir fragen uns, ob der groß angekündigte amerikanische Wrestling-Superstar noch im Wagen sitzt, denn die Personen, die wir sehen, sind eine streng aussehende Frau Ende 40, ein junger Mann im schnieken Anzug – Typ „Yuppie Wall-Street-Broker" – und ein vor der riesigen Limo betont klein wirkender Mann um die ein Meter sechzig, mit einem eng anliegenden Glitzerschrift-Shirt. Nach einiger Zeit wird uns klar, dass es sich bei letzterem tatsächlich um den „großen Superstar" handelt. Spontan

Das Benecke-Universum

Mark mit dem in den USA sehr bekannten Wrestler Rey Mysterio hinter den Mülltonnen der Gamescom.

stelle ich mir die Frage, ob dies ein Beispiel für eine bekannte evolutionäre Strategie ist: die männliche Kompensation von unter dem Durchschnitt liegender Körpergröße durch möglichst große Statussymbole. Während ich fasziniert über dieses scheinbare Paradebeispiel der Evolutionspsychologie nachdenke, hat Mark die genaue Betrachtung und fotografische Dokumentation der zerfließenden Brötchen beendet und so beschließen wir, dem Gestank und der grellen Sonne zu entgehen und uns ein Eis zu besorgen.

Wir laufen über einen großen Platz mit – perfekt zum Computerspielen passenden – ausschließlich hoch kalorienhaltigem Fastfood. Bei einem Eisstand angekommen, wird uns gesagt, dass MTV-Essensgutscheine auf dem gesamten Vor-Platz nicht benutzbar sind, sondern nur in der messeeigenen Mensa. Wir lassen also die Gutscheine stecken, kaufen das Eis und schlendern damit durch immerhin schattige Messehallen voller riesiger, bunter Plakate, Spielekonsolen jeglicher Art und einem aus Musik, Spielgeräuschen und schreiend miteinander kommunizierenden Messegästen bestehendem Getöse.

Da diese Umgebung – wenn man sich nicht im Geringsten für virtuelle Spielewelten interessiert – schnell an Reiz verliert, begeben wir uns zurück in den „glamourösen" MTV-VIP-Bereich. Dort treffen wir Rey Mysterio, der sehr entspannt mit seiner Managerin und dem Typ im schnieken Anzug neben den Mülltonnen hinter dem Wohnwagen steht. Wir fragen uns, was ein in den USA als Star gefeierter Wrestler wohl über diese Art von Backstagebereich denken mag. Doch der gute Mysterio zeigt sich gelassen und freundlich. Von Starallüren keine Spur, lässt er sich auch gern mit uns fotografieren. Nachdem wir einem der MTV-Mitarbeiter immerhin für jeden von uns ein MTV-T-Shirt als Souvenir abschwatzen können, machen wir uns inklusive Tatortkoffer und anderen Utensilien auf zum Drehort – mitten in eine der Messehallen.

Die Drehszenerie besteht aus der Kulisse eines siebziger Jahre-Campingwagens mit Gartenequipment und dazu passend gekleideten Moderatoren: eine Retro-Sommerurlaubs-Simulation. Diese ist mit einem schwarzen Gummiband halbherzig vom davor stehenden Publikum abgeschirmt. Zu meiner Überraschung stelle ich fest, dass „Joko" keine hippe „John-Lennon-Fan-Tochter" ist, sondern ein Moderator mit dem gutbürgerlichen Namen Joachim Winterscheidt. Tina, Mark und ich gesellen uns zu der vor der Wohnwagenkulisse versammelten Menschentraube. Diese besteht hauptsächlich aus Jungen zwischen 15 und 18, die alle zehn bis zwanzig Zentimeter größer sind als Tina und ich, so dass wir uns deutlich fehl am Platz fühlen. Mit einer SMS (!) wird Mark zur Show gebeten, die einige Minuten später beginnt.

Zunächst hat der amerikanische Superstar einen Auftritt von etwa fünf Minuten, in dem ihm unter anderem gesagt wird, dass Wrestling in Deutschland ziemlich unbekannt ist und er es doch sicher mit seiner auffallend kleinen Körpergröße in seinem Job schwer haben muss. Mit absoluter Professionalität beantwortet der Wrestler alle Fragen und verschwindet so schnell wie er gekommen ist. Nun wird Mark auf die Bühne gebeten, der zunächst drei jungen Messegästen beim Blutwurst-Wettessen zuschauen darf. Nachdem der Ekelfaktor beim Publikum stark genug ist, wird, wie so oft, des Madendoktors Wissen zum Thema „Perfekter Mord" auf die Probe gestellt. Zwei sehr kreative Mordpläne werden vorgestellt, in ihren Bestandteilen analysiert, um dann zum üblichen Schluss „Den perfekten Mord gibt es eben nicht!" zu kommen.

Damit endet der Auftritt. Tina und ich quetschen uns aus der Menge junger Männer und sind froh, als es mit Mark und dem weiterhin gestressten aber dabei wirklich sehr um Freundlichkeit bemühten MTV-Mitarbeiter wieder Richtung Ausgang geht.

Ein weiterer aufregender Tag im „glamourösen Leben" eines bekannten Kriminalbiologen neigt sich dem Ende zu – und wir verlassen die Gamescom mit der Einsicht, dass der hiesige MTV-Zuschauer es in seiner Wohnung deutlich luxuriöser hat, als die „Stars" im Backstagebereich, die er sich im Fernsehen ansieht.

Ein Besuch bei den Donaldisten

Kristina Baumjohann

So „nerdig" sind die gar nicht. So wie Mark mich seelisch auf diesen Abend vorbereitet hatte („Tina, nicht wundern, ne, das sind alles richtige Nerds. Die tun dir nix."), hatte ich mit muffeligen, entengleichen, Nicht-Donaldisten verneinenden und eher grummeligen Männern gerechnet. Stattdessen traf ich auf freundliche, offene und höchst individuelle Menschen, deren gemeinsame Schnittmenge der sprechende und vom Pech verfolgte Erpel aus Entenhausen bildete.

Beinahe wäre aus dem Treffen mit den **Kölner Donaldisten (K. D.)** in der Kölner Kultkneipe **Weißer Holunder** jedoch nichts geworden. Es war wohl der erste Arbeitstag des orientalisch anmutenden Taxifahrers, in Köln oder auch generell. Mark erklärte ihm, auf seine bekannte und oftmals die Nerven des anderen Gesprächspartners stark strapazierende Art „für dreijährige Kleinkinder ohne Hirn"[9], wo er hinfahren sollte. Der Taxifahrer verstand nicht. Er kannte die Adresse nicht. Mark schlug vor, er möge doch bitte seine Kollegen oder die Leitstelle per Funk um Hilfe bitten. Er rührte das Funkgerät nicht an. Dann sollte er doch bitte am Briefkasten am Chlodwigplatz halten, wir müssten noch kurz etwas einwerfen. Wie Chlodwigplatz? Wir kamen dort nie an. Stattdessen fuhr er zu „seinem" Briefkasten, hielt eine kleine Seitenstraße mit großem Betrieb auf, indem er sich einfach quer auf die Fahrbahnen stellte. Mark sprang aus dem Wagen zum Briefkasten und während ich mich fragte, ob der LKW hinter uns nicht jeden Moment den Motor aufheulen und mit starker Beschleunigung das Heck des Taxis abfahren würde, hatte der Taxifahrer in morgenländischer Manier die Ruhe weg. Nach einer kleinen Irrfahrt kamen wir an der gewünschten Adresse an.

Von außen macht die Kneipe **Weißer Holunder** einen unscheinbaren Eindruck. So unscheinbar, dass ich aufgrund fehlender Erinnerungen keine äußere Beschreibung abgeben kann. Bleibenden Eindruck hinterließ jedoch die Dichte der Luft im Innenbereich. Meine Lungen waren innerhalb kürzester Zeit zu solchen langjähriger Kettenraucher geworden und mit grauem Qualm verklebt. Nach nur wenigen Sekunden der Eingewöhnung meiner Augen und Ohren befand ich mich in den 1960er Jahren. Swingmusik, ein angenehmes Flair und ein buntes Publikum ließen mich eine kleine Zeitreise durchleben. An der Theke standen ältere Herren, zusammen mit Frauen mittleren Alters, am Billardtisch ließen Schreibtischtäter die Kugeln rollen. Alternative Jungeltern unterhielten sich angeregt in einer Ecke über neue Biosupermärkte in Köln während die kleine Josepha Luisa ihrem ersten Asthmaanfall entgegensteuerte. Auch eine kleiner Kinderkörper muss sich früh an die Laster der Erwachsenen gewöhnen. Direkt daneben saßen die **Kölner Donaldisten**.

Zusammen mit einem Vereinswimpel und einem Donaldisten-Rettungsring, waren sie an einem Fenstertisch, auf dem sich die Donaldhefte stapelten, versammelt. Anlass des Zusammentreffens war der 75. Geburtstag von Donald Duck am 9. Juni 2009. Dieser Tag ist jedoch von den Medien als Donalds Geburtstag bestimmt worden, der eigentliche Geburtstag der an einem Freitag, dem 13., geborenen Ente, spiegelt sich in Donalds Autokennzeichen wieder: 313 (13. März). Schon damals schien den geistigen Eltern des Erpels aufgefallen zu sein, dass viele Leute die Neigung verspüren, ihrem Auto eine persönliche Note zu verleihen, indem sie persönliche Daten wie Initialen oder das Geburtsjahr in ihrem Kennzeichen erkennen lassen. Häufig entspricht die Fahrweise der Autofahrer dann auch ihrem auf dem Kennzeichen angegebenen Geburtsjahr (junge Leute rasen, alte Leute wären schneller, würden sie ihr Fahrzeug schieben). Nur die Autos junger Eltern, die Aufkleber wie „Maik an Bord" oder „Laureen fährt mit" zieren, sind schlimmer. Hier überschreitet die Individualisierung das erträgliche Maß. Wer möchte wissen, wie die Insassen eines Kraftfahrzeugs heißen, wie alt sie sind, ob sie gläubig sind, als Proleten leben, Heavy-Metal-Musik mögen oder überwiegend Urlaub im Allgäu machen. Kein Wunder, dass das Paralleluniversum Entenhausen so Manchem näher steht als das eigene.

Am Stammtisch trudelten nach und nach etwa zehn **Donaldisten** ein, saßen dicht gedrängt bei „Halvem Hahn" und Bockwurst mit Kartoffelsalat zusammen und parlierten fröhlich über die Abenteuer des Erpels. Erfreulicherweise setzen sich die Stammtischmitglieder zu einem fröhlichbunten Bild zusammen: Rembert, das lebende Gedächtnis der **Donaldisten**, der sich äußerlich mit Baskenmütze und Kordanzug positiv von allen anderen abhebt; Ulrich, dessen Frau die letzte Stunde vor Aufbruch vergnügt am Nachbartisch verbrachte und den gemeinsamen Königspudel mitbrachte, dessen Frisur Bob Marley Konkurrenz machen könnte; Uwe, Präsidente der Herzen, der den Donaldismus ganz offensichtlich lebt und den Bericht über einen missglückten Transport eines Schranks im Auto mit den Worten „Scheitern ist donaldisch" kommentierte; sowie Peter, der kurzerhand die „donaldische Statue" aus dem Kölner Völkerkundemuseum in das Foyer seines Unternehmes bugsierte. Bei dieser Statue handelt es sich um den Quetzalcoatl, eine „gefiederte Schlange in Gestalt des Windgottes Ehecatl" aus dem zwölften oder dreizehnten Jahrhundert. Durch die Mund-

Das Benecke-Universum

maske, die an einen Entenschnabel erinnert, wurde diesem „Fruchtbarkeitsgott" zunächst von Mark in der Fachzeitschrift **Der Donaldist** kurzum der Status der donaldischen Statue verliehen. Die Anwesenheit dieses Kölner Kriminalbiologen darf hier nicht unerwähnt bleiben: Erfreulicher- und erstaunlicherweise wird er bei den **Kölner Donaldisten** als ein Mitglied wie jedes andere angesehen, ohne irgendeinen Sonderstatus, also keine kreischenden Mädchen, keine zitternden Hausfrauen, keine nicht-aufhören-zu-reden-wollenden Journalisten, die ihn dort umgaben. Friede. Für alle.

Zu Beginn kramte Mark aus meiner Tasche ein Bild, das Carl Barks, den Zeichner von Donald Duck, sowie Erika Fuchs, die deutsche Übersetzerin, zeigte und stellte es in eine kleine Lücke zwischen Donaldheftstapeln. Kaum stand es auf dem Tisch, musste der kriminalbiologische Perfektionist es noch einmal verstellen und schon flog das erste Kölsch um. Eilig wurden auf dem Tisch Bierdeckel auf der Kölschlache verteilt – diese Aufsaugmethode war mir neu. Wenig später schaffte es der Benecke-Zappelphilip unter Zuhilfenahme des Bildes ein weiteres Kölschglas zu treffen. Dabei wurde dieses regelrecht geköpft und in zwei Hälften geteilt. Vielleicht war dies ein Zeichen aus dem Paralleluniversum Entenhausen. Erika Fuchs und Carl Barks wollten auf diese Weise aus dem Jenseits auf Donalds Ehrentag anstoßen. Zu diesem Bild fällt mir folgende Geschichte ein: Das Bild der beiden Ur-Donaldisten zierte längere Zeit Marks Schreibtisch. Marks Assistentin Saskia und ich wunderten uns darüber, dass Mark als nicht-familiärer Typ plötzlich ein Foto seiner Großeltern aufstellte. Irgendwie ein netter Gedanke, wenn auch befremdlich. Wir freuten uns darüber. Dann aber Benes Kommentar: „Das sind nicht meine Großeltern, das sind Carl Barks und Erika Fuchs." Hätten wir uns ja denken können …

Anlässlich des Ehrentages von Donald Duck kamen ein Reporter der örtlichen Boulevardzeitung sowie eine junge Frau eines lokalen Radiosenders. Die **Donaldisten** sprudelten vergnügt Details aus dem Leben Donald Ducks hervor und waren sich einig, dass der Geburtstag ein guter Anlass sei, die Hymne der **D.O.N.A.L.D.** (Deutsche Organisation der nichtkommerziellen Anhänger des lauteren Donaldismus) zu schmettern, die erstmals im Barks Bericht „Der Schnee-Einsiedel" auftauchte und offenbar eigens von Donald komponiert wurde. Ich saß fasziniert zuhörend inmitten der Stammtischbrüder, als sie sich erhoben, feierlich die Hand auf Bauch oder Herz legten und die Hymne anstimmten – großartigerweise hielt Rembert während des Singens stolz und feierlich ein Bockwürstchen empor:

> „Und lieg ich dereinst auf der Baaah-re,
> so denkt auch an meine Guitaaah-re,
> und legt sie mir mit in mein Graaa-haaab!"

Abschliessend wurde ein leises „klatsch, klatsch, klatsch, klatsch, klatsch" gemurmelt, das auch als Zeichen des Wohlwollens oder der Zustimmung während des gesamten Abends zu hören war.

Es blieb an diesem Abend nicht bei dieser einen Darbietung der Hymne. Als Uwe, die Präsidente der Herzen, im **Weißen Holunder** erschien, wurden die restlichen **Donaldisten** von Ehrgefühl gepackt und sangen ihm zu Ehren die Hymne ein zweites Mal. Schnell wurde mir erklärt, dass der gelernte Elektromeister Uwe die Stromstärke Entenhausens berechnet hatte und sie – wen wundert es – 313 Volt beträgt. Auf einem etwa streichholzschachtelgroßen Fernseher wurde ein Beitrag über die **K.D.** gezeigt, der bereits am Vortag bei Tom, dem Ex-Zeremonienmeister, aufgezeichnet wurde. Nach Ende dieses Beitrags wurde die Hymne erneut zum Besten gegeben. Zum vierten und fünften Mal geschah dies für eine Videoaufzeichnung der örtlichen Boulevardzeitung.

Während des gesamten Abends fielen mir immer wieder kleine Schätze im **Weißen Holunder** auf, wie beispielsweise die zwei ausgestopften Eulen, die auf einem alten Lautsprecher standen. Eine Eule bestand nur noch aus einem Kopf, der auf dem Holzrahmen des Lautsprechers ruhte, die andere Eule war klein, aber vollständig und stand auf ihren Mini-Füßen. Die Augen der Eulen waren beleuchtet. Ich fühlte mich dauerhaft von bösen glühenden Augen beobachtet. Mit der Gewissheit, dass der Eulenkopf sich nicht verselbstständigen konnte, wuchs mein Wohlfühlfaktor in dem Lokal. Ich saß dort zusammen mit (Autogrammkarten von) Conny Froboess, Peter Kraus, Liselotte Pulver, Chris Howland, Rex Gildo, Gitta, Drafi Deutscher, Willy Millowitsch und **Kardinal Frings**. Dank Letzterem konnte mein kaum existentes Wissen zur Kölner Geschichte wesentlich bereichert werden: so ist ein anderes Wort für Mundraub „fringsen". Diese Begebenheit geht auf seine legendäre Silvesterpredigt am 31. Dezember 1946 zurück, in der Kardinal Frings den Kölner Gläubigen erklärte, in Zeiten der Not dürfe jeder das nehmen, was er zum Überleben benötige. Die Kölner stimmten dem zu, ungehört blieb jedoch der Nachtrag seiner Predigt, man solle unrechtes Gut zurückgeben, um Gottes Gnade nicht zu entgehen. Außerdem hab ich noch gelernt: Kardinal Frings und die **Kölner Donaldisten** haben gemeinsam, dass beide uralt und kölsch sind. Das reicht ja wohl auch.

Auch ein blechernes Werbeschild der Tankstellenkette Gasolin hing an der Wand, auf dem der Gasolin-Mitarbeiter mit erhobenem Zeigefinger mahnt: „Nimm dir Zeit – und nicht das Leben". Dazu muss man wissen, dass diese Schilder früher an der hinteren Bordwand von LKWs angebracht wurden. Der **Weiße Holunder** könnte so aber auch als suizid-minimierende Gaststätte angesehen werden und dadurch Monopol-Status erwirken.

Erfrischend zu sehen war, dass die **Donaldisten** es immer wieder verstanden, ihre eigene Lebensrealität mit dem Leben in Entenhausen in Einklang zu bringen. So kamen sie beispielsweise über den Verzehr des „Halven Hahns" auf Senfgewehre zu sprechen. Wer hier nicht ganz mitkommt, dem sei kurz erklärt, dass es sich bei einem „Halven Hahn" nicht um ein halbes Hähnchen handelt, sondern um ein Roggenbrötchen, dem eine extrem dicke Scheibe Gouda beigelegt wird und das „an" Senf gegessen wird. Dabei kristallisierten sich zur Aufnahme des Essens zwei Strategien heraus. Entweder legt man die ganze, dicke Scheibe Käse mit sämtlichem Senf (!) auf eine (!) Hälfte des Roggenbrötchens oder man schneidet sich mit dem beigelegten Käse-Rindenmesser Käsestücke ab (hier fiel auch die Frage,

ob man den „Halven Hahn" mit einem Käse-Rindenmesser buttern darf)
und isst diese zusammen mit dem Brötchen. Um weiter folgen zu können,
darf die folgende Information nicht vorenthalten werden: Donald Duck
geht mit einem von Daniel Düsentrieb entwickelten Senfgewehr in den
Sosnowitzer Wäldern auf Elchjagd. Es ist kaum verwunderlich, dass die
Donaldisten bei Senf sofort an Senfgewehre denken, die in diesen Kreisen allgemein als „unsportlich" angesehen werden. Die Frage, ob es in Entenhausen überhaupt Senf gibt, muss unbeantwortet bleiben, kommt es
doch in Anlehnung an das Paintball-Verbot zur angeregten Debatte über
solch ein mögliches Verbot für Senfgewehre.

Einer der Donaldisten stellte sich als Freimaurer heraus. Somit muss er
wohl in drei Welten leben: der realen Welt und in zwei Fantasiegebilden,
die kohärent sind. Der Unterschied zwischen den **Donaldisten** und den
Freimaurern besteht darin, dass Letztere befördert werden und ihrem
Grad entsprechend an bestimmten Ritualen teilnehmen können, bei den
Donaldisten jedoch jeder gleich ist, einige zwar Präsidente oder Zere-
monienmeister sind und somit besondere Ämter bekleiden, diese ihn
jedoch nicht von den anderen absetzen.

Ich frage mich, wieso keine Frauen den Stammtisch besuchen. Da ich selbst
sehr nett von den **Donaldisten** aufgenommen wurde, kann eine frauen-
feindliche Satzung zur Erklärung nicht herangezogen werden. So ge-
schlechtsspezifisch ausgerichtet scheint mir das Thema „Donald Duck"
nicht zu sein. Ist das Dasein als „Nerd" ein eher männerspezifisches Cha-
rakteristikum? Oder existieren im Geheimen **Wendy**-Stammtische, bei
denen entsprechende weiblichen Närrinnen zu finden sind? Dabei sind
mir Erpel-supportende Herren sehr viel lieber als Pferdefreundinnnen.
    Insgesamt finden sich sehr spezielle Freizeitinhalte dann aber doch
überwiegend beim Y-Chromosom-tragenden Geschlecht (Männer). Vielleicht kennen einige der Leser die Serie „Mein Mann, sein Hobby und ich".
Ehegatten mit kuriosen Hobbys werden zusammen mit ihren meist völlig
entnervten Ehefrauen porträtiert. Es werden Männer vorgestellt, die das
ganze Einkommen in einen selbstgebauten Panzer fließen lassen, Zug-

Fünfzigster Stammtisch der Kölner Donaldisten (K.D.), August 2011, ausnahmsweise im „Jan von Werth" statt im „Holunder". Der Logo-Rettungsring spielt auf die Köln Düsseldorfer Rheinschifffahrt (K.D.) an.

freunde, die den gesamten Dachstuhl zu einer gigantischen Eisenbahn-landschaft aufgebaut haben und deren großer Wunsch es ist, einmal ein Zugunglück zu inszenieren oder ein „Pilot", der einen Flugsimulator besitzt und zu Flügen nach New York aufbricht und so tatsächlich mehrere Lang-strecken-Flugstunden im Cockpit verbringt. Dagegen erscheint mir die Leidenschaft für Donald Duck unproblematisch und sympathisch, solange sie nicht anfangen, zu quaken oder Schnabelprothesen zu tragen.

Duck auf!

Mark Benecke und DIE PARTEI

Martin Sonneborn, Vorsitzender der **PARTEI**, früher zudem
Chefredakteur der **Titanic**

Mark Benecke ist mir aufgefallen, weil er der einzige Interviewpartner war,
der im Gespräch mit Alexander Kluge (Foto siehe Seite 112) in dessen
dctp-Kulturmagazin vor der Kamera die Sonnenbrille nicht abgenommen hat. Wahrscheinlich litt er unter Jetlag, weil er gerade mal wieder
aus Moskau, Cottbus oder Lateinamerika zurückgekommen war, wo er
Hitlers Schädel untersucht hat, kolumbianische Serienmörder oder Droso-
phila-Hinterbeine.

Ich lud ihn etwas später in Köln zu einer PARTEI-Buch-Lesung ein, er mich
im Gegenzug zu einem seiner Vorträge ins Berliner Kino Babylon-Mitte.
Die Folgen sind nicht zu übersehen: Mark Benecke ist inzwischen Landes-

vorsitzender der PARTEI in NRW – und ich muss immer, wenn ich luftge-trockneten Schinken sehe, daran denken, dass es sich strikt genommen um leckeres, an der Decke eingetrocknetes Leichengewebe handelt.

Wenn ich Mark eine Mail schreibe, antwortet er mir grundsätzlich aus einem ICE heraus – zumindest aber aus einem Interregio. Mitunter versu-che ich, mich von möglichst bizarren Orten zu melden, aus Quedlinburg, Stade oder Warmbronn. Die Antwort kommt prompt aus Amsterdam oder Zwickau. Und wenn sie mal aus Köln kommt, dann aber gleich wie-der aus einem Rotlicht-Whirlpool (wo gerade der Wahlwerbespot der PARTEI NRW gedreht wird) oder einem Kurs zum Thema „verweste Schweine". Chapeau!

Eigentlich glaube ich nicht, dass Benecke einen festen Wohnsitz hat, er ist praktisch immer unterwegs. Wahrscheinlich wohnt er mit Frau und Hasen irgendwo im Regionalexpress. Und macht Urlaub im ICE. Denn in einem ICE habe ich ihn kürzlich getroffen, einfach so, zufällig. Wenn Sie ihn sehen, grüßen Sie ihn herzlich! Auf viele weitere gemeinsame Fahrten …

„Das wichtigste in der Politik ist es, seriös zu sein."

oben: Auch Frau Merkel ist schon auf
DIE PARTEI aufmerksam geworden.

mitte: Benecke wird Landesvorsit-
zender NRW; die alten Recken
gratulieren zum letzten Mal.

unten mit Alexander Kluge:
„Sie haben gemogelt! Sie haben
sich alle Antworten auf den Arm
geschrieben ..."

Das Benecke-Universum

Kirchen aus Salz, Leicheninsekten und Kokainschmuggeltricks – Kolumbien, 1999[10] und 2008[11]

Mark Benecke

Das Traumland für mutige True-Crime-LeserInnen muss Kolumbien sein. Neben einer angemessenen Anzahl von spannenden Tötungsdelikten, die im ländlichen Bereich vorwiegend von der Guerilla, in den Städten dagegen hauptsächlich von sozial verelendeten Menschen verübt werden, gibt es dort eines der erstaunlichsten Netze kriminalistisch rechtsmedizinischer Arbeitsstellen. Darüber hinaus sind die dortigen KollegInnen gut ausgebildet, gewitzt, herzenswarm, neugierig und tanzwütig. Bei einer zumindest in den Bergketten konstant milden Temperatur von im Schnitt etwa 20 Grad fühlen sich auch Europäer in dem ansonsten aus tropischem Regenwald bestehenden Land wohl und wünschen ihre Rentenzeit umgehend dort zu verbringen.

Ich hatte das große Vergnügen, zu Halloween 1999 eine umfangreiche Übung zur Forensischen Entomologie (richtiger, aber unschöner: „rechtsmedizinisch-kriminalistisch angewandte Arthropodenkunde") in der kolumbianischen Hauptstadt Santa Fe de Bogotá abzuhalten. Dazu wurden KollegInnen aus dem ganzen Land, das heißt JuristInnen, KriminalbiologInnen, ans U.S.-System angelehnt ausgebildete forensische Pathologen, RechtsmedizinerInnen (entsprechend des deutschen Ausbildungsganges) sowie KriminalbeamtInnen ins **Instituto Nacional de Medicina Legal y Sciencias Forenses** gebeten. Vorausgegangen war vor etwa fünf Jahren die Abschaffung des alten inquisitorisch-spanischen Rechts, so dass nun Sachbeweise im Gegensatz zu Zeugenaussagen das Hauptgewicht in Gerichtsverfahren gewinnen.

Da die Sprache der allgemein, wenngleich in Gegenwart des Autors verschämt als „Gringos" bezeichneten Menschen (verballhornt aus **green go home**, bezog sich ursprünglich auf die grün gekleideten U.S.-Soldaten in Nicaragua) von über-dreißigjährigen KolumbianerInnen in der Regel nicht einmal ansatzweise gesprochen wird, fand die Veranstaltung unter dreitägiger Simultanübersetzung Amerikanisch–Spanisch–Amerikanisch mittels portabler Funkanlagen statt. Dieser auf den ersten Blick unerwartete technische Einsatz, der sich auch in den Bogotáer DNA-Laboratorien, die auf hohem Niveau mit STRs (short tandem repeats) arbeiten sowie in der Toxikologie, deren Gerätepark die meisten deutschen Universitätsinstitute für Rechtsmedizin in den Schatten stellt, und die komplette Ausstattung des Instituts mit ballistischem und daktyloskopischem Rüstzeug ist das Ergebnis der intelligenten Unterstützung vor allem einer deutschen Staatsagentur: Auf etwa der Hälfte aller teuren Laborgeräte prangt die deutsche neben der kolumbianischen Flagge; ein Aufkleber der **Gesellschaft für Technische Zusammenarbeit** (GTZ), die in einem forcierten Mehrjahresprogramm Technik und Know-How konzentriert in das Instituto in Bogotá gesteckt hat. Um die Unabhängigkeit von teuren Reparaturmaßnahmen aus Übersee oder den USA zu gewährleisten, wurde in klassisch deutsch-naturwissenschaftlicher Universitätstradition auch gleich eine feinmechanische Werkstatt eingerichtet. Diese technische Unterstüt-

Das Benecke-Universum

zung ergänzt das hervorragend organisierte Sektionswesen, bei dem auf acht Tischen unter der strengen Leitung einer festangestellten Krankenschwester alle Fälle abgearbeitet werden können.

In krassem Gegensatz zu der guten Ausstattung im Inneren des Instituto steht das Armenviertel, das das Gebäude umgibt. Dort haben sich unter anderem ein halbes Dutzend Bestatter angesiedelt, die Angehörige von aus unklarer Ursache Verstorbener noch vor der Institutstür abfangen und in ihre Räume bugsieren, und dort gibt es nach 18 Uhr (Einbruch der Dunkelheit in den Tropen) nicht nur brennende Tonnen, sondern in Ermangelung derselben auch manchmal brennende Müllflächen. Das Autofenster darf dort niemals geöffnet werden, egal aus welchem Grund, weil sich sonst unweigerlich eine drogenabhängige und / oder hungrige Hand auf der Suche nach einem Portemonnaie oder einem anderen beweglichen Gegenstand von Wert ins Auto schiebt.[12]

Der insektenkundliche Kurs selber gliederte sich in einen vormittäglichen Theorieteil und ein nachmittagliches praktisches Sammeln, Suchen und Vermessen an faulenden Schweinen. Diese waren schon eine bzw. zwei Wochen vor meinem Eintreffen auf dem Dach des Instituto, an einem Sandhaufen sowie im Labor für experimentelle Ballistik ausgelegt worden. Durch eine Schnittverletzung wurden die Kadaver für schwangere Schmeißfliegenweibchen besonders attraktiv gemacht, und so konnten die TeilnehmerInnen unter den entsetzten Blicken der beiden Übersetzerinnen sowie der charmanten Assistenz der entomologischen Kollegin Marta Wolff aus Medellin das Wichtigste über das Leben und die fachgerechte Asservierung von insektenkundlichen Spuren lernen.

Besonderes Hallo erzeugten viele Meter von den Kadavern weggekrochene, zur Verpuppung verborgene Tiere, die nicht nur stolz gesammelt, sondern deren Lokalisation auch auf Tatortübersichtsplänen genau dokumentiert wurde. Die Lebendbeobachtung des Fressverhaltens, der Darmfüllung und der Verpuppung der Maden unter sehr guten Binokularen war für viele TeilnehmerInnen eine besonders aufregende Erfahrung. Während die erwähnten Profdolmetscherinnen sowie ein Kamerateam anfangs noch das von mir dutzendweise in sogenannten Karnevalsfläsch-

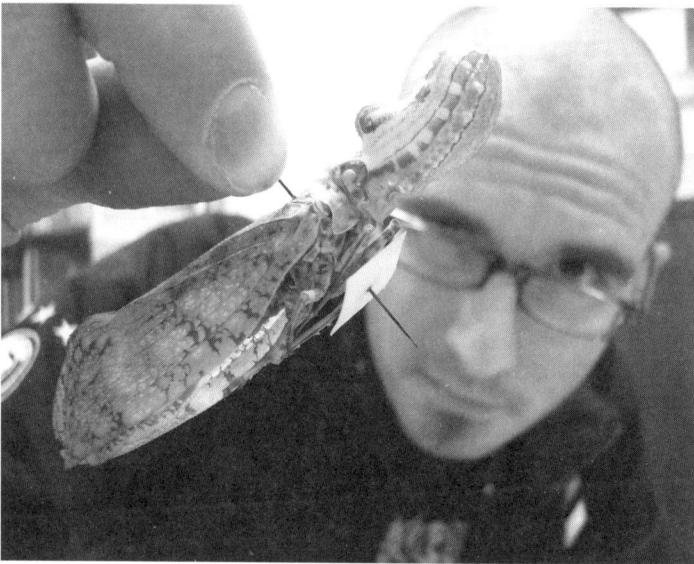

oben: Benecke mit einer Riesenmotte namens „Chapola" **(Eumorpha)** in Medellín (2008) sowie (unten) mit der berühmten „Machaca"-Wanze **(Fulgora laternaria)**, deren Fluch KolumbianerInnen nur entgehen, wenn sie innerhalb von 24 Stunden nach dem „Biss" des Insekts Sex haben (2006). Zum Glück ist dieses Exemplar aus der Instituts-Sammlung bereits tot …

chen (1.000 μl) zur Verfügung gestellte Kölnische Wasser 4711 umklammerten, lockerten sie ihre innere Einstellung zunehmend soweit, dass sie sich zuletzt eine ausführliche Übersetzungsliste aller rechtsmedizinisch-insektenkundlich wichtigen Fachtermini erstellten, um beim nächsten Mal wieder mit dabei sein zu dürfen.

Wie es der Zufall wollte, traf zu meinem samstäglichen Abschlusswort ein Anruf der **Fiscalia** ein – eine Mischung aus Staatsanwaltschaft und polizeilicher Mordermittlungseinheit –, die soeben in den Slums an einem Berghang Bogotás eine Leiche mit Madenbefall gefunden hatte und mich unter Nichtbeachtung der lokalen notorischen Zuständigkeitsquerelen ausnahmsweise dazu lud. Dieser Ausflug in eine Welt, die sich leider jeder nachvollziehbaren Beschreibung entzieht, gab zum ersten Mal in der Geschichte des Landes Gelegenheit zu einer angewandten Leichenliegezeitbestimmung mittels Maden – das Ganze im Lichtschein einer (im Sinne von: einer einzigen) Paraffinkerze, zwischen freundlichen, aber zerlumpten Kindern in einer Gegend, in der noch ein flacher Graben in der Mitte der Straße den Wasserzufluss- und -abfluss darstellt. Die bewegende Szene, in der der Präsident der kolumbianischen Gesellschaft für Rechtsmedizin, Pedro Emilio Morales, vor einem von mehr als zehn Familien bewohnten, winzigen Haus einem Mädchen den Nutzen der Untersuchung von Maden an Leichen erklärt, werde ich hoffentlich nie vergessen.

Ich kann jedem einen Besuch in Kolumbien nur empfehlen, nicht nur wegen des Instituts in Bogotá sowie der außerordentlich sympathischen Mentalität der KollegInnen. Das Land strotzt auch von skurrilen Schätzen wie einem atemberaubenden Goldmuseum, mehreren in 128 Meter Tiefe in Salzstöcken gelegenen Kirchenräumen und natürlich den abenteuerlichsten Tricks zum Kokainschmuggel (in Farbe, in Notenblättern, in Menschen, in Leder, in Rosen, in Platzdeckchen). Nur eins ist schlecht, und das ist der Kaffee. Er ist noch dünner als in den USA, und nur wenn man sehr viel Glück hat, ist er mit gut dreiviertel Teilen Milch verdünnt.

In den folgenden Jahren pendelte sich der Zwei- bis Dreijahresrhythmus meiner Kurse in Kolumbien ein und so fand eines der informativsten, aber auch bizarrsten forensischen Trainings im Herbst 2008 zum „dritten" – eigentlich vierten – Mal seit 1999 an der staatlichen Universidad de Antioquia (U de A) in Medellín statt.

Der Kurs erfreut sich trotz Teilnahmegebühr der Uni großer studentischer Beliebtheit, weil die Referenten international rekrutiert werden und die Veranstaltung mit viel Theorie, aber auch breit gefächerter Praxis angelegt ist. Weil Kolumbianer nordamerikanische Gringos wie gesagt nicht mögen, lud Kursleiterin Marta Wolff diesmal statt der bekannteren KollegInnen aus den USA und Kanada lieber José Roberto Pujol (Univ. de Brasilia, Spezialist für Waffenfliegen (Stratiomyidae)), Claudio José Carvalho (Univ. Paraná, einer der weltweit bekanntesten Experten für die oft schwierig zu bestimmenden „normalen" Fliegen (Musciden)), den Kriminalbiologen Marco Villacorta (Inst. Rechtsmedizin Perú) sowie unsere ehemalige Studentin und jetzt Gruppenleiterin Sandra Pérez Pareia (U de A) als „Conferencistas" ein.

So sehr sie die Gringos verabscheuen, so sehr lieben unsere StudentInnen Tiere. Daher konnten wir für deutsche Verhältnisse ungewohnt spezialisierte Vorträge über insektenkundliche Details bringen. Sogar die geladenen StaatsanwältInnen, KriminaltechnikerInnen und PolizistInnen ließen sich davon nicht schrecken, weil sie wissen, dass auch Insekten-Fragmente und Verhaltens-Beobachtungen von Adulten – und eben nicht nur die reine Bestimmung des postmortalen Intervalles über deren Larven – zielführend sein können.

Wegen der in Kolumbien sonst nie verfügbaren ausländischen Besucher wurde die Zahl der von StudentInnen vorgestellten Experimente leider reduziert, was aber durch biogeographische Diskussionen, ausgelöst durch die abweichenden Wachstumsraten, Mindesttemperaturen und allgemein sehr diversen Umweltbedingungen an Küsten, im Innenland, heißen Tälern, tropischen Wäldern und Bergen (Medellín und Bogotá liegen beispielsweise in den Bergen) in Südamerika abgelöst wurde. Wir leben in Europa in dieser Hinsicht auf einer Insel der Glückseligen, weil die Umweltbedingungen nicht nur besser untersucht und dokumentiert, sondern in Kriminalfällen auch leichter verfügbar und vor allem von Grund auf weniger mannigfaltig sind.

Einen Höhepunkt erreichte die örtlich extrem hohe Gewaltgewöhnung, als sich die Polizei mit der von der Guerilla unterwanderten StudentInnen-bewegung direkt neben dem Insekten-Labor der Universität und mitten im Kurs eine etwa fünfstündige Schlacht lieferte, die in Deutschland für rasche Gesetzesänderungen und einwöchige Schlagzeilen auf Seite Eins sorgen, die KolumbianerInnen aber nur die Augenbraue zucken lassen.

Die verwendeten Wurf-Geschosse sind dabei sogenannte „papa bombas": Wegen ihrer Form und Größe erinnern sie an eine Kartoffel (papa). Diese kleinen Bomben können leicht selbst gebaut werden und haben einen kurzen, innen liegenden Kontaktzünder, der beim Auftreffen – egal, ob auf den Boden oder den Helm des Polizisten – explodiert. Die Polizei darf – angeblich laut Erlass des Präsidenten Uribe – die Universität aber weder ernsthaft beschießen noch betreten, so dass die einzige Möglichkeit der Gegenwehr ein Rückbeschuss des Universitäts-Hofes mit Tränengas war. Kurzerhand zündeten die kampferprobten StudentInnen alle Mülleimer an (das soll das Tränengas verbrennen) oder stülpten alte Fässer über die auftreffenden Kartuschen (mechanische Gas-Barriere), so dass dieses Problem beseitigt und das Getöse weitergehen konnte. Mit Einbruch der Dunkelheit machten beide Seiten „Feierabend" (O-Ton: „Auch bei Regen gibt es grundsätzlich nie Kämpfe, weil man dann ja nass würde"). Unser Kurs wurde zum Erstaunen der fliegenkundlichen Kolleg-Innen aus Peru und Brasilien wegen dieser offenbaren Nebensächlichkeiten übrigens keine Minute unterbrochen.

Spannend gestaltete sich auch der schon traditionelle Ausflug zu den bereits ausgelegten, verwesenden Schweinen und Hasen im Erholungsgebiet Piedras Blancas, das von ehemaligen StudentInnen und SchulkollegInnen der Kurs-Chefin verwaltet wird und daher für uns als Experimentier-Gelände zugänglich ist. Neben Geiern und Vogelspinnen leben dort in den Bergen auch Kriebelmücken (Simuliiden), die interessante Stichmuster erzeugen: Zu Beginn breitet sich ein breiter, ganz flacher Hof auf der Haut aus, der beim Abschwellen vulkanartig aufbiegt und – anders als die hier bekannteren Verletzungen durch Stechmücken (Culicidae) – zentral eine runde, wie ausgestochene, Verfärbung aufweist. Wie auch Herbstgrasmilben (Neotrombicula)-Bisse können diese Wunden gut zur Datierung einer Leichenablage verwendet werden, allerdings durch Beobachtung der Entzündung beim **Täter** und nicht durch Verwendung der Larven von der Leiche. Neben Fliegen gibt es also auch im Reich der Mücken und Milben viele forensische Anwendungsmöglichkeiten, die vor allem der Polizei als ersteingreifender Einheit nahe gebracht wurden.

Kolumbienweites Interesse erregte zuletzt noch ein Vortrag über die Untersuchung von Hitlers Schädel und Zähnen, der eigentlich nur als kleines Bonbon gedacht war, dann aber in den Parque Explora (riesiges naturwissenschaftliches Museum) verlegt wurde. Der Andrang war so groß, dass sich um das Gebäude herum eine lange Warteschlange bildete. Mehr als alles erstaunte die KolumbianerInnen offenbar Hitlers Kokaingebrauch („Einreibungen" ins Zahnfleisch)[13], der zur sehr deutlichen Zerstörung seiner Kiefer beitrug. Obwohl es sich um einen populärwissenschaftlichen Vortrag handelte, war das Frage-Niveau so hoch wie hierzulande auf einem Fachkongress.

Insgesamt zeigte der für südamerikanische Verhältnisse schon fast uhrwerkartig straff organisierte Kurs erneut, dass die lateinamerikanischen und portugiesischen Gebiete, vom Rest der Welt fast unbeachtet, einen interessanten, kompetenten und eigenständigen – leider aber auch wissenschaftlich oft isolierten – Gegenentwurf zu dem darstellen, was wir als sozialen, forensischen und kulturellen Konsens ansehen. Wer zu einer solchen Veranstaltung eingeladen wird oder sie mit organisiert, darf sich glücklich schätzen, weil sie sehr breit gefächerte und neue Ideen für eine veränderte Herangehensweise an randständige – beispielsweise überbrutale oder kulturell motivierte – Kriminalfälle bieten.

Das Benecke-Universum

Kongress der Indischen Gesellschaft für Rechtsmedizin (2008)

Julia Gehrisch

Mark Benecke über Julia Gehrisch:
Ich habe Jule kennen gelernt, als sie 15 Jahre alt war. Sie schrieb mir eine E-Mail, weil sie ihre Facharbeit über forensische Entomologie vorbereitete und bei der Internetrecherche meine Homepage gefunden hatte. Diese sehr gute Facharbeit steht mittlerweile auf meiner Internetseite („Facharbeiten" auf benecke.com). Anschließend nahm Jule an forensischen Kursen von mir teil. Wegen ihres großen Interesses und Engagements wurde sie die jüngste Kursteilnehmerin, die jemals mit einer Gruppe Studenten zusammen an einem echten Tatort mitgearbeitet hat. Weil sie auch bei dieser Tatortarbeit trotz der Skepsis der älteren Studenten richtig gute Arbeit geleistet hat und danach erst

recht noch viel mehr über forensische Arbeit lernen wollte, habe ich sie zur Jahrestagung der Indischen Gesellschaft für Rechtsmedizin mitgenommen. Davon handelt auch ihr Bericht in diesem Buch. In all den Jahren ist mir Jule auch persönlich ans Herz gewachsen. Mit der Zeit haben wir uns sehr gut kennen gelernt. Jule hat sich einen Vater gewünscht und der bin ich – zumindest gefühlsmäßig – für sie geworden. Wir haben ein gegenseitiges, enges Vater-Tochter-Verhältnis aufgebaut. Deshalb ging ich auch zusammen mit Jules Familie zu ihrem Abiball. Dort lernte ich Jules Mutter kennen. Sie amüsiert sich bis heute ebenso wie der Rest der Familie darüber, dass mir und ihr eine „Ost-West-Liebesbeziehung" im Jugendalter angedichtet wurde, aus der Jule hervorgegangen sein soll. Ein gutes Beispiel dafür, dass die Wahrheit nicht immer so offensichtlich ist wie viele Menschen denken.

Ich finde beim „Vater-Sein" kommt es darauf an, dass man sich als Vater fühlt und nicht darauf, ob man sich einige Gene teilt. So sahen es übrigens auch die Römer (ich lebe nicht umsonst in der Römerstadt Köln). Wenn man im alten Rom ein Kind als sein Kind annahm, dann blieb es auch dabei. Anders als durch eine freie Entscheidung wurde die Vaterschaft nicht geklärt. Ich halte es also auch hier „römisch-kölsch". Für mich spielt es überhaupt keine Rolle, dass ich Jule erst als Teenager kennen lernte und wir nicht biologisch verwandt sind. Ich bin sehr stolz auf sie, darauf, dass sie ihr Ding auf ihre Art durchzieht und sich dabei von keinem reinlabern lässt, genau wie ich. Für mich ist es eine große Freude, dass wir uns als Vater und Tochter empfinden.

Der Wissende weiß und erkundigt sich,
aber der Unwissende weiß nicht einmal,
wonach er sich erkundigen soll.
(Indisches Sprichwort)

Um der Unwissenheit zu entgehen, machten sich Mark und ich am 19. Februar 2008 auf den langen Weg nach Mumbai zum 29. Kongress der Indischen Gesellschaft für Rechtsmedizin. Doch bereits am Flughafen Frankfurt am Main erlitten wir den ersten Schrecken: Wo ist Marks DJ Ötzi-ähnliche Mütze? Wie sollte er ohne sie seine blasse, sonnenempfindliche Kopfhaut schützen? War das schon das Ende? Natürlich nicht.

Die Mütze fand sich in der DB Lounge wieder und bevor wir noch etwas in Deutschland hätten verlegen können, gingen wir zum Check-In. Umzingelt von hunderten von Indern studierten wir ein letztes Mal die gratis verteilten deutschen Börsenkurse und besprachen Ziele und Erwartungen, die wir uns für diese Reise versprachen. Für mich war es das erste Mal, dass ich nach Asien reisen würde. Dennoch konnte ich mir durch Familienurlaube nach Ägypten und die Türkei in etwa ausmalen, wie es sein könnte: alle sind mega-freundlich, starren dich unentwegt an (wären wir noch blasser, würde man uns für tot erklären), es ist schön kuschelig warm und das Essen und die Sanitäranlagen werden eine kleine Herausforderung sein.

Doch wie man in Indien sagt: „Nimm es als Vergnügen, und es ist ein Vergnügen! Nimm es als Qual, und es ist Qual."

Mumbai (bis 1996 Bombay) gilt als die wichtigste Hafenstadt des Subkontinents und ist die Hauptstadt des Bundesstaates vor der Westküste Maharashtras. Sie ist mit 13,7 Millionen Einwohnern eine der bevölkerungsreichsten Städte der Welt. Allerdings ist diese Zahl nur eine Hochrechnung. Die meisten Menschen werden Mumbai allerdings mit Bollywood in Verbindung bringen, der größten Filmindustrie der Welt. Bereits im Flieger strahlte uns Shahrukh Khan, der indische Brad Pitt, aus dem Fernseher an. Das sollte in den nächsten Tagen kein Einzelfall bleiben. Da regt man sich hierzulande über Heidi Klums Medienpräsenz auf, doch Shahrukh Khan wirbt in Indien nahezu für alles, was jemals erfunden wurde beispielsweise Pepsi, DishTV, Bekleidungsmarken etc. Immerhin ist er der indische Günther Jauch.

So groß wie der Reichtum mancher Inder ist, so viel Elend gibt es auch in diesem Land. Über 50 Prozent der Bevölkerung leben in sogenannten Slums. Neben einem dieser Slums lag das zweite Quartier unserer Reise. Doch zurück zum Frankfurter Flughafen.

Nachdem wir im Flieger ein Kleinkind neben uns umsetzen konnten (das soll nicht bedeuten, dass wir Kinder nicht mögen), konnten wir den von Blähungen gequälten Inder schräg neben uns jedoch nicht los werden, so dass wir des öfteren wegen lauter Furzgeräusche angewiderte Blicke austauschten. Mit Stil hob er zum Erzeugen solcher Flatulenzen noch eine Pobacke an.

Den langen Flug von etwa sieben Stunde füllten wir mit Horrorfilmen. Wer hat schon keinen Bock, auf einem Flug den Schreien von Lindsay Lohan in **Ich weiß, wer mich getötet hat** zu lauschen?! Nach diesem Film konnte ich noch mehr verstehen, warum die arme Lindsay die **Goldene Himbeere** bekam und keinen **Oscar**. Ja, Mark, da hattest du wohl eine rosarote Brille auf! Weitaus mehr hätte die Frau der deutschen Lufthansa einen Preis für die schlechteste schauspielerische Leistung verdient. Denn die sollte uns eigentlich Sicherheitsmaßnahmen ins Hirn brennen, damit wir nicht alle bei einem Absturz sterben. Um Satans Willen, wann wurde dieser Film gedreht? Gab es da überhaupt schon Flugzeuge?

Naja, selbst wenn wir abgestürzt wären, ich war um eine Erfahrung reicher – zum ersten Mal hatte ich vegetarisches Essen probiert und Wasser aus einem Joghurtbecher getrunken. Hätte ich mir mal ein Schnitzel eingepackt. Ich sollte es einige Tage später bitter bereuen. Mark hatte damit weniger Probleme. Aber bei seinen Reiseerfahrungen ist das auch kein Wunder. Da konnte mein kleiner ostdeutscher Magen einfach nicht mithalten.

Angekommen in Mumbai begann der Chef sogleich, sich über die Wärme zu beschweren, obwohl es ja bereits Nacht war und daher eigentlich angenehm warm. Zum Glück sollte genau vor dem Flughafen bereits unser Abholdienst vom Institut stehen.

Doch welcher der hundert Schilder haltenden Inder war es? Und so verbrachten wir doch noch einige Stunden dort. Ich wurde beim Geldwechseln sofort auf meine Hautfarbe angesprochen – sowohl auf die natürliche als auch auf die gekaufte. Ja, in Deutschland wird man am Strand ausgelacht wegen der Kellerbräune, aber in Indien war ich ein Star.

Letzten Endes nahmen wir nach sehr langem fruchtlosen Warten doch ein Taxi mit dem Ziel „irgendein Hotel nahe dem Zentrum". Hilfsbereit sind indische Menschen wirklich. Dennoch landeten wir in einer Absteige fernab unseres eigentlichen Ziels.

Wenn man in dem kleinen Bad auf dem Klo saß, konnte man sich nicht nur die Hände waschen, sondern sich auch gleichzeitig duschen, musste jedoch aufpassen, dass man nicht gegen die offen herumhängenden Leitungen spritzte. Aber als echter Ossi und Pennerrocker fühlte ich mich in dieser Umgebung heimisch (Grüße nach Leipzig!).

Trotz dieser Vertrautheit reisten wir am nächsten Morgen, nach meinem Anruf beim indischen Institutsleiter, weiter. In der Schule war mein Englisch sehr gut. Doch wenn man an einem indischen Telefon einen Inder anruft, hilft das wenig. Slang bleibt Slang. Schließlich bekamen wir doch noch unsere stadtnahe Unterkunft. Dort trafen wir dann endlich auf unsere Kontaktperson Anil Aggrawal, den Herausgeber des **Internet Journal of Forensic Medicine and Toxicology** (Delhi). Ich muss zugeben, ich war ziemlich überrascht über sein fortgeschrittenes Alter.

Die zweite Unterkunft unterschied sich himmelhoch von der ersten, spiegelte aber auch die schönen und weniger schönen Seiten Indiens wider. Wir waren in einer Suite mit gläsernem Waschbecken und einem eigenen Wohnzimmer plus Promi-Obstkörbchen untergebracht. Doch wie so oft traf der Spruch „innen hui, außen pfui" zu. Drinnen gab es einen Bediensteten, der die Betten aufdeckte und nach draußen hatte man einen Ausblick auf einen der vielen Slums Indiens, die ehemalige „National Handloom Expo 2008". Im Nebengebäude befand sich außerdem die **Spastic Society of India**, ein Behindertenheim.

Die armen Kinder scheuten sich nicht, genau am Hotel ihre Morgentoilette zu verrichten – egal ob groß oder klein. Am Anfang wurden wir angebettelt, obwohl die Wachmänner stets versuchten, sie mit Besenrumgefuchtel zu vertreiben. Doch mit der Zeit bekamen wir mit, wie sich die Kids untereinander besprachen – „Komm, drück mal mehr auf die Tränendrüse, damit die weiße Olle mir die Cola gibt!" Von da an ernteten sie von mir nur noch böse Blicke.

Die ersten Tage bummelten wir öfters durch Mumbai und besuchten sogar einen echten Hare-Krishna-Tempel im Stadtteil Juhu, wobei Mark komische Teigbällchen bei einem deutschen Krishna-Anhänger naschte. Aber auch in einem Hare-Krishna-Tempel zieht man Touris übers Ohr mit überteuerten Souvenirs, aber das war mir das Geschenk für meinen Stammtätowierer wert.

Eine Shoppingtour durfte auch nicht fehlen, wobei wir uns des öfteren in dunklen Seitengassen wiederfanden, in denen uns alte Opas Haschisch andrehen wollten. Sogar in Indien denken alle, wir wären Drogenopfer.

Hungrig nach all dem Rumgelatsche, rasanten Rikscha-Fahrten und nach offenen Internetnetzen-Gesuche testeten wir verschiedene indische Restaurants aus. Von vergleichsweise „teuer" bis „einfach nur dörflich" nahmen wir alles mit. Im teuersten Schuppen bekamen wir sogar Gemüsehäppchen mit Dip zu unserem Alkohol. Im dörflichsten wischte man mit dem Tischlappen auch unser Besteck blitzblank sauber, ohne dass es vorher ein Spülbecken je gesehen hatte.

Wie in anderen Ländern auch findet man das beste heimische Essen immer abseits der Touristenpfade. Dort, wo man noch ohne Klobrille auf der Toilette auskommt, liegt das Herz Indiens versteckt. Egal, was man sagt, selbst lasches Essen ist in diesem Land für einen Normalsterblichen wie mich noch sehr scharf. Da half nur noch, sich mit Naan (Brot) vollzustopfen und die erfrischende Kräutermischung, die man am Ende bekam, gut zu nutzen, damit der Magen nicht vollkommen abdrehte. Das konnte man sich außerhalb des Hotels wahrlich nicht leisten. Die tollste aller Pipiboxen befand sich in einem Restaurant relativ nah dem Stadtkern. Es gab keine Klobrille, der Boden war nass … Urinella war auch daheim … da muss man schon kreativ werden. Aber für solche Momente gibt es zum Glück Marks 4711-Erfrischungstücher.

Bereits nach drei Tagen erlag ich einem „Schnitzel-Flash" (der sogenannten Schnitzelsehnsucht) bzw. flehte wenigstens nach einem Stück Kuchen, was ich letztlich auch in einem schnuckligen Café in der Nähe unseres Hotels inklusive herzallerliebster kleiner Pralinen bekam.

Das Benecke-Universum

Seite 127/128: Mit Jule und vielen InderInnen in Mumbai, 2008. Die Kinder in Weiß auf S. 127 hatten die Lepra überlebt und waren am MacBook erstaunlich fit.

Scientists find why ghosts lurk in the dark

Nach drei erholsamen Tagen mit viel Sightseeing in Mumbai machten wir uns am 24. Februar mit dem Leiter des rechtsmedizinischen Instituts in seiner Luxuskarre auf den Weg zur größten Börse der Welt. Eines muss man über den indischen Straßenverkehr wissen: ohne Hupen geht hier nichts, außer man läuft auf vier Beinen und besitzt ein Euter. Es gibt zwar Verkehrszeichen, daran halten sich aber die wenigsten. So wird aus einer zweispurigen Straßen auch schnell mal eine fünfspurige. Auf Zebrastreifen und Ampeln kann man da länger warten. Ich wünschte, ich wäre eine Kuh[14].

Das Sicherheitsaufgebot in der Börse war hoch, da kurz vor dem Kongress glücklicherweise ein Bomben-Anschlag vereitelt worden war und so die Anspannung besonders groß schien. Wir wurden nett begrüßt und als zwei „Metallmenschen" aus Deutschland meisterten wir trotz Piercings auch den Metalldetektor gekonnt.

Zu unserem bzw. eher zu meinem Erstaunen begann man erst bei der Eröffnungsrede mit dem Anbringen der Deko im Raum. Da kommen doch wirklich Leute aus England, Amerika, Deutschland etc. und hier macht man sich nicht mal die Mühe, alles vorzubereiten. Ich war entsetzt. Meine Mentalität ist zwar auch nicht die eines Beneckes, aber zumindest steht bei meiner Party immer **vor** Ankommen der Gäste ein Kasten Bier bereit und nicht irgendwann währenddessen.

Chaos wurde hier ganz groß geschrieben. Deko hin oder her, aber während eines Kongresses, zu dem ja eigentlich alle kommen, um sich weiterzubilden, um Verbrechen aufzuklären etc., lautstark zu telefonieren war mir echt zu viel. Ständig klingelten Handys, irgendwelche Leute bildeten mitten im Saal Mobs und begannen Diskussionen, und ich wurde alle paar Minuten von einem Typen, der mich stark an Steve Urkel erinnerte, zugelabert. Der wollte mir weismachen, dass Kinder aus Deutschland mit neun Jahren Sex hätten.

Die gebotenen Themen auf dem Podium waren einfach grandios. Philippe Lunetta sprach über autoerotische Unfälle, über die ich in den meisten Fällen ein wenig lachen musste. Ja, ich weiß, dort ist jemand gestorben, aber wer findet es schon geil, wie eine Made in einem eng zugeschnürten Schlafsack zu hängen?!

Auch den Vortrag von Eric Hickey, einem kanadischen Kriminalpsychologen, der sich mit Serienmorden und Paraphilie befasste, fand ich sehr interessant, ebenso wie Paul Mellen, ein Forensischer Pathologe aus Amerika, der irgendwie wie ein waschechter Bayer aussah, mit seiner Statur und dem coolen Oberlippenbart, wobei der Bart seinen Slang erst so richtig zur Geltung brachte: „Absolute Härte, Oberlippenbärte!"

Ebenfalls von fern angereist waren Virginia Lynch (Forensic Nursing), Banwari Lal Meel (Sexualdelikte in Südafrika), Caroline Wilkinson (Gesichtsrekonstruktion), John Wiliamson (elektrischer Strom), Ndubuisi Eke (Genitalverstümmelungen) und Masahiko Kobayashi (Leichenstarre).

Im Großen und Ganzen verlief alles vollkommen anders als erwartet. Am Ende war man sich nicht mal mehr sicher, ob und wann Mark reden sollte. Er hatte nach ewigen Diskussionen auch keinen Bock mehr, hielt sein Thema aber dann doch.

Mark wurde schließlich zum Helden des gesamten Kongresses, als er vor allen stand und erklärte, dass es in Deutschland als unhöflich gelte, mitten in einer Rede aufzustehen oder zu telefonieren und dass er um Ruhe bitte. Nichts war von dem Zeitpunkt an mehr wie es war. Mancher Inder erdreistete sich das Handy dennoch zu benutzen, wurde jedoch prompt von anderen Indern angepsst. Ein Revolutionär war geboren! Am letzten Tag überstieg Marks Coolness alles – er durfte den Kongress, der auf einmal nur noch in einem kleinen Raum stattfand, sogar leiten. Wahrscheinlich weil der Institutsleiter keinen Bock mehr hatte. Ab drei Uhr Nachmittag war bei den Indern sowieso Sense, man ließ den Hammer fallen, und am letzten Kongresstag gingen die Chefs auch einfach mal mittags nach Hause,

 obwohl noch genügend Redner anzuhören waren. Wir beschlossen, alles einfach selbst in die Hand zu nehmen, allerdings waren auch keine Techniker mehr da, so dass wir aufgeben mussten. Tja, that's India, und mich wundert nach dieser Reise auch wirklich nichts mehr.

Ich bin mit Mark nach Mumbai gereist, um mehr über Rechtsmedizin und weitere Themen der Forensik zu lernen, und obwohl einiges anders als erwartet verlief, war es doch ein Erfolg auf ganzer Linie. Ich durfte nicht nur Indien sehen, sondern auch große Leute der Forensiker-Szene treffen und von ihrem Wissen profitieren. Obwohl fast alle Länder gegen Verbrechen ankämpfen, ist der jeweilige Kenntnisstand sehr unterschiedlich. Gerade deshalb ist es wichtig, dass man sich austauscht.

Vielen Dank an Mark, meinen Papi im Herzen, dass er mich mitgenommen hat, an meinen Schulleiter Dr. Stein, der mir extra „Urlaub" gab, an Mutti für das Geld und an alle Forensiker da draußen, die sich auch vom Chaos nicht unterkriegen lassen.

Forensik rocks!

Experten: Zu Besuch bei einem forensischen Entomologen

Gabriele Goettle[15]

Gabriele Goettle (* 31. Mai 1946 in Aschaffenburg) ist eine deutsche Journalistin und Schriftstellerin. Sie studierte Bildhauerei, Literaturwissenschaft,
Religionswissenschaft und Kunstgeschichte in Berlin. Nachdem sie Mitheraus-
geberin der Berliner anarchistischen Zeitschrift **Die schwarze Botin** war,
liefert sie seit den 1980er Jahren Reportagen über den Alltag in der Bundesrepublik Deutschland wie etwa für die **Zeit**, vorwiegend jedoch für die
taz unter dem monatlichen Ressorttitel **Freibank**. Diese sind kostenlos zugänglich und lassen sich mit der dortigen Suchfunktion auffinden.
Goettle ist Mitglied des PEN-Zentrums der Bundesrepublik Deutschland.
1994 vertonte Heinz Rudolf Kunze eine Geschichte aus ihrem Buch **Deutsche Sitten** zu dem Lied „Goethes Banjo" (enthalten auf dem Album **Kunze**

Macht Musik). 1995 erhielt Gabriele Goettle den Ben-Witter-Preis, 1999 den Schubart-Literaturpreis der Stadt Aalen. 2002 kündigte Hans Magnus Enzensberger an, ihr das Preisgeld für den ihm verliehenen Ludwig-Börne-Preis zu überlassen.

„O Aas, das du nichts als Abschaum bist, wer wird dir Gesellschaft leisten? Was aus deinen Säften hervorgeht, Würmer, von der Fäulnis deines elenden, verwesten Fleisches"
(ital., 16. Jh.)

Mark Benecke wurde 1997 durch einen Mordprozess bekannt, bei dem er – zusammen mit einem Myrmekologen, einem Ameisenspezialisten – als Gutachter entscheidende Untersuchungsergebnisse lieferte. Drei Schmeißfliegenmaden, vom Körper einer im Wald liegenden erschlagenen Pastorengattin, wurden per Sonderflugzeug zu Benecke nach New York geschickt. Die Altersbestimmung dieser Maden, zusammen mit der Zuordnung einer Ameise vom Gummistiefel des Gatten, überführte den Pastor Klaus Geyer als Mörder seiner Frau.

Die biologische Forensik ist ein Spezialgebiet, das sowohl zoologische als auch rechtsmedizinische und kriminalistische Kenntnisse voraussetzt; dazu gehört ein gehöriges Maß an Pedanterie und Hingabe. Entomologen, also Insektenkundler, machen da weiter, wo der Gerichtsmediziner wegen starker Zersetzung der Leiche nur noch begrenzte Aussagen machen kann. Die Insekten auf und in einem Leichnam können nicht nur Hinweise auf Drogen und Gifte liefern, die vielleicht zum Tode geführt haben, sondern auch und vor allem lassen sich anhand ihrer Lebenszyklen, ihrer jeweiligen Größe der Todeszeitpunkt und manchmal der Todesort mit überraschender Präzision bestimmen. Die „Madenuhr", könnte man sagen, löst die innere biologische Uhr ab, und sie läuft bis zur Skelettierung, witterungs- und lageabhängig, mal nur Monate, mal Jahre.

Die forensische Entomologie entstand in der zweiten Hälfte des 19. Jahrhunderts, besonders in Frankreich und Deutschland, wo man sich aus unerforschlichen Gründen ganz besonders heftig für Insekten interessierte. In

Frankreich war es Jean-Henri Fabre, der mit seinem enormen insektenkundlichen Werk die Grundlage für forensische Studien schaffte, in Deutschland
Alfred Brehm. In seinem Insektenband von 1877 ist auf einem Stich, liebe-
voll bis ins Detail, ein toter Maulwurf zu sehen, aufgehängt in einem Hasel-
strauch, besiedelt und umschwirrt von allen heimischen Aasinsekten.
Neben seinem Schwanz, ganz klein in der Ferne, ist ein Kirchturm zu sehen.
Nach dem Zweiten Weltkrieg spielte etwas so altmodisch Anmutendes
wie die forensische Entomologie überhaupt keine Rolle mehr. In ganz
Europa arbeiteten nur drei Wissenschaftler weiter daran, keiner davon in
Deutschland. Erst seit einigen Jahren werden die Methoden wieder entdeckt und praktiziert, besonders in Frankreich, wo es sogar ein eigenes
entomologisches Labor der Staatspolizei gibt, dann auch in den USA und
in Kanada. In Deutschland existieren seit kurzer Zeit erst zwei Arbeitsgruppen. Eine davon ist die von Mark Benecke.[16]

Im Jahr 2000 besuche ich ihn in seiner Wohnung. Er wohnt in der südli-
chen Altstadt von Köln. Das Mietshaus ist schlicht, die Seitenstraße ruhig.

Vor der Haustür bei der Laborgründung, 1999

Unter der ganzen Zeile liegt ein römisches Gräberfeld. Neben der Haustür hängt ein seriös wirkendes Messingschild, auf dem Dr. Benecke seine Tätigkeiten avisiert. Die kleine Vierzimmerwohnung liegt im zweiten Stock. Es duftet nach Kuchen. Unser Gastgeber führt uns ins Wohnzimmer und sagt: „Den Kuchen habe ich gebacken, einen gedeckten Apfelkuchen, nach **Davidis Kochbuch**, zum ersten Mal übrigens." Wir nehmen Platz in abgewetzten roten Plüschsesseln. Zwischen uns steht ein ausgestopfter Fuchs mit aufmerksamem Glasaugenblick, er hält ein Mobile mit den Pfoten. Auch auf dem verschnörkelten Bücherschrank kauert eine Dreiergruppe junger Füchse, im Spiel erstarrt. Ein ausgestopfter Raubvogel steht neben einem großen indischen Elefantengott. Vor dem Bücherregal hält eine messingfarbene Nixe eine gläserne Tischplatte auf ihrem Kopf, um unseren Tee und den gelungenen Kuchen darauf bereitzuhalten.

Nach dem Vorgeplauder zeigt Mark uns sein Labor im Nebenzimmer. Der Raum ist hell und klein. Schreibtisch mit Computer, eine große Cordcouch und ein paar Schränkchen möblieren ihn. Zwei ausgestopfte Eichelhäher

Im Büro, 2009

sitzen auf ihrem Zweig, in einer Glasvitrine liegt ein vorsichtig aufgebrochenes und schön präpariertes Wespennest, an der Wand hängen, wie in Amerika üblich, gerahmte Urkunden, unter anderem von einer FBI-Academy, einem Hospital in Manila, dem Zoologischen Garten in Köln. „Ja", sagt Mark Benecke, „ich habe die Patenschaft für einen Tausendfüßler übernommen. Ich war der erste Wirbellosensponsor." Seine Sprechweise ist enorm schnell. „Die meisten nehmen eben Giraffen und Löwen. Was ich also jetzt hier in diesem Raum eigentlich mache, ist erst mal Reduktion. Reduzieren, reduzieren, aufs Wesentliche. Hier zum Beispiel", er deutet auf ein Aktenhäufchen, „das wird im Herbst im Landgericht verhandelt, ich bin Obergutachter, muss also auch über Gutachten von wesentlich älteren Kollegen entscheiden. Das war ein Riesenstapel, den ich Wort für Wort gelesen habe, und das ist nun alles, was davon übrig ist. Vom Rest der Akten habe ich nur je eine Handakte angelegt. Und in der Natur, dem Bereich, wo ich zuständig bin, da ist es genauso. Bei einer Leiche findet man ja unheimlich viel Getier. Was ist jetzt wichtig, was nicht? Die Milben auch? Bis zu welchem Umkreis soll ich suchen? Was nehme ich mit ins Labor? Milbenbisse zum Beispiel können einen Täter verraten, wenn sie von Milben stammen, die nur am Leichenfundort leben. Zu meinen ersten Aufgaben gehört, dass ich genau berechne, seit wann der Leichnam an der Fundstelle liegt. Wenn er für Gliedertiere zugänglich gewesen ist, kann ich die Liegedauer, günstigstenfalls, bis auf eine Stunde genau berechnen. Neben den Entwicklungszeiten der verschiedenen Insekten muss ich natürlich auch andere Begleitumstände genauestens kennen wie beispielsweise die Wetter- und besonders die Temperaturverhältnisse, Luftfeuchtigkeit usw. Das erfahre ich von den meteorologischen Instituten."

Mark deutet auf ein verstöpseltes Gläschen, in dem etwas Bräunliches in einer klaren Flüssigkeit schwimmt: „Das ist jetzt so eine Made da, eine große, die habe ich von der Leiche. Die kommen hier dann jede in so ein Einheitsgläschen, in billigen Brennspiritus. Diese hier habe ich schon seziert. Zum Teil muss man nämlich das Kopfskelett anschauen, also die Mundwerkzeuge, an denen man dann mit sehr viel Vorsicht und Kenntnis schon vor dem Schlüpfen erkennen kann, um welches Tier es sich handelt. Also, diese Maden hier, die können nur kratzen, deshalb können sie auch nur faules Gewebe aufnehmen. Das, was die Bakterien vorher schon zersetzen, reißen sie auf und fressen es. Und um mir diese Mundwerkzeuge ganz genau anschauen zu können, habe ich das hier." Er nimmt fast andächtig die Hülle von einem großen Mikroskop ab. „Das ist wirklich das Allerallergeilste! Es ist tierisch teuer, also für mich, für normale Menschen vielleicht nicht. Es ist stufenlos und hat die beste Optik, die es auf der Erde derzeit gibt. Es ist absolut unverzichtbar. Und hier habe ich dann noch", er verhüllt das Mikroskop und klappt ein flaches Köfferchen auf, „meine verschiedenen Pinzetten und Skalpelle in allen Größen. Aber das kann ich natürlich nicht immer bei mir tragen, deshalb habe ich diese Ausrüstung immer bei mir."

Er deutet auf seinen schwarzen Gürtel, den er um die Hüften trägt und an dem allerhand befestigt ist. „Ich habe nämlich ‚Twenty-four-seven-Service'. Das heißt 24 Stunden, sieben Tage in der Woche bin ich durchgehend erreichbar, wo immer ich gerade sein mag."

Ich bitte ihn auszupacken, was er am Gürtel hat, und er beginnt von links nach rechts, um den Leib herum, alles auf den Tisch zu legen: eine hoch auflösende, kleine Digitalkamera mit Fernauslöser und Austauschchip. Ein zusammenklappbares Multifunktionswerkzeug aus Stahl. Ein normales Taschenmesser, mit dem er auch isst oder im Boden stochert. Hinten in der durchlöcherten Hosentasche hängt eine kleine Metalltaschenlampe an einer Kette und verfängt sich im Loch, ebenso der praktische Vierkantschlüssel. Auf der rechten Hüfte lastet eine kleine Ledertasche mit geladenen Akkus für die Kamera. In der rechten Hosentasche befindet sich neben den selbst designten Schildchen mit Maßstabsanzeige in Zentimeter und Inch (zur Größenbestimmung auf den Tatortfotos) auch noch ein sehr umfangreiches Schweizermesser mit integrierter Pinzette und Laserpointer. Der Gürtel selbst ist aus Aufzuggummi.

Wenn man Mark Benecke mit seinem Gürtel, seinen alten schwarzen Jeans, seinem Ring im linken Ohr zufällig auf der Straße träfe, würde man ihn höchstwahrscheinlich für einen jungen Handwerker halten, nicht aber für einen von weltweit knapp zwei Dutzend Experten der Kriminalbiologie. Wir bitten ihn zu erzählen. „Also, ich werde meistens gerufen, wenn es schon stark riecht. Jeder kennt den Geruch irgendwoher, wenn nicht, legt man fünf bis zehn Tage ein Stück Leber auf den Balkon. Eklig ist er eigentlich nicht, es ist eher so, dass es nervt. Und es haftet an, es zieht in die Klamotten, das heißt, wenn man nach Hause kommt vom Fundort, also erst mal in der Bahn, sitzt man bald alleine, danach gehe ich sofort runter in den Keller, noch bevor ich hier hochgehe, und werfe alles komplett in die Waschmaschine, das zieht durch bis zur Unterwäsche. Deshalb ist es auch sinnlos, sich bei der Arbeit irgendwas auf die Nase zu setzen, das macht keiner. Im **Schweigen der Lämmer**, diesem Film, wird ja gezeigt, dass sie sich mit Tigerbalsam schützen, aber das ist eben schlecht. Wenn man das nächste Mal einen Pfefferminztee aufbrüht oder einen Kaugummi kaut, ist die Assoziation Leiche da, denn der Geruchsnerv zieht ja sofort durch, der ist ja die basalste Verbindung zum Gehirn. Da darf man nichts mischen. Ich habe wirklich eine sehr gute Nase für Fäulnis bekommen mit der Zeit. Wenn ich zum Tatort fahre, eine Wohnung betrete, dann weiß ich schon vom Geruch her, wie die Leiche aussieht, in welchem Stadium sie ist, denn jedes Stadium riecht anders."

Er reicht uns einige Farbfotos. Sie zeigen den stark aufgedunsenen, teils geöffneten, bläulich-grün-gelblich verfärbten Körper einer korpulenten, alten Frau, das Gesicht wirkt weitgehend zerstört, ist aber noch eines. Die Leistengegend und der Bauch sind besiedelt von großen Maden. „Ich fotografiere inzwischen alles ohne Blitz, die Maden verschwinden nämlich, wenn Licht kommt. Sie haben ihre Ein- und Austrittsstellen. Das kann auch der Nabel sein am Anfang, aber das werden dann natürlich immer mehr Öffnungen, in denen sie verschwinden können, auch im Mund verstecken sie sich. Wenn man jetzt hier bei dieser Leiche zum Beispiel wartet, bis es ein bisschen wärmer und dunkler wird, dann könnte es sein, dass sich mit einem Mal ein richtiger Madenteppich auf der Leiche bewegt. Normalerweise sind sie zuerst im Gesichtsbereich. Die schwangeren Schmeißfliegen legen, wenn man angekleidet ist, ihre Eier eigentlich immer im Gesichtsbereich ab. Augen, Nase, Ohren, nur wenn die Hose runtergezogen ist oder gar nicht vorhanden, dann legen sie schon auch mal, ganz selten, im Genitalbereich. Also, die Ersten, die einen frei liegenden Leichnam für

Das Benecke-Universum

ihren Nachwuchs nutzen, sind die Schmeißfliegen, dazu gehören die metallisch goldgrünen Goldfliegen, die graue Fleischfliege und die bläulich schimmernde Schmeißfliege. Sie kommen oft schon kurze Zeit nach Eintritt des Todes, und ihre millimetergroßen Larven schlüpfen bei Wärme teils schon 15 Minuten später. Eine komplette Freiskelettierung durch Maden- und Insektenfraß kann unterschiedlich lange dauern. Es hängt absolut vom Wetter ab. Also, ich hab es mit eigenen Augen gesehen in Amerika, wie das innerhalb von zwei Wochen vor sich ging. Es hat aber immer wieder geregnet zwischendurch, und es war heiß. Feuchtigkeit ist notwendig, damit das Gewebe weich genug ist für die feinen Mundwerkzeuge."

Maden und mehr …, 2000

Mark Beneckes Augen funkeln, seine kleinen weißen Zähne blitzen. „Von Carl von Linné – er hat ja 1751 die moderne Benennung von Pflanzen und Tieren eingeführt – stammt auch der Satz, dass drei Fliegen einen

Pferdekadaver ebenso schnell zerstören können wie ein Löwe. Wenn aber die Leiche austrocknet, dann kommen Museumskäfer, Teppichkäfer und ganz spät Schinkenkäfer. Bestimmte Insekten, meist Käfer, können die Feinzersetzung einer Leiche dann noch geschmacklich unterscheiden, wenn sie mit all den technischen Methoden, die wir haben, schon gar nicht mehr messbar ist. Die verschiedenen Zersetzungsstadien ziehen verschiedene Insekten an. Die schwangeren Käsefliegen zum Beispiel fliegen hierzulande nach etwa drei Monaten das erste Mal eine Leiche an, weil es etwa so lange dauert, bis sich die Weichteile in einen breiigen Zustand verwandelt haben und die Leiche einen typischen käsigen Geruch ausströmt. Die Käsefliegenmaden wachsen in elf bis 19 Tagen zu erwachsenen Tieren heran.

Nehmen wir an, es werden im November, im Freien, die Überreste einer Leiche gefunden. Der Haarschopf ist noch intakt, unter den Haaren befinden sich Käfer und Fliegenpuppen, auf der Leiche zehntausende von etwa acht Millimeter großen länglichen, springenden Maden der Käsefliege – **Piophila casei**, nach Linné – und ebenso ein dichter Teppich von Käsefliegeneiern, dazu werden auch tote erwachsene Tiere gefunden. Aus diesen Informationen berechne ich dann die Liegezeit der Leiche folgendermaßen: 1. Besiedelung nach ca. 90 Tagen, plus zwei Mal (d.h. zwei Generationen) elf bis 19 Tage Entwicklungszeit gleich 112 bis 128 Tage Liegezeit im Freien. Dieses Ergebnis ist für die Kriminalpolizei sehr hilfreich. Sie kann sich zum Beispiel bei den Ermittlungen auf solche Personen konzentrieren, die in diesem Zeitraum verschwunden sind."

Mark Benecke reicht uns ein anderes Foto: „Das hier ist ein Fall, da haben sie – was früher fast immer passierte, heute nicht mehr – vergessen, einen Maßstab mit auf das Bild zu legen. Ich verschenke Tausende von diesen Aufklebern. Die habe ich entworfen. Man benutzt die gern, denn sie sind selbstklebend. Das polizeieigene Krimfo-Band ist von der Rolle und hat den Nachteil, dass man, vor der Leiche stehend und die Hände voller Faulleichensekret, reinbeißen muss, um es abzureißen. Also, bei diesem Fall gab es nur Bilder. Die Leiche war schon beerdigt, eine Exhumierung wäre zu teuer gewesen." Er deutet aufs Foto. „So lag sie da. Das ist ein Maden-teppich und Blut, sehr viel Blut war ausgelaufen." Zu sehen ist im Profil das gepiercte Gesicht eines jüngeren Mannes. „Guckt mal das Gesicht, das ist Grünfäulnis. Und das ist eine Fäulnisblase, das Paradies, aus Madenper-spektive. Deshalb sage ich immer, das ist auch schön im höheren Sinne, weil das halt unabwendbar der Kreislauf des Lebens ist. Und es passt eben einfach alles genau zusammen. Einfach deswegen, weil es zusammen-gehört! Die ganze Fäulnis da, die kommt nicht über uns, die ist integraler Bestandteil der Wiederverwertung. Da ist überhaupt nichts Schlimmes dran, nicht wahr?"

Alle blicken auf das Bild. „Hier lautete also die Frage: Wie groß waren die Maden? Ich kam dann auf die Idee, mir die Ringe zum Maßstab zu ma-chen. Ich ging also zu einer Piercerin hier an der Ecke. Sie guckte sich das an und sagte, genau könne sie es nicht sagen, der eine Ring sei aus Indien, der andere aus chirurgischem Stahl und keinesfalls größer als das oder kleiner als das. Die Aussage war für den Fall leider fast unbrauchbar. Und das lag am vergessenen Maßband."

Er zieht ein anderes Foto hervor. „Diese Geschichte zeigt, weshalb es sehr nützlich ist, dass ich möglichst immer an den Tatort gehe, statt mir das Material kommen zu lassen. Hier seht ihr die Haare auf dem Kopf. Sie fallen aber im Verlauf der Fäulnis eigentlich immer runter. Die Maden sind der-art gründlich, dass die Haare als Schopf runterfallen, mit der verwesten Kopfhaut zusammen. Hier aber nicht. Da war alles lagegerecht. Ein schö-ner langer Bart und längere Haare, alles an Ort und Stelle. Das Übrige war komplett freiskelettiert. Das konnten keine Maden gewesen sein. Es waren andere Tiere, und ich habe sie gefunden. Speckkäfer, so eine Art Mu-seumskäfer, die können ganz trockenes ledriges Material fressen. Nun war die Frage, weshalb gab es keine Schmeißfliegen? Den Grund seht ihr hier, das ist ein Heizgerät. Das hatte er neben sich gestellt und ist dadurch sehr schnell ausgetrocknet.

Irgendwann ist das Gerät dann überlastet gewesen nach zwei Monaten und ist durchgebrannt. Daher der schwarze Fleck. Der hat mir eigentlich den ganzen Zusammenhang erst klar gemacht."

Er schiebt die Fotos zur Seite und sagt: „Ach ja, den Fall mit dem kleinen Dominik wollte ich euch noch erzählen. Bilder habe ich im Moment nicht zur Hand. Also, der kleine Junge, zwei Jahre alt, wurde im Juli 2000 tot in einer Wohnung gefunden, bei geschlossenen Fenstern. Sehr schnell wurde die Mutter gefunden, sie war 20 Jahre alt und eine drogenabhängige Straßenprostituierte. Sie konnte sich nicht erinnern, wann sie das Kind zum letzten Mal gesehen hatte, wann sie die Wohnung verlassen hatte. Sie war völlig weggetreten, zeitlich und räumlich. Jetzt war das Problem, dass nicht nur sie angeklagt war, sondern auch die Sozialarbeiter. Die Frage war nun: Hätte das Kind gerettet werden können oder nicht, wie lange hat es gedauert, bis es nach dem Verschwinden der Mutter gestorben ist? Nun war es so, dass an dem Kind zwei verschiedene Sorten von Maden zu finden waren. Im Gesichtsbereich war nur eine einzige, mehrere waren im Mund, auffallend war, dass die Augen überhaupt nicht besiedelt waren. Der Genitalbereich war viel stärker besiedelt als das Gesicht. Das kann aber gar nicht sein, normalerweise. Ich habe die Tiere also bestimmt, und es stellte sich heraus, es sind Tiere, die sich überhaupt nicht von Leichengewebe ernähren, sondern von Kot und Urin. Sie wurden vom Geruch angezogen und haben die Windel besiedelt. Das sind sozusagen Vernachlässigungsindikatoren. Die Windel wurde besiedelt, als das Kind noch lebte, die Tiere, die da gefunden wurden, waren viel älter als die Tiere im Gesichtsbereich. Man konnte jetzt ausrechnen, wie lange war die Windel besiedelt, wie lange war das Gesicht besiedelt, daraus ließ sich errechnen, wie lange es her sein musste, dass die Mutter die Tür hinter sich geschlossen hatte, wie lange mindestens!

Als ich das Material untersucht hatte, stellte sich heraus, dass das Kind nicht innerhalb von Stunden, sondern eher im Bereich von 7 bis 14 Tagen gestorben ist. Das bedeutete juristisch, das Kind hätte theoretisch noch gerettet werden können durch die Sozialarbeiter. Dazu sag ich natürlich nichts. Für mich darf keine Rolle spielen, ob jemand jetzt schuld ist oder nicht. Mir ist die Schuldfrage meistens sogar gleichgültig, ich arbeite nur an den Sachbeweisen, und diese wissenschaftliche Arbeit beleuchtet nur Ausschnitte, Fragmente der Wirklichkeit, die allerdings manchmal ganz grell."

Mark bietet seinen Finger einer umherkreisenden Fliege an: „Sie haben keine Scheu, die sind hier in der Wohnung geboren. Ein schönes Beispiel für meine Arbeit, das auch mit Fliegen zu tun hat, will ich noch erzählen. Das war der erste Fall, so bin ich überhaupt zu Gerichts-Gutachten gekommen – ich hatte ja in Amerika eine Ausbildung gemacht. Also, eines Tages riefen die Kollegen von Nebraska an, sie brauchten vor Gericht hieb- und stichfeste Beweise für folgenden Fall: Man fand in einem geschlossenen Raum zwei erschossene Menschen. Hoch oben an der Decke gab es unerklärlicherweise Blutspuren, Spritzer, obwohl das Blut der Erschossenen so weit nicht hätte spritzen können. Ein weiterer Toter wurde aber auch nicht gefunden. Unsere Nachforschungen haben dann ergeben, dass Fliegen diese Blutspritzer verursacht hatten. Sie sind unten im Blut herumgegangen – aufgenommen haben sie wohl kaum was, sie mögen lieber Kekse und Brot, Kohlehydrate, nur die Maden wollen Protein – sie haben es nur verschleppt an die Decke und in der Nähe eines Abzugschachtes, durch den sie kamen, blutspritzerähnlich verteilt. Wir haben Versuche gemacht, eine Fliegenzucht angelegt, Tapeten und rote Substanzen besorgt. Und aufgrund der typischen Muster, der Punkte und Ausziehungen haben wir dann eine mathematische Formel erstellt. So lässt sich eindeutig auseinander halten, das sind Blutspritzer, und das ist von Fliegen gesetzt worden. Der Fall war aufgeklärt."

„Kommt, gehn wir ein bisschen auf den Balkon, ins Warme."
Der Balkon zieht sich über die Länge von drei Zimmern hin und liegt nach hinten hinaus mit Blick auf ein Holzlager und efeubewachsene Mauern. Wir fragen, wie denn alles so kam mit ihm: „Na, ich gehöre noch zur letzten Wollsockengeneration, die halt Bio studiert hat, damit die Vögel leben und die Insekten, das gibt es ja heute nicht mehr. Meine Eltern – die sind keine 68er, eher 70er-Generation – sind zu Hause manchmal nackt rumgelaufen und wollten nach dem Fernsehen mit uns über die Filme reden. Mein Vater sagte, iss doch ruhig auch das Fette vom Fleisch, im Lager wären wir froh gewesen! Er war Flüchtlingskind aus Ostpreußen im Flüchtlingslager. Dann hat man gesagt: Vater!!! Und er sagte: Okay. Na ja, ich habe dann Molekularbiologie gemacht, weil mich aber wirbellose

Tiere interessierten, habe ich hauptsächlich Zoologie gemacht, denn da kann man sich ja mit ihnen als Tiere beschäftigen statt nur auf molekularer Ebene. Ich habe auch mit Tintenfischen gearbeitet. Dann habe ich angefangen, Methoden zu transferieren – alle reden immer vom multidisziplinären Arbeiten, aber kaum einer macht es – ich mache das heute noch. Während des Studiums habe ich in der Rechtsmedizin gearbeitet, da genetische Fingerabdrücke gelernt, hab dann meine Diplomarbeit in Zoologie gemacht, und zwar mit den genetischen Fingerabdrücken aus der Rechtsmedizin an wirbellosen Tieren. Dann habe ich wieder zoologische Methoden in die Rechtsmedizin genommen, nämlich Insekten auf Leichen. Das alles war mehr oder weniger Zufall, nur weil ich neugierig bin und immer gefragt habe, was darf ich bei euch machen?"

Er lächelt und wirkt neugierig wie eh und je. „Manchmal stößt man auf Unverständnis, deshalb arbeite ich lieber mit jüngeren Leuten. Die Gerontokraten, die alten Herren, die Magnifizenzen und so was, die sind völlig unbedeutend mit ihrer wissenschaftlichen Arroganz, mit der sie sich panzern. Ich bin sehr dafür, die Dinge verständlich zu erklären als Experte, und dafür muss ich sie aber eben vereinfachen. Das ist verpönt. Aber ich will alles transparent machen, und ich will versuchen, nicht missbrauchbar zu sein. Das gehört ja zusammen. Ich weiß, was den Leuten in den 1920er und 1930er Jahren durch schlechte wissenschaftliche Arbeit passiert ist, wir wissen, wo die Fehler liegen, wir können studieren, wie es kam, dass Leute von Systemen vereinnahmt worden sind, obwohl sie vielleicht wirklich nichts weiter gemacht haben als nur ganz kauzig ihre Kleinarbeit, ohne über den Tellerrand zu blicken. Man dachte, dieses kleine Feld, das ich bearbeite, das kann keine soziale Relevanz haben, oder man sagte, wenn ich es nicht tue, dann tut es ein anderer. Ich denke, der Satz muss heißen: Wenn es keiner tut, dann tut es keiner. Und zu keiner gehöre auch ich."

Eine junge Hummel nähert sich brummend seiner Brille. Zärtlich sagt er: „Du Kleine, du! Sie mögen mich, und ich mag sie auch." Auf die Frage, ob er denn nie Probleme gehabt habe mit den Leichen, sagt er: „Nein, ich hab das total, zu hundert Prozent, integriert in mein Leben, den Tod." Wir fragen ihn, ob nicht gerade ein fortgeschrittener Verwesungsgrad dazu verführe, sich ehemals individuelle Züge vorzustellen, ob nicht ein kaum noch zu erkennendes Gesicht und Genital anrührender sei als das eines eben Verstorbenen und der herabgefallene Haarschopf nicht auch an den eigenen erinnere. „Ich nehme es gar nicht so wahr, wirklich. Ich verstehe, dass ihr das fragt, aber es spielt bei mir keine Rolle. Außerdem hat mein Beruf ja fast nur mit Gewaltverbrechen zu tun, da muss man echt 'ne Panzerplatte dazwischentun, finde ich. Ihr müsst euch das so vorstellen, ich guck mir die Leiche genau wie ein Insekt an, und für ein Insekt gibt es auch kein Gesicht, kein Genital, keine Haare. Wenn die Leiche beispielsweise an der Hüfte ein Loch hat, dann guck ich mir dieses Loch zuallererst an. Und noch mal zum Gesicht, gerade das Gesicht ist oft schon längst nicht mehr erkennbar. Also, ich nähere mich der Leiche mit Insektenaugen und erkunde, was es überhaupt hier Interessantes gibt für mich, wo ist Licht, wo ist es warm, wo ist es feucht, mit der Erwartungshaltung einer Fliege, die gleich eine köstliche Eiablagestelle findet für ihre Brut."

Einblicke in die Welt des Kriminalbiologen – Praktikant bei Mark Benecke

Mark Benecke:
Ich bekomme häufig Anfragen von Schülern oder Studenten, die ein Praktikum bei mir machen wollen. Meistens muss ich sie auf meine Studentenkurse verweisen, die ich sowohl in Köln als auch international anbiete. Der Grund ist, dass ich sehr viel reise, weshalb ich zeitlich und räumlich keine vernünftige Praktikumsbetreuung anbieten kann. In seltenen Ausnahmefällen ergab sich aber die Möglichkeit, dass interessierte Schüler oder Studenten kleine Einblicke in meine Arbeit bekamen. Sie waren dann zum Beispiel bei Gesprächen mit Knackis, deren Angehörigen oder Hinterbliebenen von ungeklärt Verstorbenen dabei, führten selbst in meinem Auftrag solche Gespräche oder schauten sich einfach Akten an und schrieben auf, wie die Fälle auf sie wirkten. Einige dieser Berichte folgen nun. Heute gibt es bei uns übrigens keine Praktikanten

mehr, weil die Job-Aussichten gleich null sind und wir niemanden unnötig ermutigen wollen. Allerdings machen wir Trainings, die uns allen sehr viel Spaß machen, und in denen wir zusammen mit StudentInnen konzentriert in einer Woche sechzig Stunden wissenschaftlich – also meist nicht anhand von Fällen, sondern mit Experimenten mit Blut, Sperma, ausgewürgten Gurken, Urin, Textilien und dergleichen – durchackern.

Lydia Benecke:

Die folgenden Fälle zeigen etwas, das vielen Krimifans nicht klar ist, wenn sie in Marks Vorträge oder Kurse kommen. Menschen die gerne Serien wie **TATORT** oder **CSI** schauen, denken oft, im Leben gebe es „gute Menschen", „böse Menschen" und „Opfer". „Gute Opfer" müssen gerächt werden, „böse Opfer" haben ihre gerechte Strafe scheinbar durch die Tat, der sie zum Opfer fielen, erhalten. Das denken übrigens oft genug auch Polizisten und Richter, die sonst wahrscheinlich ihre Arbeit mit dem alltäglichen menschlichen Verbrechenswahnsinn nicht dauerhaft ausüben könnten.

Die Wahrheit ist allerdings – wie eigentlich alles im Leben – nicht einfach, nicht schwarz oder weiß und vor allen Dingen nicht gerecht. Bevor ich Mark kannte, hatte ich den Satz „vor Gericht und auf hoher See hilft dir nur Gott" noch nie gehört. Mark ergänzt diesen Satz stets noch mit „und Gott gibt es nicht". Ob man nun an einen Gott glaubt oder nicht, spielt hier aber eigentlich keine Rolle. Wenn man wie wir Fälle ab dem Zeitpunkt zu sehen bekommt, wo jeder Krimi endet, nämlich wo der vermeintlich „böse Mensch" in Handschellen abgeführt wird, dann kann man kaum ohne sich selbst zu belügen noch an Gerechtigkeit glauben. Im echten Leben gehen fast alle Menschen, die irgendwie an schweren Verbrechen wie Tötungs- und Sexualdelikten beteiligt oder davon als Opfer oder Angehörige betroffen sind, mehr oder minder daran kaputt. Viele waren auch schon vorher auf die eine oder andere Art kaputt und gerieten dadurch – auf der einen oder anderen Seite – in das Verbrechen. Am Ende bleibt bei allen Beteiligten ein großer und völlig sinnloser Scherbenhaufen zurück. Gut und Böse, Gerechtigkeit und Ungerechtigkeit spielen bei diesem Scherbenhaufen keine Rolle und sind oft genug auch nicht mehr zu erkennen. Aber lesen Sie selbst …

oben: Benecke an seiner alten Schule, 1999

unten: Als Trainer in Vietnam (an der Uni/Aufbau des DNA-Labors in Saigon), 1999
Anstatt eines Honorars gaben alle Studierenden eine Speichelprobe
ab, die wir dann genetisch untersuchten.

oben und links: Benecke mit philippini-
schem NSRI-Team, Universität der Philippinen, Manila, Diliman, 1997

unten: Benecke mit FBI-Special Agents
in Tennessee auf der „Body Farm", 2002

Das Benecke-Universum

linke Seite: Studenten-
trainings in Köln (oben)
und Toruń (Polen),
beide 2009

oben: Als Redner beim Bund
deutscher Kriminalbeamter,
2002

unten: Blutspuren-Training
mit Mark Benecke, Studie-
renden, Skelett und echter
Blutspur, 2009

Aus der Welt des Kriminalbiologen: Teil 1 – Der Rotlicht-Knacki oder Das Auto, die Hunde, die Frau und die Knarre in der Hose, vorne oder hinten oder in der Handtasche[17]

Und Benecke fragte eines Tages den Ganoven Watzler im Besuchsraum: „Wissen Sie eigentlich, dass die Gefängniswärter und Richter alle Angst vor Ihnen haben?"

Der Watzler schrie: „Angst?"

Und Benecke fragte: „Wissen Sie eigentlich, dass wir hier beobachtet werden? Man wird nämlich überall beobachtet."

Der Watzler schrie: „Beobachtet? Wo? Man sieht gar keine Kameras."

Ist dein Auge unbefangen, dann ist dein ganzer Leib im Licht.
(Matthäus 6,22)

Der Watzler hat auch für das Problem des beschissenen Gefängnisessens, das man nämlich nicht essen kann, außer man ist wirklich total gestört, eine Lösung. Er kocht sich jetzt sein Essen selbst. Das darf sonst keiner.

Die Wärter müssen wöchentlich eine Menge vergammelter Nahrung aus dem Schrank holen, das machen die auch gerne, ohne Klage, nur, weil die eine solche Angst vor ihm haben, sagt Benecke.

So ein Harter ist das, der Watzler.

Der ist, sagt Benecke, ein Oldschool-Krimineller. Ein Oldschool-Krimineller ist ein ganz weicher Harter. Schon hart, aber auch weich, im Vergleich. Womit so einer wirklich zu tun hat, davon redet der nicht, das kann also kein Mensch wissen, auch die Polizei nicht, selbst er nicht, Benecke.

Von möglichen Befreiungsversuchen und Verbindungen des Falls bis hin zur weißrussischen Mafia ist seit Wochen die Rede.

Die einzigen, die zu ihm in dieser Hinsicht wenigstens einen Moment lang ehrlich gewesen sind, so ehrlich, dass sie in dem Moment dazu den Motor des Autos, in dem alle saßen, ausschalteten, waren die Eltern von Kalle.

> [Kalle] übernahm vor rund einaneinhalb Jahren in G. das **Aphrodite**. Das hatte unter dem Namen **Verenas Night Club** 1996 Schlagzeile gemacht, als der damalige Besitzer Watzler zwei Gäste erschoss und dafür zu lebenslänglicher Haft verurteilt worden war. Nachdem Kalle das neue **Aphrodite** übernommen hatte, soll er (…) Probleme mit der „Albaner-Mafia" bekommen haben. Es wird um Einfluss und Reviere gekämpft, sagte gestern ein Kenner der Szene. Es geht um Prostitution, Schutzgeld, Raub …

Kalle lag dann tot im Straßengraben, was diesmal aber doch vielleicht die Algerier gewesen sind, und was auch schon nichts mehr mit uns zu tun hat.

Es geht nur um den Watzler, der der Vorbesitzer des genannten Nachtclubs war, es geht um die Schussabfolge und die Wahrheit, denn um die geht es immer, und um die Guten geht es und um die Bösen, und nicht um Verständnis für juristische Probleme und Betrachtungsweisen, auch nicht um das Licht, das die Schatten der Dinge mal hier, mal dorthin wirft, und diese ganze Kinderkacke.

Das Treffen mit seiner Mutter sowie seiner Verlobten findet vor dem Gefängnis in Bochum statt. Die Mutter trägt eine weiße Mädchenfrisur, einen flauschigen, weißen Pullover, ihre Augen sind sehr hell, sehr blau, sehr wach. Die Verlobte hat schwarze Locken, sie sieht jung aus, aber hauptsächlich irre schön. CHANTAL, buchstabiert sie mir, das ist nämlich ihr Name.

> Seit der Renovierung des Objekts war auch die in Agadir/Marokko geborene Zeugin Chantal, genannt **Verenas**, in dem Club tätig, in dem sie auch zu übernachten pflegte; sie bewohnte ein eigenes Zimmer auf der ersten Etage. Ihre Aufgabe bestand vornehmlich darin, hinter der Theke die Getränke für die Gäste und die Bardamen vorzubereiten. Wenn sich die

Zeugin Klagweiler nicht in der Bar aufhielt, oblag ihr (der Zeugin Oudray) auch die Leitung des Clubs, so dass sie insgesamt eine deutlich hervorgehobene Stellung innehatte. Während die Zeugin Klagweiler eine siebenmonatige Haftstrafe zu verbüßen hatte, wurde die Bar ohne deren Wissen von **Chat noir** in Club **Verenas** unbenannt. Hierüber zeigte sich die Zeugin Klagweiler nach ihrer Entlassung wenig erfreut; gleichwohl beließ sie es bei der neuen Etablissementbezeichnung. In der Zeit, in der sich die Zeugin Klagweiler in Haft befand, kam es in einem Fall zur Ausübung des Geschlechtsverkehrs zwischen dem Angeklagten und der Zeugin Oudray.

Sie waren wohl noch nie im Gefängnis, fragt die Frau Mutter mich, ganz heimlich darüber den Kopf schüttelnd. Über so etwas wie mich. Sie fragt mich, weil ich nicht weiß, wo ich genau hindurch gehen und wem ich meine Tasche geben soll, es erklärt mir aber auch keiner, die anderen kennen das ja schon. Ob ich aufgeregt sei, fragt sie.

Die wunderschöne, marokkanische Verlobte verkneift sich ein Grinsen. Das unterstelle ich ihr aber möglicherweise auch bloß.

Wir bekommen die Schlüssel von den Schließfächern, in denen unsere Sachen liegen, und die Wärter gucken, ob wir keine Pistolen dabeihaben. Ich werde von Kopf bis Fuß abgeklopft.

Auf meinen Zettel, zeige ich vor, habe ich nichts geschrieben, und mein Stift ist wirklich nur ein normaler Stift.

Dann schlendern wir durch die Gänge und Treppenhäuser. Die Wände sind ganz ruhig und kühl, und vor uns läuft ein riesiger Gefängniswärter her und schließt mit einem ebenso riesigen Schlüssel aus einem gewaltigen Schlüsselbund große Gittertüren auf, und wenn wir hindurch sind, schließt er die Gittertüren wieder zu, und ich sage laut und höflich jedes Mal danke zu ihm, und er sagt jedes Mal bitte zu mir.

Der Besuchstag ist schon in vollem Gange. An den Automaten auf dem Gang, auf dem die Besuchsräume liegen, wird Cappuccino und Kakao gekauft. Auch ein **Knoppers** für die irre schöne marokkanische Verlobte, denn sie hat heute nur wenig gegessen.

Das Benecke-Universum

Man weist uns zu einem kleinen Besuchsraum, der etwas abseits liegt, weil der Watzler nämlich immer so schreit.

Dann gibt es ein großes Hallo.

Alle freuen sich, die Mutter freut sich, die marokkanische Verlobte freut sich und der Watzler selbst freut sich, oder er tut zumindest so. Er sieht aus wie Joschka Fischer, das kann ich mir merken, er sieht nämlich einfach genauso aus wie Joschka Fischer, und trägt auch eine dicke Mappe unter dem Arm, als ginge es um ein Geschäft.

„Hier sitze immer ich", moderiert der Watzler, „und Verena, du hier neben mir, und dort meine Mutter, und hier normalerweise meine Schwester, da dürfen Sie jetzt Platz nehmen. Normalerweise haben wir keine festen Plätze, aber hier schon."

Wir setzen uns alle hin, und gucken behaglich alle in unsere Kaffeebecher.

Ein Gefängniswärter schaut herein und grüßt. Der Watzler streckt seine Hand hoch.

Victory, bald! Sommer, Reisen, Frauen, Geld!

Er zwinkert in die Runde.

Mit Ausnahme des Angeklagten waren alle in der Bar sich aufhaltenden Personen von den Schüssen überrascht worden, zumal bis unmittelbar vorher angesichts der herrschenden friedlichen, fröhlichen Atmosphäre nichts auf ein gewaltsames Geschehen hingedeutet hatte. Der Zeuge Netz und die Zeuginnen Kasibo und Labure gingen wie anfangs auch die Zeugen Morris und den Kleeven dementsprechend davon aus, bei dem Vorfall habe es sich um eine mehr oder weniger harmlose „Karnelvalsknallerei" oder um ein „Feuerwerk" unter Einsatz einer Schreckschusspistole gehandelt, bei der zwar zwei Personen zunächst zu Boden gegangen seien, letztlich aber niemand ernsthaft zu Schaden gekommen sei.

Der Watzler redet sehr laut, das wusste ich ja schon. Eigentlich schreit er sogar sehr laut herum.

Deshalb gibt es auch einen Extra-Besuchsraum, denn im großen Besuchsraum wären die Wärter ständig damit beschäftigt, sich aus der Pforte, in der sie, sitzend und Zeitung lesend, Besucher und Besuchte überwachen, hinauszulehnen, den Finger auf den Mund zu legen und zu zischen, pssst, Herr Watzler, nicht so laut, das stört doch die anderen Gauner!

Und der Watzler begleitet alles, was er sagt, ausdrücklich mit manierlichen Handbewegungen, es ist eine Art Gebärdensprache.

> Der (…) Angeklagte wurde 1955 in B. geboren. Sein Vater, der den Beruf eines Bergmanns ausgeübt hatte, beging im Jahre 1960 im Alter von 56, 57 oder 58 Jahren Selbstmord. (…) Zu seinen Geschwistern hat der Angeklagte schon seit Jahren allenfalls noch sporadisch Kontakt, während er zu seiner Mutter auch heute noch eine engere persönliche Beziehung unterhält.

Der Watzler und seine marokkanische Verlobte fragen mich sogleich aus. Wer ich bin und warum ich heute hierher kam. Sie sind sehr neugierig.

Wenn der Watzler aus dem Knast heraus ist, sagt er, wird er ein Lokal eröffnen, und Mark Benecke bekommt einen Stammplatz und gratis Long-Island-Ice-Tea, bis ihm das Zeug zu den Ohren herauskommt.

Ich hätte gedacht, dass der Watzler und die ganze Gaunerfamilie das Lebensmotto haben: Im Leben gilt das zu tun, wonach einem gerade ist. Sie scheinen aber eher der Meinung zu sein, dass man immer vollkommen ziel- wenn nicht gar gewinnorientiert durchs Leben zu gehen hat.

> Im Krankenhaus lernte der Angeklagte Herrn Karl Miraselski (…) kennen. Dieser hatte im Lotto eine Summe von mehr als einer Millionen Mark gewonnen und von diesem Geld ein Baugeschäft käuflich erworben. Die beiden Männer freundeten sich an. Miraselski stellte den Angklagten zunächst als Fahrer an, übertrug ihm in der Folgezeit aber zunehmend eigene Verantwortung. (…) Mit dieser auf Provisionsbasis ausgeübten Tätigkeit erzielte er (Watzler) ein durchschnittliches monatliches Einkommen zwischen 15.000 und 18.000 Mark.

Das Benecke-Universum

Und wo die Axt hängt, muss man wissen, und wo der Schnaps steht, und ob man die Walther für den Fall der Fälle in die Küchenschublade oder in den Kofferraum gelegt hat. Das ist wichtig, daran hängt oft alles.

Das sagen die mir aber nicht. Ich ziehe es aus dem, was sie mir nicht sagen, heraus.

Der Watzler schiebt seiner Mutter jetzt heimlich ein kleines Zettelchen über den Tisch zu. Alle sehen mich an, ob ich es bemerkt und kapiert habe.

Im Rahmen der dann durchgeführten zeugenschaftlichen Vernehmungen (Erler) erwähnte der Zeuge auch, dass der Angeklagte im Gefängnis ein Handy besitze und aus seiner Zelle damit auch telefoniert habe. Im Hinblick auf diese Angabe wurde am 5.11.1996 gegen 22.45 Uhr unter Beteiligung des Zeugen Grumbach überraschend die Zelle des Angeklagten geöffnet, der hinter der Spindtüre auf einem Stuhl sitzend und mit dem Nokia-Handy telefonierend angetroffen wurde; das Gerät wurde ihm noch im eingeschalteten Zustand abgenommen.

Er hätte den Mark Benecke gerade im Fernseher gesehen, erzählt der Watzler jetzt, er sehe den sowieso andauernd im Fernsehen.

Warum sich der Mark Benecke eigentlich soviel tätowieren ließe? Das passe ja alles gar nicht mehr zueinander, all die Bildchen auf der Haut, man sieht ja vor Bildchen den Mann gar nicht mehr. Und mit ein paar Haaren auf dem Kopf sieht man auch echt besser aus, und man muss aufpassen, wenn man der Mark Benecke ist, dass man noch ernst genommen wird, vor Gericht. Es seien nämlich nicht alle Leute so offen, erklärt mir der Watzler. Er sagt mir das im Vertrauen. Es seien nämlich nicht alle Leute so offen, wie er und Benecke. Vor allem nicht die am Gericht, die Leute.

Jetzt sagt Verena, die marokkanische Verlobte, dass der Herr Benecke klasse ist, das finden alle, sagt sie, sympathisch, und er bäckt die besten Muffins. Ein dufter Typ, bloß eben zu viel dieser ganzen Tätowierungen.

„Aber", sagt der Watzler, und am Tonfall merke ich sofort, dass es jetzt ernst wird.

Der Benecke scheint auch, wie die anderen, irgendwie nicht zu kapieren, was er machen soll. Dabei ist es eigentlich in Wirklichkeit alles so leicht und so klar, aber wenn er, der Watzler, nicht selbst den Überblick hätte und es ständig allen erklären würde, könnte keiner der Gutachter einfach schreiben, was geschrieben werden müsse. In die Gutachten.

Der Gutachter Müller sei auch so ein Fall. So ein Mediziner. „Hast du mit dem gesprochen, Mutter?"

„Das ist ein Alkoholiker", sagt die Mutter, „Müller, sagt das Benecke auch? Fragen Sie ihn mal, ob er den Müller auch für einen Alkoholiker hält. Wirklich. Einen ganz roten Kopf hat der."

Überdies geht aus den Ausführungen des Rechtsmediziners Dr. Müller hervor, das Opfer sei nach dem Erleiden der Rückenschussverletzung weder in der Lage gewesen, sich umzudrehen, noch mit dem Angreifer zu rangeln. Nach den Feststellungen des Landgericht aber hat sich ein zweiter Schuss in einem Gerangel gelöst, wobei das Projektil in die Spiegeldecke eingeschlagen sein soll. Insoweit erhebt sich auch die Frage, ob diese Feststellungen bei der Annahme eines bloßen Entlanggleitens des Opfers an dem Beschwerdeführer überhaupt noch haltbar sind. Auch hierzu finden sich in der Entscheidung des Oberlandesgericht keinerlei Ausführungen.

„So wird das nie was", ruft der Watzler, „wenn alle alles absichtlich nicht verstehen! Dabei muss man doch bloß gut zuhören und gut ablesen. Die sprechen doch alle deutsch. Wissen Sie, die im Gericht drehen die Wahrheit herum, und heraus kommt etwas ganz anderes. Das Gegenteil kommt da heraus."

„Was ist denn das Problem?", frage ich höflich.

Ja, was das Problem sei? Also, die einen sagen, es ist so, die anderen wiederum, es ist so, und dabei muss nur mal einer die richtige Seite aus der Urteilsbegründung vorlesen, und alles wäre klar!

„Schreiben Sie auf", sagt der Watzler, „hier, Dingsdabegründung vom Bundesverfassungsbericht, Seite 19, hier, lesen Sie! Das soll er sich mal zuführen, der Benecke, da steht es schon ganz von selber alles selbst drin!"

Er beugt sich über den Tisch und sieht zu, wie ich es aufschreibe, wie er gesagt hat.

Das Benecke-Universum

Es ist gerade unter Berücksichtigung der zitierten Ausführungen des Rechtsmediziners Dr. Müller nicht auszuschließen, dass die Annahme einer fehlenden Drehbewegung des Körpers und ein nichtsdestoweniger unterstelltes
Hinabgleiten des Opfers an dem Beschwerdeführer (Watzler) mit der vor-
gefundenen Lage des toten Körpers am Boden nicht in Einklang zu bringen
sind.

„Hier steht es nämlich", schreit der Watzler, „das kann so gar nicht sein, wie
sie behaupten, dass ich dem in den Rücken geschossen habe, hier steht es
doch sogar!"

Ich verspreche, es dem Herrn Benecke auszurichten.

„Ich verstehe wenig davon", sage ich höflich, nachdem ich mir das notiert
habe. „Ich habe mir die Akte gar nicht angekuckt. Um was geht es denn?"

„Ja", sagt der Watzler und lacht laut, „das ist eine lange Geschichte, wissen Sie, deswegen streiten die sich auch so herum."

Und der Watzler verkündet: „Es ist mir nämlich immer zu gut gegangen,
und die Polizisten konnten mich deshalb nicht leiden. Ich bin im Auto
gefahren und hatte ein gutes Leben, ich habe ihnen eine lange Nase gedreht. Die hatten mich immer auf dem Kieker, konnten mir aber nichts
nachweisen. Ich hab nichts Schlimmes gemacht, natürlich."

„Ja, und dann?"

„Ich bin hier, weil ich zwei Leute erschossen hab", sagt der Watzler,
„aber das drehen die jetzt so hin, dass das Mord ist, weil die Leute natürlich Vorurteile gegen mich haben."

Der Punkt ist, begreife ich sofort, gemordet hat er natürlich nicht.
Höchstens ein bisschen totgeschlagen.

„Und was waren das denn für zwei?", frage ich. Ich weiß ja nichts.

Der Watzler ruft: „Ach, Sie wissen ja gar nichts, Notwehr war das! Und
in anderen Ländern bekommt man dafür einen Orden!"

Das leuchtet natürlich ein.

„Wen haben Sie denn totgeschlagen?", frage ich.

Die Familie ächzt ein wenig.

„Die sind in meinem Laden gekommen, und sehen Sie her", sagt der Watzler, „ich zeig Ihnen das mal."

Zuerst packt er ein paar Fußballer aus. Die Fußballer rennen oder stehen oder knien oder liegen auf dem Bauch oder auf dem Rücken. Der Watzler hat sie sich aus der Zeitung ausgeschnitten, sorgfältig am Rand entlang. Daneben legt er ein paar Schriftstücke, Zeitungsartikel, Briefe. Fotos.

„Sie können solche Bilder sehen?"

„Ja", sage ich.

Bilder von Leichen, die verfaulen, mit Maden im Kopf.

Er zeigt mir ein Foto.

„Der da, das war ein Kickboxer."

Der Kickboxer liegt auf dem Rücken, und er ist sehr dick. Er hat drei Löcher, im Bauch, in der Brust. In einer riesigen Hand hält er eine winzige, niedliche Pistole, vielleicht auch einen Revolver, ich kenne den Unterschied nicht. Der Zeigefinger am Abzug.

Ich denke mir, dass es schwierig sein muss, mit so einer kleinen Pistole oder Revolver für so einen großen Mann. Dass der dicke Mann vor Rührung eigentlich immer in Tränen ausbrechen müsste, beim Anblick dieser Puppenknarre in seiner Kickboxerpranke.

„Und der da, den haben sie Tattoo genannt", sagt der Watzler, und zeigt auf ein anderes Bild.

„Wegen seiner Tätowierungen. Der war ein Kanadier, den haben alle gekannt."

Gegenstand des Gesprächs war der geplante Verkauf eines Pitbullterriers. Der Zeuge Kahl hatte einige Tage zuvor per Telefax aus Kanada die abschließende Nachricht erhalten, dass der am 2. Juli 1952 geborene kanadische Staatsangehörige Richard Jackson am Freitag, 14. Juni 1996, um 7.10 Uhr von Toronto kommend mit einem Pitbullterrier per Flugzeug am Flughafen Frankfurt/Main eintreffen würde. Jackson, der wegen der an seinem gesamten Oberkörper und den Armen angebrachten Tätowierungen in den internationalen Kreisen der Kampfhundezüchter nur „Tattoo" genannt wird, galt als einer der bekanntesten Vertreter seiner Zunft. Jackson war 1,65 Meter groß, 75 Kilogramm schwer und von kräftigem Körperbau.

Tattoo ist also auch schon lange tot.

„Hier siehst du sein T-Shirt", sagt der Watzler und zeigt mir das Foto der Polizei, auf dem Tattoos T-Shirt einzeln abgebildet war. **Hells Angels** stand darauf. „Der war bei den **Hells Angels** von Montréal", sagt Watzler.

„Und die kamen herein und dann haben Sie die erschossen?", frag ich.

„Ja. Die kamen in meinem Laden, und da hab ich Panik bekommen. Kann man sich ja denken", sagt er, „so wie die aussahen."

„Kann ich verstehen", versichere ich.

„So", erzählt der Watzler, „geht die Geschichte von Anfang an. Ich habe vor einigen Jahren mal eine Dings, eine äh, Bauchspeicheldrüsenentzündung gehabt, da bin ich fast krepiert, und kam ins Krankenhaus, nicht, Verena, du weißt das noch, ganz dünn bin ich da gewesen, stimmts?"

„Ganz dünn", bestätigen Verena und die Mutter.

„Und den Horst, den Holländer, den hab ich über die Hunde gekannt. Den hatte ich als Türhüter eingestellt, einige Monate zuvor."

Der Angeklagte und die Zeugin Klagweiler kannten Horst Schmidt seit etwa drei oder vier Jahren. Den Angeklagten und Schmidt verband das gemeinsame Interesse an Kampfhunden und Kickboxen. Sie hatten in der Vergangenheit auch zusammen entsprechende Veranstaltungen besucht. Schmidt, der 1,92 Meter groß und zuletzt 120 Kilogramm schwer war, war früher selbst als Kickboxer aktiv gewesen, trainierte aber schon lange nicht mehr und hatte deshalb in der letzten Zeit erheblich an Gewicht zugelegt.

„Dann war ich so lange im Krankenhaus, dass der Horst dachte, also hoffte, während der Zeit, dass ich da nicht mehr zurückkomme. Und der hat sich schön an meine Frau herangemacht, an die Karla. Und die Karla hat sich auch nicht gewehrt, und da dachte er, dem gehört der Laden auch schon." Der Watzler macht eine Handbewegung, die anzeigt, dass man sich etwas unter den Nagel reißt, aus einer fremden Tasche zieht in vollgestopfter U-Bahn, so eine drehende Bewegung der Hand nach innen.

„Da hat sich der Horst so aufgeführt wie der Ladenbesitzer. Also, ob da was war oder nicht, zwischen der Karla und dem Horst, das weiß ich bis heute nicht. Die Karla ist sowieso komisch, kannste vergessen. Deren Mutter haben sie darum ja auch dann ins Jeckenhaus gesteckt. Die Karla also."

„Also der Horst", sage ich.

„Der Horst, also, hat sich allerhand Gedanken gemacht, was man aus dem Lokal alles machen kann. Stangen wollte der, und Table-Dancing, und den Mädchen hat er Drogen mitgebracht, lauter solche Sachen."

„Stangen!", ruft Verena mit aufgerissenen Augen. „Dabei wäre das gar nicht gegangen! Hätte man ja eine Extra-Lizenz gebraucht."

„Stangen", murmelt die Mutter kopfschüttelnd, „so eine verrückte Idee".

Er entwickelte Ideen (z.B. Go-Go-Stangen oder Tabledancing), wie man den Betrieb für die Gäste noch attraktiver gestalten könnte; der Angeklagte ging hierauf jedoch nicht ein.

„Dann bin ich aber wieder aus dem Krankenhaus gekommen", erzählt der Watzler weiter. „Das haben die nicht gedacht, aber ich war halt wieder gesund und zu Hause. Da habe ich dem Horst gesagt, du pass auf, ich will nicht, dass du aus meinem Laden hier so einen Amsterdamer Tingel-Tangel-Klub machst. Da hat der Hausverbot bekommen. Schriftlich. Schriftlich hat der Horst von mir Hausverbot bekommen.

Also, er ist wieder zurück nach Holland und ich hab den Laden weiter gemacht.

Und dann war einmal die Karla verschwunden, die war aber schon öfter verschwunden, sie ist immer auf so Schönheitsfarmen gefahren, ich denke mir nichts und mache mein Ding, und dann ruft mich eines Tages die Karla an und sagt, ey hör mal, ich bin in Amsterdam, beim Horst!

Beim Horst, sagt sie, ist sie."

Der Watzler kuckt wild um sich.

„Willste nicht mal wieder zurückkommen, habe ich gesagt. Weil, die war ja mit ihren ganzen Sachen beim Horst.

Ja, sagt sie, sie wolle darüber mal nachdenken, und ich hab gesagt, ja, denk darüber mal nach.

Und dann hat sie mir einen Treffpunkt vorgeschlagen, im Marriott-Hotel in Amsterdam. Das Marriott-Hotel ist ja die absolute Gangsterabsteige. Alle Gangster treffen sich da, die ganze Unterwelt ist versammelt. Alle Größen. Ich frag mich also, was trifft die Karla sich da mit mir, was hat die mit der Organisierten Kriminalität zu tun?

Ich bin also dann hingefahren, hab mir vorher meine Knarre eingesteckt, hier."

Er zeigt mir, wo er die Knarre hinten in seine Hose gesteckt hat.

„Ich habe mich hingesetzt, habe mich also immer mit dem Blick zur Tür gesetzt und gewartet und geguckt. So habe ich gesessen und die Türe im Blick gehabt."

Er macht uns vor, wie er gesessen hat, mit dem Rücken zur Wand, und die Tür im Blick gehabt hat.

„Und dann kam die Karla rein. Die kam aber nicht allein, sondern mit dem Horst."

Zu dem Treffen am darauffolgenden Sonntag in dem Hotel erschien die Zeugin Klagweiler in Begleitung des Horst Schmidt. Als sie den Angeklagten mit Kuss und Umarmung begrüßte, reagierte Schmidt, der ersichtlich immer noch hoffte, die Zeugin Klagweiler für sich gewinnen zu können, unwirsch, eifersüchtig und gekränkt und sagte, sie solle es „kurz machen". Dem Angeklagten und der Zeugin Klagweiler, die sich unter vier Augen unterhalten wollten, gelang es aber doch, Schmidt zu bewegen, sie alleine zu lassen.

„Ich hab sie halt dann gefragt, die Karla, was sie den jetzt will", sagt der Watzler.

„Ist mir inzwischen auch fast schon egal gewesen, bei dem verrückten Huhn."

Die Zeugin Klagweiler hatte inzwischen Gelegenheit gehabt, die Lebensweise des Horst Schmidt näher kennen zu lernen; hierbei hatte sie festgestellt, dass er ihr keineswegs die Ruhe und den Abstand zu einschlägigen Kreisen bieten konnte, die sie erwartet oder sich zumindest erhofft hatte.

„Ich weiß auch nicht, was mit der los war. Die hat einerseits gesagt, dass sie mich liebt, andererseits gar nicht gemerkt, was für eine Riesenscheiße sie da anrichtet. Stimmt's, Mutter?", fragt der Watzler seine Mutter.

Die Mutter wiegt den Kopf.

„Wieso", frage ich, „was war denn mit der Karla?"

„Ach, was mit der war", sagt der Watzler, „ich weiß auch nicht. Die war schon so ein bisschen schizophren, aber auch ganz naiv. Ich weiß gar nicht, ob sie sich bewusst war, was sie da tut. Ich meine, der Horst, der war da in Amsterdam angesehen, vor dem hatten alle Angst. Überall hat der umsonst Essen bekommen, das war für die Karla natürlich schon toll. Bei mir hatte sie den Luxus ja nicht. Bloß den Laden, den Hund, das Auto, die Sachen.

Oder Mutter, was meinst du?", fragt der Watzler. „Die Karla, die hat doch einen Schaden?"

„Sie hat eine sehr nette Karte geschickt", sagt die Mutter, „zu Ostern".

Das Argument steht ein bisschen im Raum.

„Naja, egal", fährt der Watzler dann fort.

„Wir sind dann essen gegangen und waren in Amsterdam unterwegs. Am Schluss hat dann die Karla plötzlich gesagt, also gut, ich fahre mit dir zurück. Sie wollte halt noch ihre Sachen und ihren kleinen Hund, den Joey, holen, die waren noch bei dem Horst. Also sind wir da hingefahren, und der Horst war natürlich gar nicht glücklich damit."

dann, nachdem dieser ebenfalls zu Bett gegangen war, alleine Videoauf-
zeichnungen von Hundekämpfen und Cagefights ansah.

„Am nächsten Morgen sind wir dann nach dem Frühstück endlich weggefahren, davor sagte sie noch, sie wolle doch dableiben. Da habe ich aber
gesagt, Karla, mir reicht's jetzt endgültig. Du setzt dich in deinen Wagen
und wir fahren zurück nach G.

Hat sich die Karla also in ihren BMW gesetzt", sagt der Watzler, „ich in
dem Mercedes.

Dann seh ich, dass in seinem Porsche, dass der Horst in seinem Porsche,
der eigentlich auch mir gehört, aber er dachte irgendwie, das sei jetzt
seiner, der Horst hat uns jedenfalls verfolgt. Und wie der auf der Auto-
bahn neben mir herfährt, sehe ich, wie er mir mit seiner Waffe droht. Das
habe ich in dem Moment gesehen. Das glaubt mir keiner. Wie soll ich das
auch nachweisen? Aber es ist so gewesen, er hat mit der Waffe gedroht,
und dann stand da zufällig ein Polizeiauto, da bin ich rangefahren. Da erst
ist der weg.

Für den war das natürlich blöd, jetzt hat er sie schon gehabt, die Karla,
und dann war sie wieder weg. Das hätte ich dem gleich sagen können,
dass auf die Karla kein Verlass ist.

Und dann, einen Monat später, kamen die zu fünft in die Bar, das ist
doch klar, dass ich mich da bedroht fühle."

Wir sehen wieder die Bilder an.

„Was hat sie denn geschrieben, die Karla?", fragt der Watzler seine Mutter.

„Nichts, nur frohe Ostern, und Glückwünsche."

Der Watzler zeigt auf den toten Horst. „Der Revolver hier, sehen Sie,
den er da in der Hand hat? Der gehörte eigentlich meiner Frau."

Ich wundere mich, dass man so etwas offensichtliches wie diesen Revolver in der Riesenhand des Gangsters übersehen kann.

Der Watzler sagt traurig: „Die behaupten sogar, ich hätte dem den
Revolver da in die Hand gesteckt. Damit es so aussieht, als ob er mich bedrohen wollte. Das behaupten die.

Dass das der Karla ihr Revolver war, das weiß ich. Ist doch logisch. Eine Gangsterbraut braucht auch einen kleinen Revolver. Einen Hund, ein Auto und eine Knarre in der Handtasche.

Das war so: Der wankelmütigen Karla ist nämlich eingefallen, dass sie noch ihre ganzen Sachen bei dem Horst hat. Den Schmuck und so weiter. Sie hatte zwar das Auto und den Joey, den kleinen Hund, mitgenommen, aber nicht ihren Schmuck, die Kleidung. Deshalb wollte sie sich noch Mal mit dem Horst treffen.

Da habe ich die Christine, eine Freundin, mitgeschickt", sagt Watzler, „weil ich nicht wollte, dass die sich alleine treffen. Die Karla ist alleine mit dem Horst auf einen Parkplatz gefahren, und der Horst hat gesagt, dein Zeug ist leider geklaut worden, bei mir wurde eingebrochen. Und die gute Karla traf die völlig irrationale Entscheidung, nun doch wieder mit zu Horst zu fahren.

Die Christine ist also alleine zurückgekommen, sie hat mir aber erzählt, dass die Karla ihr den Revolver gezeigt hätte und gesagt, dass sie den dem Horst gibt. Daher hatte sie den."

Ich frage: „Und dann?"

„Und dann war das so: die kamen rein, und der Horst ging gleich in den inneren Thekenbereich, also sie müssen sich vorstellen, da ist die Theke und da steht die Verena.

Da ist der sofort hingegangen und hat sie umarmt und ihr Küsschen gegeben. Klar, dass ich mir da Sorgen mache!"

Der Angeklagte sah die Gefahr, mit der Zeugin Klagweiler, die ja – und nicht er selbst – (Mit-)Eigentümerin des Etablissements war, zugleich die wirtschaftliche Basis für die Aufrechterhaltung seines gehobenen Lebensstils zu verlieren. In dieser Situation entschloss sich der Angeklagte spontan, Schmidt zu töten.

„Passen Sie auf!", ruft der Watzler, und springt von seinem Stuhl hoch, so dass ich erschrecke, aber es ist gar nichts.

„Das muss man sehen", schreit er, „das kann man sich nicht vorstellen.

Das Benecke-Universum

Verena, komm mal", ruft er, und zieht Verena vom Sitz hoch. „Sie war nämlich dabei", erklärt er und hält sie an der Schulter, dass ich sie sehen kann. Er sagt, dass sie Zeugin ist, obwohl das schon alle wissen. „Sie ist eine Augenzeugin, trotzdem glaubt ihr keiner! So sind sie, vor Gericht."

„Sie lügen schlecht und weinen an den falschen Stellen. Ich überlege, ob ich Sie hier verhaften lassen soll", hielt [der Oberstaatsanwalt] der 27-Jährigen vor, die gestern als Zeugin vernommen wurde.

Dann spielt der Watzler mit seiner marokkanischen Freundin vor, wie es gewesen ist.

Er spielt abwechselnd sich selbst und das Opfer, seine marokkanische Verlobte abwechselnd Watzler und sich selbst.

„Also", erklärt er, „der Horst kam so auf Verena zu und hat sie umarmt. Sie müssen sich vorstellen, der hatte Hausverbot, und er ist in den inneren Thekenbereich gekommen und hat dann auch noch die Verena gleich umarmt.

Wie kommt der dazu?"

Dann nahm er [Watzler] einen fünfschüssigen, mit linksdrehender Trommel ausgestatteten Revolver der Marke **Smith & Wesson**, Modell Airweight, Kaliber 38 Spezial, in die rechte Hand. (…) Der Angeklagte trat, den Revolver mit dem Finger am Abzug in der rechten Hand haltend, aus der Küche durch den Durchgang in den eigentlichen Barraum, und ging die wenigen Schritte weiter über die zehn Zentimeter hohe Stufe in den inneren Thekenbereich von hinten auf Schmidt zu, der immer noch mit der Zeugin Oudray sprach, wobei er ihr zugewandt war; dem Angeklagten, dessen Kommen er nicht bemerkte, hatte er den Rücken zugekehrt. (…)

„Und vor Gericht haben die gesagt, dass ich aus der Küche heraus, dass aus dem Vorhang der da hing, dass da mein Arm sich herausgestreckt hätte, wie im Krimi, wie bei Agatha Christie!

Er hat die Verena umarmt, ich habe ihn von hinten gesehen, und habe mir gedacht, naja, wer weiß, und vorsichtshalber mal meine Knarre in die Hose gesteckt, da."

Der Watzler zeigt mir, wo er seine Knarre in die Hose gesteckt hat.

„Und er sieht mich, so, sehen Sie. Und der Horst zieht seinen Revolver aus seiner Hose raus, und ich ziehe gleichzeitig meine Knarre hier aus meiner Hose raus, wir ziehen also gleichzeitig unsere Knarren – und dann – peng!

Habe ich schon geschossen. Dem in den Bauch."

Als der Angeklagte sich nur noch etwa knapp einen halben Meter hinter Schmidt befand, hob er seinen ausgestreckten, leicht nach unten angewinkelten rechten Arm, setzte den in der rechten Hand gehaltenen Revolver in einer Höhe von 1,24 Meter vom Fußsohlenrand Schmidts aus gemessen mittig im Bereich der Wirbelsäule auf das orangefarbene T-Shirt des unbewegten Schmidt auf und betätigte zugleich in Tötungsabsicht den Abzugshahn. Hierbei nutzte er bewusst den Umstand aus, dass Schmidt sich keinen Angriffs versah und infolge des Überraschungsmoments auch keinerlei Abwehrmöglichkeiten mehr hatte.

„Ich hab dem in den Bauch geschossen", ruft der Watzler, „weil der hatte ja eine Knarre in der Hand und hat mich bedroht! Und ich habe in der Bewegung geschossen, ich weiß gar nicht mehr wie, das ging alles so schnell, peng, peng, bumm, bumm!"

Die Verena spielt jetzt den Watzler, und der Watzler spielt den Horst, und sie rangeln ein bisschen, damit ich kapiere, wie das alles gewesen ist.

Das durch die Betätigung des Abzugshahns ausgelöste Winchester-Geschoss bewirkte einen Trümmerbruch des zweiten Lendenwirbelfortsatzes, eröffnete dem Wirbelkanal mit Verletzung der harten Rückenmarkshaut und blieb neben dem zertrümmerten seitlichen Fortsatz des Lendenwirbels im Rücken Schmidts stecken. Um die Einschussstelle herum bildete sich eine für einen aufgesetzten Schuss typische Stanzmarke ab, die – entsprechend dem Profil des Revolverlaufes – aus zwei ringförmigen Hautdefekten bestand. Durch das Knallgeräusch werden nun auch weitere Besucher der Bar auf das Geschehen aufmerksam.

„Die Schussreihenfolge war auf jeden Fall beim Horst: Bauch, Arm, Rücken. Und nicht Rücken, Bauch, Arm, wie die das sagen. Verstehen Sie? Weil, Rücken, das bedeutet Heimtücke, und Heimtücke ist Mord, bei denen. Deshalb sitze ich noch.

Der Punkt ist, dass sich der Horst mit einer Kugel im Rückenmark, wie die hier schreiben, gar nicht mehr umdrehen hätte können! Da kann man gar nichts mehr machen."

Der von dem Angriff völlig überraschte Schmidt, der durch die Schusswirkung in seiner Mobilität sofort erheblich eingeschränkt war, drehte sich torkelnd zu dem Angeklagten hin und machte, an ihm herab zu Boden gleitend, den hilflosen Versuch einer Abwehrbewegung; hierbei kam es zu intensiveren Körperkontakten und möglicherweise auch zu einem Kontakt mit dem **Smith & Wesson**-Revolver zwischen Schmidt, der sich dabei zwei kleine blutende Platzwunden im Bereich der linken Augenbraue zuzog, und dem Angeklagten, die auch die gegenseitige Übertragung von Mikrofasern der von beiden getragenen Kleidungsstücke zur Folge hatte.

Der Watzler zeigt mir alles noch einmal mit den aus der Zeitung ausgeschnittenen Fußballern, die auf dem Rücken oder auf dem Bauch stehen, knien oder liegen. Zur Veranschaulichung schiebt er die auf den Bildern aus der Akte hin und her.

„Sehen Sie die Platzwunde? Die hatte der schon vorher. Und die sagen, die hätte ich dem beigebracht."

Der Watzler zieht das Bild eines Boxers mit einer blutenden Wunde über dem Auge hervor. Er hat den Kopf des Boxers sorgfältig ausgeschnitten. „Sehen Sie, das läuft doch runter, wenn das frisch ist. Aber hier ist nirgends Blut, sehen Sie, beim Horst. Und hier, das ist eine Ablage, auf die hat der Horst das Blut draufgehustet." Der Watzler beschreibt mit der Hand die Bewegung des Blutes, wenn es ausgehustet wird. Von dem Lungenschuss.

Ich verstehe inzwischen recht wenig. Nur, dass man nach vorne fällt, wenn man in den Rücken geschossen wird, weil so eine Stoßkraft in dem Projektil steckt. Und wenn man auf den Bauch fällt, kann einem keiner mehr zusätzliche Löcher in den Bauch schießen, das ist auch klar.

In diesem Gerangel löste sich aus dem Revolver des Angeklagten ein zweiter Schuss, dessen Federal-Geschoss unkontrolliert in das Spiegelglas über dem inneren Thekenbereich einschlug; Glassplitter fielen sowohl auf den Boden im inneren Thekenbereich als auch auf die Ablage vor der hinteren Spiegelwand. Unmittelbar danach gab der Angeklagte hinter der Theke auf den zusammenbrechenden Schmidt in fortbestehender Tötungsabsicht aus einer Entfernung von jeweils 20 bis 30 Zentimetern zwei weitere Schüsse in dessen Bauch und Oberarm ab. (…) Im Zuge des gesamten Geschehens waren einige Blutstropfen von Schmidt auf die Anlage vor der hinteren Spiegelglaswand gelangt, deren genaue Herkunft in der Hauptverhandlung im einzelnen nicht geklärt werden konnte.

„Und hier, da hat er das Blut draufgehustet. Erst die Splitter, dann das Blut. Der Horst hat also noch gestanden, als der Schuss in den Spiegel fiel, sonst könnte da kein Blut sein."

Ich nicke. „Was ist mit dem anderen", frage ich, „der andere Mann, der von den **Hells Angels** von Montréal?"

„Ja der", der Watzler zuckt mit den Schultern, „der hätte halt nicht jetzt auf mich zu rennen sollen. Der rennt auf mich zu und hat irgendwas in der Hand. Vielleicht eine Sonnenbrille. Und dann hab ich ihn halt erschossen."

Unmittelbar nach der letzten Schussabgabe auf Schmidt trat der Angeklagte einige Schritte zurück in den Bereich vor dem Durchgang zur Küche, drehte sich in Richtung des Eingangs und feuerte aus einer Entfernung von weniger als 50 Zentimetern einen weiteren Schuss mit dem Revolver auf den Oberkörper des ihm in diesem Moment mit seiner rechten Körperseite zugewandten Jackson ab, wobei er damit rechnete, dass Powell tödlich getroffen werden könnte, was ihm aber gleichgültig war. In der Hauptverhandlung hat nicht mit der nötigen Sicherheit ausgeschlossen werden können, dass Jackson unmittelbar vor der Schussabgabe eine Bewegung auf den Angeklagten hin gemacht und dass der Angeklagte mithin auf ihn geschossen hat, um zu verhindern, dass er von Jackson überwältigt wurde.

„Um die war es nicht schade", sagt der Watzler. „Die waren nicht so nett. Das waren fiese Burschen", sagt er, als müsse er mich trösten.

Benecke sagt, dass der Watzler die ganze Zeit seine Geschäft am Laufen habe, während er im Knast sitzt und ein Comeback plant.

Und G. fürchtet sich auch schon vor Watzlers Rückkehr, lese ich in dem Pressespiegel zu dem Fall.

„Was schreiben Sie denn jetzt?", fragt mich der Watzler und schielt auf mein Papier.

„Naja", sage ich, „dass Sie kleine Fußballer ausschneiden, zum Beispiel, und damit das Geschehen rekonstruieren."

„Ja, ich habe nichts anderes!", schreit er. „Was meinen Sie denn? Wenn ich einen Computer hätte, würde ich hier auch tolle Animationen machen und Dingens!"

Jetzt lacht er.

„Kommen Sie mal wieder", sagt der Watzler zu mir.

„Die Zeit war viel zu kurz, ich konnte Ihnen gar nicht alles erzählen. Sie scheinen das auch besser zu kapieren als die alten Gutachter."

Ich nicke, weil ich so gut kapiere.

Verena bekommt einen knallenden Kuss auf den Mund, dann gehen wir nach draußen, Gittertüren auf, Gittertüren zu.

„Es ist schon ein Trauerspiel", sagt die Mutter.

Sie meint damit die Tatsache, dass der Watzler schon so lange im Gefängnis sitzt. „Es sind wohl an die dutzend Jahre", sagt sie.

Man rechnet das nämlich in Zehnern ab.

Eigentlich nicht so schlimm, alle sind recht gelassen und spazieren zum Eingang hinauf.

„Aber heute ist so ein schöner Tag, so warm und so sonnig, man sollte in einem Straßencafé sitzen und was Leckeres schlürfen", sagt die marokkanische Verlobte.

Sie fahren mich noch zum Bahnhof, in einem riesigen, schwarzen Auto, ich steige an einer Ampel aus und winke zum Abschied.

Ich denke: Da fahren sie, mit ihren Leben, in denen es um Revolver geht, um Kassiber und Dinge, die mir keiner sagt.

Aus der Welt des Kriminalbiologen: Teil 2 – Laura M. ist eine Hexe

Urnen sind nicht alle gleich. Sie sind verschieden wie die Menschen. Die Asche darin ist nämlich manchmal fein und gemahlen und manchmal grob und ungemahlen.

Wer es nicht weiß: Gemahlene Asche sieht aus wie grauer Sand. Ungemahlene Asche sieht aus wie grauer Sand, in dem Knochenstückchen liegen. Das ist dann ein bisschen besser, wenn man aus einer Urne etwas herauslesen möchte, weil Knochenstückchen einem mehr erzählen können.

Das Lesen aus einer Urnenasche insgesamt hat etwa den Charakter des Lesens von Kaffeesatz, der Deutung von Vogelzügen oder ähnlichem.

Man kann weiterhin auch unterscheiden zwischen Urnen, die jeweils nur eine einzige verbrannte Leiche enthalten, und Urnen mit vermischter Asche. Der Inhalt einer solchen Urne sieht genauso aus wie der Inhalt einer Urne der ersten Kategorie, grauer Sand mit oder ohne Knochenstückchen, es ist aber eben nicht der Überrest eines einzigen geliebten kompletten Menschen, sondern es sind Teile der Überreste von gleich acht geliebten Menschen.

Eine Aschemischung also. Was empörend ist, wie Frau H. und ihre Cousine finden, vor allem, wenn auf der Urne drauf steht, dass nur der Herr H. drin ist, er allein.

„Die stecken nämlich alle unter einer Decke", spricht die Cousine laut und etwas heiser. Ich sage ihnen, dass das so sei in bayerischen kleinen Dörfern, da stecken alle unter einer Decke. Die Cousine steht, wenn sie redet, laut, heiser und groß im Raum: „Und soviel Fleischeslust in dieser Region!"
Ihre Frisur wippt.
Frau H. selbst fühlt sich kraftlos, wirklich. Und von allem, sagt sie, habe sie nämlich gar nichts gewusst. „Und Laura M., das sage ich Ihnen, das ist wirklich eine Hexe!"

Hexen leben also in kleinen bayrischen Dörfern, sie haben ein Holzbein, ein Kaninchen, ein Hexenhäuschen und dreizehn Brüder und Schwestern, die auch in der Gegend wohnen und manchmal wilde Grillfeste feiern, wobei eine Bannmeile um den Garten gezogen wird, so dass keiner herausbekommt, was hinter dem Rhododendron in Wirklichkeit vor sich geht.

„Wir sind ja mit dem Auto hingefahren, besser gesagt ich", sagt die Cousine, „ich bin gefahren".
Und Frau H. sagt: „In dem Haus stecken meine Möbel und Bilder, die mir gehören, meine Bilder, wir sind nur zum Gucken hingefahren, ob man irgendetwas sieht. Irgendeinen offensichtlichen Beweis, dass die Laura M. eine Hexe ist, eine meuchelnde Hexe. Sie ist eine Hexe."
Da sind nämlich alle herausgekommen, alle dreizehn Brüder und Schwestern von der Grillparty, sie haben sich um das Auto, darinnen die Frau H. und ihre Cousine, herum gestellt und hinein geguckt. Von ganz von nahem.
Also, gib Gas, hat die Frau H. ihrer Cousine gesagt, mach, dass wir da wegkommen!
„Und jetzt", sagt die Frau H., „dürfen wir uns dem Haus, meinem Haus, das jetzt ein Hexenhaus ist, in dem meine Möbel stehen und meine Bilder,

nicht mehr nähern. Besser gesagt ich. Ich darf mich nicht mehr nähern. Einmal habe ich es noch getan, um das Klingelschild zu lesen, ob da H. steht oder Laura M., Hexe.

Gleich verwarnt haben sie mich, wie eine Verbrecherin. Nur weil ich an mein Haus gehe, also Bannmeile." Und die Cousine ruft: „Wer bedroht hier wen, das ist doch die Frage!"

„Das Gesetz ist nicht immer gerecht, Recht bekommt nicht, wer recht hat, Recht bekommt, wer am lautesten schreit", sagt Benecke.

„Aber das mit der Bannmeile", sagt Frau H., „das ist doch Quatsch."

„Aber da müssen Sie sich dran halten", sagt Benecke.

„Aber das ist doch meins", sagt Frau H., „mein Haus, meine Möbel, meine Millionen! Da darf ich hingehen, wann ich will!"

„Nein", sagt Benecke, „wenn Sie das nicht dürfen, dürfen Sie nicht einfach hingehen und die Frau bedrohen".

„Um die ist es nicht schade", sagt Frau H.

In der Mitte des Tisches steht die Urne – ein graues Tönnchen aus Plastik.

Auf die Urne gucken gerade alle drauf, während des Gesprächs. Die Urne ist der Mittelpunkt. Alle sitzen beim Reden am Tisch, um die Urne herum, und sprechen zu der Urne hin.

In der Urne steckt Herr H., und Frau H. möchte wissen, was noch drinnen steckt in der Urne, außer Herrn H. Und was überhaupt hinter all dem steckt. Das gilt es herauszufinden.

Was darin steckt?

„Eine Kugel", schlägt Benecke vor, „vielleicht ja wirklich eine Kugel, das wäre doch ideal, die Kugel, die uns entgegen fällt, wenn wir die Urne öffnen. Besser gesagt mir, ich öffne ja die Urne."

Frau H. und ihre Cousine nicken ernst. Ja, freilich, schon allein aus diesem Grund lohnt es sich sehr, die Urne zu öffnen, den Kriminalbiologen zu besuchen. Und die ganze Aufregung. Weil, vielleicht fällt ja eine Kugel heraus, aus der Urne.

„Oder", fragt Frau H., „oder dass es vielleicht gar nicht mein Mann ist, zu dem die Asche gehört." Ob das möglich sei, das herauszufinden? Ob es vielleicht eine ganz andere Asche von einem anderen Ehemann sei?

Oder, fragt ihre Cousine, lauter, ob die Urne vielleicht gar leer sei?

Frau H. und ihre Cousine quieken.

„Stellen Sie sich vor, wir sind den ganzen Weg gefahren mit der leeren Urne, besser gesagt, ich, ich bin gefahren", sagt die Cousine, „und stellen Sie sich vor, da ist gar nichts drinnen!"

„Was soll schon noch passieren", sagt Frau H. zu ihrer Cousine und auch zu der ganzen Runde, die hier so adventlich beisammen sitzt, dabei die Urne anguckt, „was soll da schon passieren, bei dem was uns jetzt schon alles passiert ist", sagt sie, „in den letzten Monaten. Besser gesagt, mir. Man kann doch sicher da DNA herausholen aus der Asche, kann man doch, oder?"

Benecke faltet feierlich einen Bogen Packpapier auf dem langen Tisch aus und Frau H. verkündet, dass ihr jetzt eventuell schlecht wird, wenn man ihren Mann nun auf dem Tisch ausschütte.

„Warum denn das", fragt Benecke.

Da lässt sie es bleiben.

Dann schüttet Benecke die Asche aus der Urne auf das Packpapier, alle schauen zu und sind still.

Als erstes erfahren wir, dass tatsächlich bloß Herr H. in der Urne drinnen ist.

Das ist gut, weil alle einfach sitzen bleiben können und nicht aufstehen und sofort alle Hoffnung begraben müssen. Also, wir nehmen an, dass es der Herr H. ist, weil es drauf steht.

Es fällt ein Stein heraus. Man seufzt schwer. Der sogenannte Schamott stein, also ein feuerfester Stein.

Die Asche ist sehr hell, wie grauer Sand, gemahlen. Es macht Freude, sie anzugucken.

Weil der Herr H. sehr dick gewesen ist, ist das eine Menge Asche.

Benecke streicht mit einem Esslöffel die Asche auf dem Packpapier aus. Hin und her, längs, quer, wieder längs.

Hell, dunkel, hell, Asche.

In der Zwischenzeit wird den Damen Kaffee gereicht. Für Zucker und zum Umrühren sind nur Esslöffel da, und die mögen sie nicht benutzen, weil damit hier scheinbar immer die Asche verstrichen wird.

„Und ob Gift vielleicht", fragt Frau H., die ihren Kaffee schwarz trinkt, „ob man vielleicht Gift nachweisen kann?" Weil Laura M. doch eine Hexe ist. Natürlich meinen sie nicht wirklich Hexe, räumen Frau H. und ihre Cousine von Zeit zu Zeit ein.

Laura M. ist nicht wirklich eine Hexe, so wie Frau H. nicht wirklich eine keifende Ehefrau ist, wie die Polizisten behauptet haben, wie Frau H. sagt. Das wird alles immer völlig verzerrt dargestellt, von allen.

Immerhin aber pflegt Laura M. ein Glashaus mit Kräutern darin, und wo Kräuter in einem Glashaus sind, ist ein Giftcocktail nicht weit oder ein Kräutertee. Und außerdem hinkt die Laura M. (die Cousine führt vor, wie Laura M. hinkt), und sie hat diese verdächtig nach Hexengeschwistern aussehenden Brüder und Schwestern auf der Grillparty.

Auch weiß man, dass Laura M. alle Männer im Dorf verhext hat, denn in dem Dorf stecken alle, vom Pfarrer bis zum Bestatter, bis zu den Polizisten und dem Notarzt, auch der Hausarzt, unter einer Decke mit ihr.

So ist das nämlich in so bayerischen Dörfern und mit der Fleischeslust dort.

Laura M. hext gerne Donnerstags. Sie hat ein altes, hexenhaftes Gefährt, keinen Besen, sondern ein Auto, räumt die Cousine ein, damit fährt sie Donnerstag abends in einen nahegelegenen Kurort, wo sie bei der Damenwahl während des Tanzes einst auch den alten Herrn H. vehexte, der war da um sich in der bayrischen Luft zu erholen, das Herz, der hohe Blutdruck, das mit dem Geld in der Schweiz und dann so etwas. So ging es ihm, und vor und nach ihm vielen anderen, die an Donnerstagen abends mit dem Wagen nichts ahnend während einer erholsamen Kur zum Tanz fahren.

„Diese drei Millionen in der Schweiz, von denen ich ja gar nichts wusste",
sagt Frau H. voller Vorwurf zu der Asche des Herrn H., längs, quer, längs,
kleine Dämme, ein Zengarten, ein großer Frieden, „stellen Sie sich vor, drei
Millionen und das weiß ich bis heute nicht!"

Stattdessen saß sie im Hotel und kümmerte sich ums Geschäft. Also,
kümmerte sich darum, dass das Geschäft am Laufen blieb. Schnippelte
Obst in der Küche. Bezog Betten. Small-Talk. Und von der ganzen Arbeit
ist ihr kein Pfennig geblieben! Nicht ein Pfennig!

„Eigentlich", sagt die Cousine, „würde ich gerne eine rauchen. Aber das
darf man hier wohl nicht."

Sie darf aber trotzdem, am offenen Fenster. Als Aschenbecher werden
hier die Tassen benutzt, aus denen auch Kaffee getrunken wird, und
Asche wird hier mit Löffeln verstrichen, mit denen man den Kaffee um-
rührt und sich Zucker nimmt.

Der Tod ist ja was natürliches. „Tote Tiere essen die meistens Menschen doch auch", sagt Benecke oft, der selbst Vegetarier ist.

„Da hab ich mich aufgeregt, sagt Frau H., ganz schwach war ich vor Aufregung, du weißt das, als wir das spitzgekriegt haben, dass die alle unter
einer Decke, also alle mit der Laura M. unter einer Decke stecken!

Und wir sind immer nur die keifende Ehefrau und ihre Cousine"

„Und da", sagt die Cousine und wird dabei immer erregter und auch
lauter, „haben wir es denen aber gesagt! Besser gesagt, ich. Dass die ja alle
unter einer Decke stecken." Sie steht am offenen Fenster dabei.

Frau H. sagt vom Ende des Tisches pssst, pssst und kichert ein bisschen
nervös. Es gilt, einen guten Eindruck zu hinterlassen.

Benecke sagt: „Lassen Sie ruhig, die aus der Holzhandlung sind das gewohnt. Die sind auch ganz anderes gewohnt."

Alle lacheln wohlerzogen

Alle trinken Kaffee.

„Ich bin nämlich so eine", erklärt die Cousine, „ich bin immer erst ganz
still und dann fang ich an zu schreien."

„Und jetzt", ergänzt Frau H., „jetzt ist sie gerade still."

Frau H.s Anklage ist abgewiesen worden. Die Anklage lief gegen Laura M., dass sie beim Tod vom Herrn H. nachgeholfen hätte oder zumindest ihn nicht verhindert, nicht Hilfe gerufen hat, als sie es hätte tun müssen.

Laura M. sei zwar eine Hexe, meint der Entscheid (natürlich meint er das nicht so: Hexe. Genaugenommen steht das nicht mal so drin, aber trotzdem, ja, Hexe, finden Frau H. und ihre Cousine), es müsse aber nicht sein, dass sie Herrn H. ermordet hat. Oder ihm nicht geholfen hat, in der Nacht in der er starb. Genau genommen findet man keine Hinweise darauf. Vielleicht ist er wirklich eines natürlichen Todes gestorben, wie es im Totenschein steht.

Herr H. ist am 19. Mai 2007, um 4.35 Uhr früh tot gefunden worden, steht in der Totenanzeige, Sterbezeitpunkt unklar. Als sicheres Todeszeichen werden Totenflecken angegeben. Aber auf den Bildern, sind da Flecken am Hals. „Können das wirklich nur Totenflecken sein? Sehen Sie genau hin! Könnten das nicht auch Würgemale sein?"

„Es sind Totenflecken", sagt ein Spezialist, der mit unter der gemeinen, bayerischen Decke steckt.

Auf den Bildern ist nicht zu sehen, dass er gewaltsam umgebracht worden ist.

Aber Laura M., die Hexe, ist dabei gewesen, als Herr H., mit Nummernkonto in der Schweiz, einem gut laufenden Hotel, gestorben ist. Die Hexe war also bei ihm in letzter Zeit und hat den günstigen Punkt abgewartet, man darf davon ausgehen, dass sie die Nummer des Nummernkontos hatte. Und wenn sie ihn nicht erdrosselt hat, so hat sie doch wohl zumindest gesehen, dass es ihm nicht gut geht und hat mitten in der Nacht den Hausarzt angerufen.

Also, von Beihilfe zum Tod kann keine Rede sein, steht da im Gerichtsentscheid, sie hat ja den Hausarzt angerufen, der auch mit unter der Decke steckt, es stecken alle unter der selben Decke.

„Also", sagt Benecke, den Aschelöffel ausklopfend, „da sind noch kleine Knochenstückchen drinnen, die kann ich raussortieren, wenn Sie möchten. Besser gesagt, meine Studenten können das machen. Die freuen sich, wenn sie etwas lernen können bei mir. Dafür bezahlen die schließlich Geld. Aber ob man da noch etwas herausfindet. Es ist wohl eigentlich etwas spät, mit der Asche zu kommen."

Die Leute kommen nämlich immer zu spät – wie beim Doktor, da rufen sie auch erst an, wenn man schon fast nichts mehr machen kann.

„Aber uns hat ja keiner gesagt, dass er tot ist, besser gesagt, mir!", sagt Frau H.

„Die Laura M. hat ihn ja gleich einäschern lassen, gleich hat sie ihn einäschern lassen! Und als er noch nicht eingeäschert worden war, da ist er ja nicht mal gekühlt gewesen, ungekühlt und uneingeäschert, das war denen ja auch peinlich.

Der Kaffee schmeckt übrigens großartig. Guter Kaffee. Danke für den Kaffee!"

Dass die Laura M. eine Hexe ist, das sei denen ja allen vielleicht gar nicht klar. Wir wollen den Bewohnern des bayerischen Dorfes, die da alle unter einer Decke stecken, nicht gleich zuviel unterstellen. Die sind ja alle Klienten bei der.

Aber was heißt Klienten, was soll man schon sagen? Das würden die nie so sagen, in so bayerischen Dörfern, dass die sozusagen offiziell zu ihr gehen. Auf jeden Fall gehen die alle zu der. Und der Herr H., der als gemahlene Asche nebst Schamottstein, auf Packpapier auf dem Tisch liegt und vom Benecke immer noch mit dem Esslöffel verstrichen wird, längs, quer, längs, wurde, als er mit dem Mercedes zur Kur war, eben auch bei der Damenwahl, Donnerstagabend, von der Frau M. verhext.

„Und vier mal fünfundzwanzig", sagt Frau H., „sind auch hundert". Das habe Herr H. ihr selbst sogar noch gesagt. So kommt man über die Runden, über die Woche. Und die Laura M. hat schon den Rock gehoben, wenn er noch auf der Treppe war, und er braucht lang für die Treppe, das Alter, der Kreislauf, das Gewicht. Und das, nachdem sie, Frau H., 23 Jahre lang im Glauben gelebt habe, sie seien glücklich verheiratet.

Es ist also einfach ungerecht, dass sei offensichtlich, selbst wenn es tatsächlich so gewesen sein soll, dass er ganz von selbst gestorben ist, der Herr H., soviel Geld, soviel Arbeit. Sie selbst betrogen und belogen, wo bleibt also die Gerechtigkeit, auf die wir alle warten, nach der wir uns alle sehnen, wie nach dem Meer?

„Gerechtigkeit", wirft Benecke ein, „ist doch nicht etwas, das aus sich selbst heraus geschieht."
„Aber Wahrheit, Wahrheit!", ruft Frau H. Benecke wiegt den Kopf. Dann spricht er seinen großen Spruch:
„Nichts", spricht er, „interessiert mich, außer der Wahrheit!"

Und Frau H. erzählt dankbar von ihrem Bekannten, einem einzigartigen Kriminalisten, einem Polizisten im Ruhestand, der sich aber nichts vormachen lässt.
Der wird da hinfahren. Ich fahre da hin, habe er zu ihr gesagt, ich sehe mir das an!
„Andererseits", sagt Frau H., „ich habe ihm gesagt: Heinz, wenn du dort hinfährst, dann verliere ich dich, dann verhext sie dich wie alle anderen!"
Dabei sieht sie so bestürzt in die Runde, dass wir sie alle trösten müssen.
„Naja", sagt Benecke, „dem wird das doch nicht passieren, zumal er ein ausgezeichneter Kriminalist ist!
Das ist also doch eine gute Idee, ihn dort hinfahren zu lassen und sich die Umgebung und die Laura M. mal anzusehen. Es soll ja sehr schön sein im Allgäu."
„Sie nehmen mich jetzt vielleicht nicht ernst", sagt Frau H.

„Die Küche, die Gäste, die frischen Laken", sagt Frau H., „23 Jahre lang! Und seine Gesundheit."
Da habe sie eben zu ihm dann und wann gesagt: Dann fahre ruhig in die Berge, am Donnerstag schon und komme am Dienstag zurück. Ich mach das hier.
Und immer gearbeitet, und nichts geahnt, nichts von drei, vier, fünf Millionen in der Schweiz, nichts von einem Haus in den Bergen, nichts von einer Hexe, die nun fett im Allgäu sitzt, und ihre Wohnung vermietet, an Feriengäste. Und in der Wohnung, der sie sich bis zu fünfzig Metern nicht nähern darf, stehen ihre Möbel, hängen ihre Bilder, liegen ihre Teppiche,

steckt ihr Geld, und nun wird Laura M., der Hexe, auch bald das Hotel gehören, ihr Haus und alles, alles. Alles vorbei und aus. Da muss man doch etwas tun, aber ohne Geld kann man nichts tun!

„Kann man denn jetzt noch etwas herausfinden aus der Asche? Kann das denn nicht zu Studienzwecken wichtig sein, eventuell, aus der Asche die Knochenstückchen zu sortieren und zu analysieren, ob Gift darinnen steckt oder ein Kräutertee?"

Wir helfen, die Cousine und ich, die Asche vom Packpapier zurück in die Urne zu füllen. Mit der Asche, das könnten sich die Frau H. und ihre Cousine ja noch überlegen. Die Urne sei hier in Sicherheit, falls sie sie nicht noch einmal transportieren wollen, erst mal, hier in dem Schrank. Da sieht keiner rein.

„Aber das muss Ihnen doch wohl gelingen, etwas Geld zurückzubekommen", sagt Benecke. „So dreißigtausend vielleicht."

„Das genügt mir aber nicht", sagt Frau H. leise. „Ich will die Millionen!"

Aus der Welt des Kriminalbiologen: Teil 3 – Du fragst mich, warum ich meine Nachbarn liebe?

G.'s Wochentage beginnen um 5.30 Uhr. Gegen 16 Uhr hat er Feierabend. Am Wochenende macht G. seinen Wocheneinkauf. Wenn es möglich ist, verbringt er auch Zeit mit seiner Freundin. Er fühlt sich für sie verantwortlich. Sie hat gesundheitliche Probleme, aber das spielt hier keine große Rolle.

G. wohnt seit acht Monaten in einem großen Mietshaus im Parterre. Die Mauern des Mietshauses sind dünn, oft Rigips-Wände zwischen den Parteien. Er ist hier eingezogen, weil er sich mehr Ruhe erhofft hat.

Ebenfalls im Parterre befindet sich die Wohnung eines Mannes. Von dem Mann wüsste G. nichts, würde ihn nicht weiter wahrnehmen, wenn der Mann nicht der Besitzer eines kleinen Hundes wäre. Man hat in dem Haus nicht viel mit den Nachbarn zu tun. Viele gehen ein und aus, es wird auch viel getrunken, Flaschenklirren und Gebrüll, wenn einer den anderen zu überschreien sucht.

G. kann seinen Nachbarn so beschreiben: Der Nachbar mit dem Hund hat schütteres, ungepflegtes braunes Haar, er schielt mit einem Auge nach außen und trägt gerne Jogginghosen. Der Mann fällt vor allem dadurch auf, dass er seinen Hund nicht unter Kontrolle hat. Dafür spricht der Anschein.

Der Hund ist kein großer Hund. Der Hund hat auch, soweit G. das beurteilen kann, noch nie jemanden gebissen. Der Hund bellt nur außerordentlich viel. G. sagt: „Der Hund ist ein echt hysterischer Kläffer."

Er müsste alle im Haus in den Wahnsinn treiben. Zumindest G. fühlt sich durch den Hund erheblich gestört. Der Hund bellt immer zehn bis fünfzehn Minuten am Stück. Dann muss der Hund Luft holen. In der kurzen Pause hofft G. dann, dass es jetzt still bleibt, zumindest für die nächste Nacht oder die nächste Stunde.

Aber dann geht das Gebell weiter, laut und ausdauernd, tagelang.

Der nach außen schielende Nachbar mit dem Hund ist mit einem anderen Nachbarn befreundet. Der andere Nachbar wohnt ebenfalls in dem Haus. Er wohnt einen Stock über G. Es handelt sich bei diesem Nachbarn also um den Freund des Besitzers mit dem nervigen Hund. Dieser Mann ist bucklig und ungepflegt, mit langen, schmierigen Haaren.

Die beiden Nachbarn treffen sich regelmäßig zum Trinken, mal bei dem einen, mal bei dem anderen Nachbarn.

Sie trinken und der Hund bellt.

G. klingelt aus diesem Grund öfter an der Tür des Nachbarn, oben oder nebenan.

Er möchte um Ruhe bitten. Möglich, dass es sinnlos ist. Die Klingel scheint kaputt zu sein. Mit den Klingeln ist das so ein Problem in dem Haus. Man muss klopfen. Also klopft G. ab und zu, wenn der Hund gar zu lange und gar zu laut bellt.

Auf das Klopfen öffnet der schielende Hundebesitzer auch dann und wann die Tür. G. rät dem dann, dafür zu sorgen, dass der Hund ruhiger sein sollte. Das ist doch kein Leben für so einen Hund, in so einer kleinen Wohnung, mit zwei so dermaßen missgestalteten Männern, die immer nur saufen.

G sagt: „Ihr solltet mit dem Hund öfter vor die Tür gehen. Spielt mal was mit eurem Hund."

Während er das sagt, bellt der Hund.

G. muss also das, was er dem schielenden, trinkenden Hundebesitzer zu sagen hat, über das Bellen des Hundes hinweg sagen. G. und der Nachbar stehen vor der Türe der Wohnung und reden laut über den Hund. Den Hund regt das auf, dass da so aufgeregt geredet wird. Also bellt er noch lauter. Schließlich muss man schreien.

Der Nachbar schreit: Es sind auch noch andere Hunde im Haus. Es sei gar nicht sicher, dass das sein Hund ist, der so laut bellt. „Mein Hund bellt gar nicht. Sehen Sie, wie klein er ist."

In letzter Zeit bemerkt G., wie er unhaltbar aggressiv wird. Es gibt in seinem Leben einiges auszusetzen. Aber wenig regt ihn dermaßen auf wie der Hund und dessen saufender Besitzer und dessen saufende Kumpel und deren aller Unlust, sich miteinander an der frischen Luft zu bewegen.

An den Wochenenden und Abenden ist es in der Regel laut. G. sucht immer öfter bei seiner Freundin Zuflucht. Er kauft für sie ein. Er liebt sie, sie liebt ihn, sie lieben sich.

G. sitzt bei seiner Freundin, die er liebt, vor dem Fernseher.

Er denkt: nicht dran denken. Es ist schlimmer, als ich denke, denkt er. Nicht an den Hund denken. G. denkt: nicht aufregen, es lohnt nicht, daran zu denken.

G. hält sich für einen unkomplizierten, friedlichen Menschen.

G. sagt: „Das ist aber die letzte Warnung."

Er sagt das zu seinem Nachbarn, dem Hundebesitzer. Er begegnet ihm im Hausflur. Es ist ein Freitagmorgen. G. hat schlecht geschlafen, er ist zu spät dran. Der Hund bellt. Der Hundebesitzer riecht nach Alkohol. Er scheint nichts vor zu haben an diesem Tag.

G. weiß auch nicht, was die Konsequenz dieser letzten Warnung sein könnte. Er droht dem Nachbarn mit der Polizei. Als ob das etwas bringen würde.

Es gelingt G. nicht, die Verspätung in der Arbeit aufzuholen. Er bekommt Ärger mit dem Chef.

Am Nachmittag ist G. zu Hause. Er fühlt sich urlaubsreif. Er geht einkaufen. Es strengt ihn an, die Hügel hoch und runter zu laufen. Wein, Fleisch, Bier, Brot. Blödes Leben. Blöde Hügel. Sein Wunsch ist es, nach einem anstrengenden Tag, nach einer anstrengenden Woche einen erholsamen Feierabend zu verbringen.

Zuerst sitzt G. in der Küche. Er sieht vor sich hin. Dabei trinkt er eine Flasche Wein.

Der Hund bellt.

G. macht sich einen Elsässer Flammkuchen. Beim Kochen trinkt er Bier. Zum Essen gibt es eine zweite Flasche Wein. Der Hund bellt. Der Hund bellt in der Wohnung über ihm. Auch Poltern ist zu hören. Es ist nicht die Wohnung, in der der Hundebesitzer wohnt, sondern dessen Missgeburt von Saufkumpane.

Je mehr G. versucht, sich auf das Kauen zu konzentrieren, auf das Hinunterschlucken, auf das Nichthinhören, desto heftiger steigert er sich in seine Wut hinein.

Er denkt: Nicht dran denken. Es ist schlimmer, als ich denke. Nicht an den Hund denken. Nicht aufregen. Es lohnt nicht, daran zu denken, denkt er.

Alles an G. ist angespannt. Er ist nervös. Ein leeres, frustrierendes Wochenende liegt vor ihm. Es ist zudem das zweite Wochenende in Folge, an dem er seine Freundin nicht sieht. Jedes Mal, wenn der Hund nach einer Atempause neu anhebt, lässt G. die Faust auf den Tisch fallen. Das Geschirr klappert leise.

G. versucht, Gitarre zu spielen.

Dann ist die zweite Weinflasche beinahe leer. Die Uhr zeigt halb zehn.

G. beschließt, bei seinem Nachbarn zu klopfen. Er möchte schließlich schlafen. Es soll ihm zumindest theoretisch möglich sein zu schlafen – nach einer anstrengenden Arbeitswoche.

Auf sein erstes Klopfen reagiert keiner. Der Hund bellt aber. G. hört, dass sich jemand in der Wohnung befindet. Aber keiner öffnet.

G. geht wieder in seine Wohnung. Er hört Musik. Er denkt an seine Freundin und sein Leben. Vor zwei Wochen hat er sich mit seiner Freundin gestritten. Die Missverständnisse sind immer noch nicht aus dem Weg geräumt. Er wüsste auch gar nicht, wie das zu bewerkstelligen sein soll. Dann steigt wieder der Ärger über den Hund in ihm hoch. Entspannung ist nicht möglich. Die Aggressionen lassen sich nicht wegtrinken.

An die Freundin denken hilft nicht. Musik hören hilft nicht. Nichts hilft.

Als G. ein zweites Mal an der Tür der Wohnung einen Stock über ihm klopft, öffnete ihm der schielende Hundebesitze. G.s Nachbar aus dem Parterre.

Der schielende Hundebesitzer sieht G. von unten herauf durch den Spalt an.

G. zwingt sich zur Ruhe. Er ist sehr erregt.

Er sagt, dass ihn das Hundegebell sehr nerve. Er sei nämlich ein arbeitender Mensch und zudem sensibel. Das konnten ja nicht alle in diesem Haus von sich behaupten. Es sei überdies sehr spät.

G. fragt, ob man nicht gefälligst dafür sorgen könne, dass der Hund in dieser Wohnung still sei. G. sagt, ob man sich nicht mal um seine Viecher kümmern kann und nicht immer nur saufen.

Der Nachbar sagt mit schwerer Zunge: „Welcher Hund. Hier ist doch gar kein Hund!"

Eine grandiose Idee.

Welcher.Hund denn? Haha!

Aus dem Hintergrund hört G. jemanden rufen.

Jemand ruft: „Schmeiß das Arschloch doch raus!"

G. ruft zurück: „Wen willst du hier rausschmeißen?"

Er tritt in den Flur der Wohnung.

Da steht der Hund. Da steht der Hund da und bellt.

G. holt Luft.

Der schielende Hundebesitzer steht in der Tür und guckt missgestaltet und besoffen. G. greift ihn von unten am Pulli. Er zieht ihn hoch und rummst ihn gegen die Wand.

Von wegen hier ist kein Hund.

Als G. wieder loslässt, rutscht der Nachbar die Wand entlang und geht in die Knie.

G. hört wieder jemanden rufen. Er kann aber nicht erkennen, wo jemand ist, der ruft.

Jemand ruft: „Eh, verpiss dich!"

Und der Hund steht da und bellt.

G. lässt den Nachbarn zurück und sucht den, der da gerufen hat.

Die Wohnung ist klein. Sie besteht aus dem kleinen Flur und einem Zimmer. Auch Küche und Bad gibt es. Im Zimmer ist es dunkel und es riecht nicht gut. Ein Fernsehapparat fällt herunter. G. ist daran gestoßen. Er rappelt sich hoch. Ein Mann kommt auf ihn zu.

G. hebt die Faust. Er trifft gut, und er schlägt dem Mann auf die Zwölf. Da fällt der Mann hin, auf den Boden. Zu dem Fernsehapparat.

Und da ist wieder der schielende Hundebesitzer.

Und da ist G. und die Faust.

Und da ist das Knie und da liegen beide. Und keinem ist etwas passiert. Außer den beiden missgestalteten Nachbarn mit den Alkoholproblemen.

Da ist nämlich keiner außer denen.

Es ist nur G. da und der schielende Nachbar, dem der Hund gehört, und der bucklige Nachbar, dem die Wohnung gehört, und der der Freund des schielenden Nachbarn ist, dem der Hund gehört.

Und der Hund ist da. Der versteckt sich aber gut.

Die beiden garstigen Nachbarn jedenfalls kriegen eins aufs Maul. G. haut denen mit der Faust ordentlich eine rein. Und noch eine. Und noch eine.

Unter G.'s Füßen ist der Fernseher.

Und unter G.'s Füßen ist Weiches.

Da liegen beide im Wohnzimmer herum. Im Flur ist eine Blutlache. Die beiden missgestalteten Nachbarn liegen im Zimmer herum. Sie sind durchgemöbelt und bewegen sich nicht mehr. Einer liegt auf dem Bett, einer auf dem Boden.

G. setzt sich neben den buckligen Nachbarn auf das Bett. Er hat die ganze Zeit Angst vor einer Gegenattacke gehabt. Aber es gibt keine Gegenattacke. Schließlich ist keiner mehr da. Und der Hund ist zu klein.

Wo ist der Hund?

Der Mann auf dem Bett neben ihm seufzt.

G. seufzt auch. Es rauscht in seinen Ohren. Alles ist so laut gewesen. Jetzt ist alles friedlich und ruhig. Wie im Fernsehkrimi vor dem großen Sturm.

G. sagt: „Es war ja nur wegen dem Hundegebell. Die ganze Scheiße ist ja nur deshalb passiert, weil ihr mich so verarscht habt. Schöne Scheiße."

Der Mann murmelt etwas.

Er fühlt sich wohl etwas schwach.

G. ist am Überlegen. Was ist wohl genau passiert. Die Situation scheint unverständlich.

Wenigstens lässt der Stress nach.

„Wie heißt dein Kumpel eigentlich", fragte er den, der neben ihm auf dem Bett liegt.

Das ist der buckelige Saufkumpane des Hundebesitzers. Der Nachbar also, der in dieser Wohnung wohnt.

„P.", sagt der.

P. ist also der Name des Hundebesitzers. Er liegt auf dem Boden. Neben dem umgeworfenen Tisch und dem Fernseher. G. geht hin und spricht ihn an.

G. sagt: „Hey P., jetzt steh auf, es ist vorbei."

P. hat eine Kopfwunde. Die blutet.

G. sagt: „Tut mir leid, dass es soweit gekommen ist. Du siehst ja wohl jetzt ein, dass es scheiße ist, mich so zu verarschen."

P. antwortet etwas. P. spricht leise und undeutlich. Kein Wunder, bei so einer Wunde, bei soviel Alkohol. Und so weiter.

P. sagt, dass er die Schnauze voll habe und den Hund abschaffen werde.

G. sagt: „Das hoffe ich."

P. soll zusehen, dass der Hund ruhig ist. Man sieht ja, zu was das sonst führen kann.

P. bietet ihm ein Bier an. G. soll sich aber selbst bedienen. P. kann sich gerade nicht bewegen, um G. ein Bier zu bringen.

G. nimmt sich eine von den Flaschen, denn er möchte jetzt nicht mehr unhöflich sein. Also prostet er seinen Nachbarn der Form halber zu. Dann stellt er die Flasche aber wieder ab.

Er verlässt die Wohnung. Verbrüderung im Sinne auf gute Nachbarschaft hält er nun für übertrieben.

Zurück in seiner Wohnung setzt G. sich hin. Er versucht, einen klaren Kopf zu bekommen. Er möchte das Geschehene rekonstruieren. Er findet, dass seine Reaktion etwas übertrieben war. Er leert den Wein und raucht ein paar Zigaretten. Dann geht er zu Bett. Vielleicht liest er ein paar Zeilen. Dann schläft G. Er schläft tief. Er träumt nichts.

Um sieben Uhr wacht G. am nächsten Morgen auf. Es ist Samstag.

G. beschließt, das Wochenende ruhig anzugehen. Er trinkt eine Menge Kaffee. Er frühstückt lange. Er hat einen Kater.

Am frühen Nachmittag geht er einkaufen.

Das Benecke-Universum

Am Sonntag meint er, in der Wohnung über ihm Gepolter zu vernehmen. Er überlegt zu klopfen. Er möchte fragen, ob alles in Ordnung ist. Auch den Hund hört er bellen.

Er klopft, aber keiner öffnet ihm.

G. schläft viel an diesem Wochenende.

Am Dienstagabend kommt er gegen 16 Uhr nach Hause. Der Hund bellt.

G. trinkt eine Flasche Weißwein. Er ist genervt. Es ist nicht der Zorn vom Freitag. G. ist einfach nur müde und erschöpft von der Arbeit.

Als seine Flasche leer ist, klopft er an der Tür der Nachbarn. Weil keiner öffnet und der Hund so laut ist, beschließt er, die Polizei zu rufen.

Die Polizei kommt. Sanitäter kommen.

Stimmen der Nachbarn im Treppenhaus.

G. hat ein ungutes Gefühl.

Er geht am nächsten Tag in die Stadt, in ein Anwaltsbüro. Er fürchtet eine Anzeige wegen Körperverletzung.

Die Anzeige kommt.

Er wird des Mordes verdächtigt.

Sein neuer Anwalt rät ihm, das Nötigste einzupacken. Es könnte sein, dass man ihn gleich da behält.

G. packt also seine Unterhose und seine Zahnbürste ein. Mit seinem neuen Anwalt erscheint er zur Vernehmung.

Dort erzählt er alles der Reihe nach. So, wie er sich erinnern kann. Wie der Hund gebellt hat. Monate, Wochen, Tage, Stunden. Wie er von der Arbeit kam, wo er Ärger mit dem Chef gehabt hat. Wie er geklingelt und geklopft hat. Wie er die beiden durchgemöbelt hat. Dass sie aber noch gelebt haben, ganz sicher, als er sie zurückgelassen hatte. Dass er noch einen Schluck Bier mit ihnen getrunken hat.

Der bucklige Nachbar von oben hat teilweise zweifache Rippenbrüche, Organverletzungen (einen Leberriss), zahlreiche Hämatome am ganzen Körper, außerdem einen Kieferbruch und Wirbelsäulenbrüche – einmal an der Brustwirbelsäule und einmal untere Wirbelsäule.

Der Hundebesitzer hat ebenfalls Reihenrippenbrüche, Organverletzungen und Hämatome.

Beide sind wohl in Folge der Verletzungen gestorben. Der Hund lebt noch.

G. wünscht sich, sich genauer an alles erinnern zu können. Er wünscht sich, dass seine Verlobte ihn im Knast besuchen kommt.

G. sagt: „Es ist alles ein schreckliches Missverständnis. Normalerweise bin ich nicht so."

Aus der Welt des Kriminalbiologen: Teil 4 – Der Paketbote F., der Kriminalbiologe Mark Benecke und die Geheimnisse der russischen Mafia

Der Paketbote kommt zu dem Kriminalbiologen. Er heißt F. Der Kriminalbiologe heißt Mark Benecke. Der Paketbote F. hat zwei Aktenordner mitgebracht. Darin geht es darum, dass sein Schwiegervater erschossen worden ist. Man hat den Mörder aber nicht gefunden und das Verfahren wurde geschlossen. Darüber ist der Paketbote F. unglücklich. In den Aktenordnern finden sich hauptsächlich Befragungen. Aufgelöste Italiener werden befragt, die sind alle völlig sauber. Sie haben nichts am Hut mit Nutten, Geldwäsche oder Mafia. Sie erzählen den Polizisten von ihren Gefühlen, ihrer Seele.

Einige Gesprächsmitschnitte von Telefonaten sind auch zu finden. Zum Beispiel:

Angerufener: „Hallo? Hallo?"
Anrufer: „Hallo, L.?"
Angerufener: „Ja … (unverständlich) … Ja."

Anrufer: „So, jetzt weißt du alles, ne?"

Angerufener: „Was weiß ich? Was ist los überhaupt?"

Anrufer: „Hör zu … Hör zu, Durak"

Angerufener: „Ja …"

Anrufer: „Ich komm am Mittwoch …"

Angerufener: „Ja …"

Anrufer: „In die Pizzeria …"

Angerufener: „Ja …"

Anrufer: „Du verstehst?"

Angerufener: „Ja, und?"

Anrufer: „Zwischen elf und zwei Uhr."

Angerufener: „Ja"

Anrufer: „Ja? Mittags"

Angerufener: „Ja"

Anrufer: „Bis dann …"

Angerufener: „Am Mittwoch zwischen   zwischen 11 und …"

Daraus erwachsen spannungsgeladene Fragen ohne Antwort.

Der Paketbote F. darf sich jetzt zu Benecke auf einen der unbequemen Hocker in den Kursraum hocken und seine Geschichte erzählen.

Alles an dem Paketboten F. ist rund. Der Paketbote F. ist rund und quietscheentchengelb, wie so viele Paketboten, und er hat sehr kleine, sehr schwarze Augen, mit denen er erschrocken guckt, als hätte es gerade eben erst geknallt, und nicht vor einem Jahr schon.

Zeuge Katz: „Wir haben vor ungefähr 40 Jahren mit Gewehren und Pistolen in der Kiesgrube im […] Wäldchen geschossen. Eine Pistole hat einen kurzen, scharfen Knall, ein Gewehrknall ist lauter und länger. Zumindest war es früher so. Beim Gewehr meint man immer, man hätte noch einen Nachhall. Das war hier nicht so."

Polizist: „Beschreiben Sie, was sie gehört haben!"

Katz: „Das waren Schüsse und Schreie aus dem Lokal, die Fenster waren gekippt. Ich habe die Polizei gerufen. Die Person kam aus dem Lokal und lief Richtung Deutzer Freiheit. Sie hatte dunkle Jeanssachen an."

Der Paketbote F. schwitzt, obwohl es Winter ist. Er versucht, auf dem Hocker eine normale Sitzhaltung einzunehmen. An dem Paketboten F. baumelt das Gerät herunter, auf dem man immer mit so einem seltsamen Stift unterschreiben muss, wenn man ein Päckchen annimmt. Ab und zu, wenn er nervös ist, wirft er einen Blick auf das Gerät und drückt mit Patschehändchen auf ein paar Tasten herum.

Des Paketboten F.s Schwiegervater ist nun tot. Das spüren die Italiener gehörig an der Seele, wie sie sagen. Der Schwiegervater des Paketboten F. hieß U., er ist Gastronom gewesen. Er hatte eine Pizzeria, das **All' Anfora**. Außerdem hatte er zwei Töchter und eine Frau namens Annerose. Eine der Töchter, Antonia, ist inzwischen die Frau des Paketboten F. So hängt alles zusammen, so schließt sich der Kreis.

Am besten soll der Kriminalbiologe Mark Benecke herausfinden, wer der Mörder gewesen ist. Dafür ist er ja schließlich berühmt. Das sieht man nämlich immer im Fernsehen, bei **taff** und **explosiv**. Da hat sich der Paketbote F. gedacht, dass es praktisch ist, dass er den Kriminalbiologen Mark Benecke vom Päckchen bringen und auch aus dem Fernsehen schon kennt.

Der Kriminalbiologe Mark Benecke hat sich einen weißen Kittel angezogen. Darunter trägt er vermutlich eine schusssichere Weste. Am Gürtel hängt allerlei Gedöns, falls er schnell zu einem Toten muss. Auch ein Pistolenhalfter ist dabei. Der ist allerdings nicht mit einer Pistole gefüllt, eine Pistole ist nämlich das Letzte, das man braucht, wenn man zu einem Toten muss.

Die Pistole braucht man bei einem Toten noch weniger als ein feuchtes Tuch, das nach Lavendel duftet, pflegt der Kriminalbiologe Mark Benecke seinen Fans zu erklären, und er schenkt ihnen feuchte Tücher, die nach Köln duften.

In der Küche wurde Kaffee aufgesetzt. Die Aktenordner sind am besten, wie alles auf der Welt, mit Gummihandschuhen anzufassen und zwei Mal abzuschließen. Auch bei vierzig Grad Fieber, auch wenn die Großmutter stirbt. Da gibt es keine Ausnahmen. Mit der Mafia ist nicht zu spaßen.

Ins **All'Anfora** also, erzählt F., ist vor einiger Zeit dieser Mann gekommen. Der Typ hat einen Rotwein getrunken, und dann hat er seinen Schwiegervater erschossen.

„Ja, wenn der Rotwein nicht gut war", sagt Saskia.

Saskia ist des Kriminalbiologen Benecke Assistentin. Sie schreibt Dinge mit, die geheim bleiben müssen.

Nachdem der Typ seinen Schwiegervater A. Pellicano erschossen hat, in der Pizzeria **All'Anfora**, ist er gegangen. Er ist auf die Straße und hat sich ein Fahrrad genommen, irgendeines, das nicht abgeschlossen war. Damit ist er weggefahren, und keiner hat ihn gefragt, was das soll, keiner hat ihn aufgehalten, keiner hat ihn beschimpft oder bespuckt oder erwischt. Der Mann ist einfach davon geradelt und war dann verschwunden.

Schwarzer: „Ich saß zwischen einer Ärztepraxis und einer Kreissparkasse auf dem Boden und habe auf meine Freunde gewartet, auf deren Gepäck habe ich aufgepasst. Mit gegenüber befand sich ein Fahrradständer. Ich habe die vorbeilaufenden Passanten angeschnorrt. Dann fiel mir ein Mann auf, der mir aus der Straße entgegen rannte. Er war komplett in Schwarz gekleidet, an mehr kann ich mich nicht erinnern. Gesichter kann ich mir seit meinem Schlaganfall nicht merken. Er hatte eine schwarze Aktentasche dabei, etwa so groß wie eine Laptoptasche. Der Mann lief direkt zu dem Fahrradständer und schnappte sich ein Fahrrad. Das war aber abgeschlossen, darum stieß er es zur Seite, schrie laut ‚Scheiße' und nahm sich ein Rad, das an einem Poller daneben lehnte. In dem Korb befanden sich Einkäufe. Das war nicht abgeschlossen. Er warf seine Aktentasche in den Gepäckkorb und schwang sich im Laufen auf das Rad und fuhr über den Fußweg davon auf die Hauptstraße in Richtung Poll. Er ist mir aufgefallen, weil er so hektisch war. Ich habe ihn sogar angeschnorrt. ‚Haste mal nen rollenden Euro?', habe ich gefragt. Kurze Zeit später kamen einige Polizeibeamte zu Fuß vorbei, die in die Mülleimer schauten. Ich sprach einen an und fragte, ob ich helfen könnte.

Zwei Männer haben die Schüsse gehört. Im Laufen haben sie vom Handy aus die Polizei gerufen. Sie sind dem Fliehenden noch ein Stück hinterher. Dann war der verschwunden. Und die Polizei hat fünfzehn Minuten gebraucht, fünfzehn Minuten, die Polizeiwache war doch um die Ecke!

„Warum haben die so lange gebraucht?", fragt uns der Paketbote F.

„Die mussten sich noch schützen", erklärt der Kriminalbiologe Mark Benecke, „mit kugelsicherer Weste und so. Das dauert." Er weiß, wovon er spricht.

„Die gehen da nicht einfach so hin, die Polizisten, bei so was, das machen die nicht. Mit der Mafia ist nicht zu spaßen. Davor haben die Schiss."

Der Kriminalbiologe Mark Benecke scheint übrigens vor gar nichts Schiss zu haben, außer vor Leberwurst, weil eine Frau in Ehrenfeld abgeschlachtet worden ist. Ein Zusammenhang, der normalen Menschen nicht einleuchten muss. Aber normale Menschen essen ja auch Fleisch und machen Sport und allerlei normale Dinge.

„Ich", erklärt der Kriminalbiologe Mark Benecke, „ich nehme grundsätzlich jeden ernst."

Die Polizisten sind gekommen, da war schon alles vorbei, da war der Mann schon weg, da stand nur noch das halbvolle Weinglas herum, und da lag nur noch ein toter A. in einer Blutlache, im Eingang. Und der Typ war verschwunden. Einfach weg, ohne Spuren.

„Wie, die haben keine Spuren gesichert?", fragt der Kriminalbiologe Mark Benecke.

„Nein, komisch oder?", sagt der Paketbote F.

„Aha, aha", sagt Benecke.

„Deshalb dachte ich ja auch", sagt der Paketbote F., „Sie könnten noch mal vorbeigehen und Spuren sichern. So etwas machen Sie doch", fragt er schüchtern, „Spuren und so?"

„Am Weinglas waren auch keine Spuren?", fragt der Kriminalbiologe Mark Benecke.

„Auch am Weinglas nicht", sagt der Paketbote F. „Die haben einfach total schlampig ermittelt, die Polizisten."

„Aha, aha", sagt der Kriminalbiologe Mark Benecke. „Vielleicht hatte der Typ Handschuhe an. Wenn es ein Profi war, hatte er Handschuhe an. Die Russen haben immer Handschuhe an", erklärt er dem Paketboten F., der das vielleicht nicht weiß, weil er im Fernsehen nicht aufgepasst hat.

„Und die Russen sind auch oft die, die erschießen. Zumindest, wenn es mit Mafia zusammenhängt."

„Mafia", sagt der Paketbote F. verwirrt und drückt einige Tasten auf seinem Paketbotengerät.

Frage: „Ist Ihnen bekannt, ob A. Probleme hatte?"

Antwort: „Nein. Probleme. Nein. Soweit ich weiß, hatte der keine Probleme. Nicht dass ich wüsste. Probleme hatte der keine."

Frage: „Fällt Ihnen noch etwas ein, was aus Ihrer Sicht zur Aufklärung der Tat dienen könnte und was Sie bislang nicht ausgesagt haben?"

Antwort: „Nein. Nichts. Gar nichts. Was soll ich dazu sagen, ich war ja nicht dort gewesen, als das passiert ist."

Frage: „Die Vernehmung ist hiermit beendet. Ich lege Ihnen jetzt die Vernehmung zur Durchsicht und Unterschrift vor. Bitte unterschreiben Sie jede Seite Ihrer Vernehmung. Sie können handschriftliche Veränderungen bzw. Korrekturen in Ihrem Vernehmungsprotokoll vornehmen. Es ist Ihre Aussage."

Antwort: „Okay. Nur A. weiß die Wahrheit. Nur er weiß, wer das war und was wirklich passiert ist. Kein anderer Mensch war da, der das gesehen hat."

Frage: „Woher wollen Sie das wissen, dass kein anderer da war?"

Antwort: „Sonst wäre der doch sofort zur Polizei gekommen und hätte das gemeldet, wenn der das mit eigenen Augen gesehen hätte. Der hätte den Täter doch auch identifizieren können. Aber da war doch keine andere Person. Ich habe jetzt auch tierische Angst wegen meiner Familie. Dass der Täter etwas gewusst hat von A. und seiner Familie. Das macht mir Sorgen."

Frage: Sie sagten doch anfangs aus, dass der A. ein lieber netter Mensch gewesen ist und es keinen Grund dafür gibt, ihm etwas anzutun. Warum sollte denn jetzt auf einmal Ihre eigene Familie gefährdet sein. Das verstehe ich nicht."

Antwort: „Ja dieser Täter, der weiß etwas über A. und die Familie. Und dadurch habe ich auch Angst. Warum ist der Täter ins **All' Anfora** gegangen. Das ist doch in einer Einkaufsstraße? Warum dort? Das verstehe ich nicht. Und auch noch am helllichten Tag, das verstehe ich auch nicht. Da muss irgendetwas sein. Ich weiß zwar nicht was, aber vielleicht hat es auch andere Gründe. Ich weiß es aber nicht. Ich weiß es wirklich nicht. Kann sein, dass er auch Feinde hat. Feinde, die ihn nicht mögen. Kann auch Schulden haben, kann vieles sein."

Frage: „Hatte der A. denn Schulden oder Feinde?"

Antwort: Nein. Nicht das ich wüsste. Ich denke es so. Vielleicht hat er oder hätte er, weiß ich aber nicht."

„Mafia", sagt der Paketbote F., „Mafia, nein. Der A. hatte nichts mit der Mafia zu tun."

„Hatte er viel Geld?", fragt der Kriminalbiologe Mark Benecke.

„Nein", sagt auch der Paketbote F. „Doch", sagt er, „da fällt mir ein, in einem Schließfach haben wir Geld gefunden, 32.000 Euro. Das fanden wir seltsam. Weil, warum sagt der uns, dass er kein Geld hat, und dann hat er doch ganz viel?"

„Damit ihr das nicht wisst", sagt der Kriminalbiologe Mark Benecke.

„Damit wir das nicht wissen?", fragt der Paketbote F.

„Damit ihr in Sicherheit seid", sagt der Kriminalbiologe Mark Benecke.

Der Paketbote F. wischt sich die Handflächen an seinem quietscheentchengelben Pulli ab.

„Und die Pizzeria, ist die gut gelaufen?", fragt der Kriminalbiologe Mark Benecke.

„Ja", sagt der Paketbote F., „er hat sich nie beschwert, der A."

Jetzt erzählt der Paketbote F., wie genau es passiert ist.

Der Typ hat A. an einem Samstag erschossen. Er ist in der Mittagspause in den Laden gekommen.

„War denn ihr Schwiegervater immer in der Mittagspause im Laden", fragt der Kriminalbiologe Mark Benecke.

Nein, eigentlich nicht. Es ist bloß so gewesen, dass er, der Paketbote F., und seine jetzige Frau am nächsten Tag heiraten wollten, und da ist A. länger geblieben und hat noch etwas vorbereitet, für die Hochzeit. Außerdem waren da Marco Tonelli, der Koch, und Lucca Calvieri, ein Mann, der immer beim Aufräumen hilft, ein alter Freund.

C: Ich kann nicht sagen, mit wem A. eng befreundet war. Ich war der erste Italiener, den er kennen lernte, als er 1982 von F. nach K. kam. Wir haben das erste Bier zusammen getrunken. Tragischerweise habe ich auch den letzten Teller Spaghetti mit ihm gegessen. Durch mich hat Pellicano andere Leute kennen gelernt.

„Und der Koch", fragt der Kriminalbiologe Mark Benecke, „was war das für einer?"

„Tonelli", sagt der Paketbote F.

P: „Wo haben Sie A. kennen gelernt?"

T: „In einer Veedelkneipe. Der Besitzer ist auch Italiener. Ich habe aber Streit mit ihm."

P: „Weshalb haben Sie Streit mit ihm?"

T: „Das muss ein Geheimnis bleiben."

P: „Ich muss es aber wissen."

T: „Wir kennen uns seit wir Kinder sind. Wir sind verwandt, zweiten Grades. Ich möchte es wirklich nicht sagen."

P: „Ist es ein privater Streit?"

T: „Es ist eine Meinungsverschiedenheit. Das ist die Wahrheit."

P: „Hat A. auch Streit mit ihm?"

T: „Nein, sie kennen sich kaum."

P: „Wie heißt die Kneipe?"

T: „Das möchte ich nicht sagen. Dann gehen Sie dahin und vernehmen die. Dann nennen Sie meinen Namen. Das möchte ich nicht."

P: „Wie kommen Sie darauf, dass wir Ihren Namen nennen?"

T: „Es gibt einen Mario, einen Carlo und einen Pedro."

P: „Gab es noch weitere Kontakte von A.?"

T: „Ja, es gab weitere Kontakte, aber ich kenne die Leute nicht. Er wohnt seit 20 Jahren in K. und war sehr beliebt. Er war ein super Mensch. Er war gut zu mir. In letzter Zeit habe ich ihn sehr nachdenklich gesehen. Ich habe ihn darauf angesprochen. Am Tag, bevor er ermordet wurde, habe ich ihn auch nachdenklich gesehen. Das war unüblich."

Tonelli also, undurchsichtiger Typ, undurchsichtige Sache.

„Der Typ kam zum Schichtwechsel", fährt der Paketbote F. fort, nachdem wir aufgehört haben zu schreiben, zu tippen und aha zu sagen.

„Er kam in der Mittagspause, und zwar durch die Hintertüre. Das hat er sich vorher wohl angeguckt, das kann man nicht wissen. Das ist so eine Eisentüre mit speziellen Eigenschaften. Er hat nach einem Tisch gefragt. Er wollte einen Tisch, an dem man ungestört sprechen konnte. A. sagte, ja, okay, sie haben was ausgemacht. Und dann ist der Typ wieder gegangen. Die haben sich dann zum Mittagessen hingesetzt, A. und Tonelli und Calvieri. Das machen die immer so."

Calvieri: „Wir haben dann Spaghetti gegessen und A. hatte ein halben Liter Montepulciano. Und ich hatte ein Glas Chianti. Und dann kam der Mann wieder rein."

P: „Wann war das?"

C: „Der Mann kam rein, als ich meine Spaghetti aufgegessen hatte. (…) Ich habe nicht gesehen, dass der Mann von seinem Glas getrunken hat, aber er sagte zumindest, es sei ein guter Wein. Außerdem fällt mir jetzt ein, dass er immer wieder das Wort ,Super' benutzte, als er die Einrichtung der Pizzeria begutachtete und kommentierte, da sagte er oft, ,Super'."

„Der Mann ist wiedergekommen. Er hat sich an den Tisch gesetzt, in der Ecke, alleine, und hat Wein getrunken.

Dann sind die beiden gegangen, Calvieri und der Koch. Zuerst der

Koch, Tonelli, dann Calvieri, der Gehilfe. A. ist mit dem Mann alleine gewesen."

„Moment", sagt der Kriminalbiologe Mark Benecke. „Konnte der das
wissen, dass er um die Zeit mit A. alleine sein würde?"

Der Paketbote F. guckt ratlos und hebt die Schultern.

Polizist: „Wann haben Sie die Schüsse gehört?"
Zeugin Müller: „Das muss um 15 Uhr gewesen sein, denn da lief ein Ärzte-
film über L. oder mit Ärzten aus L."

Und dann weiß man nicht, was passiert ist.

Schreie hat man wohl von außen auch gehört, und vor allem Schüsse.
A. lag im Durchgang, in einer großen Blutlache, als die Polizei kam, und
alles war zu spät. Weil die sich ihre schusssicheren Westen anziehen mussten.

„Haben Sie die Lichtbildmappe?", fragt der Kriminalbiologe Mark Benecke.

Der Paketbote F. schüttelt den Kopf.

„Die Familie meiner Frau soll das erstmal nicht wissen", sagt der Paketbote F. „Und die Lichtbilder hatten die in der normalen Akte nicht, das
wollten sie nicht, dass die Familie die sieht."

„Aha, aha", sagt der Kriminalbiologe Mark Benecke. „Wieso will ihre
Schwester das denn nicht?"

„Meine Schwester?", fragt der Paketbote F.

„Na, Sie sagten doch, dass die Familie das nicht will?"

„Meine Frau", sagt der Paketbote F. „Das habe ich Ihnen doch schon erklärt, wie das zusammenhängt"

„Sie müssen es mir so erklären", sagt der Kriminalbiologe Mark Benecke,
„wie einem dreijährigen Kind. Wie einem dreijährigen Kind, das auch noch
Autist ist. Sonst verstehe ich das nicht. Warum will die Familie Ihrer Frau
das nicht?"

„Sie sind etwas eigen", sagt der Paketbote F. und zwinkert nervös.

„Aha, aha, das ist aber komisch, sagt der Kriminalbiologe Mark Benecke, da ist doch etwas faul, wenn die das nicht wollen!"

„Vielleicht, weil das so hart für die wäre", sagt der Paketbote F., „die sind sehr emotional."

„Nein, es hat nichts gefehlt", sagt der Paketbote F. auf die Frage nach der Kasse.

„War denn sonst immer viel in der Kasse drin?"

„Nein, nichts, das lohnen würden. Sonderbar war nur, dass seine Uhr gefehlt hat. Mein Schwiegervater hatte viele Uhren."

„Die hat der Typ mitgenommen?", fragt der Kriminalbiologe Mark Benecke.

„Ja, aber es war keine wertvolle Uhr", sagt der Paketbote F.

Der Paketbote F. resümiert noch einmal: „Es kann nicht sein, dass am helllichten Tag Schüsse fallen, dass einer mitten auf der Straße verschwindet, dass keine Spuren bleiben, wenn einer in einer großen Blutlache liegt, da muss der doch durchlatschen!

Oder latschen die Russen nicht, schweben die vielleicht einfach über alle Blutlachen drüber?"

„Naja", sagt der Kriminalbiologe Mark Benecke, „die russische Mafia immerhin. Die haben schon ihre Methoden."

„Mafia", sagt der Paketbote F., „aber der A. hatte nichts mit der Mafia zu tun, das wüsste doch jemand, aber es gibt ja keine Spur."

Der Paketbote F. hat die Akte heimlich kopiert, um der Familie, in die er eingeheiratet hat, Gutes zu tun, ohne dass die es merkt. Die Assistentin Saskia klebt an wichtigen Stellen bunte Zettel hinein.

P: „Diesen Kellnerblock haben wir gefunden. Wir vermuten, das ist eine Notiz ihres Mannes. Ist das die Handschrift ihres Mannes?"

A: „Ja. Ich erkenne sie genau."

P: „Kennen Sie einen Herrn Sardelli?"

A: „Nein."

P: „Können Sie uns sonst irgendwie weiterhelfen? Sardelli könnte eine wichtige Spur sein."

A: „Sardelli. Nein, ich glaube nicht. Nie gehört."

„Wer ist das, Sardelli?", fragt der Kriminalbiologe Mark Benecke.

„Das ist irgendetwas, das mein Schwiegervater auf seinen Block geschrieben hat", sagt der Paketbote F.

„Aha, aha", sagt der Kriminalbiologe Mark Benecke aufgeregt, und er verkündet: „Wir Kriminalbiologen sind nämlich wie die Kinder. Alles, was wir tun, tun wir, wie Kinder es tun. Wir fassen alles an und fragen alles nach. So sind wir Naturwissenschaftler."

Frage: „Was würden Sie sich auf ihren Notizblock notieren, wenn ein Gast Sardellen bestellen würde?"

Mario: „In Deutschland würde man Sardellen schreiben, in Italien Accuge (Acciughe)"

Frage: „Könnte man sich auch Sardelli notieren?"

Mario: „Nein, sicher nicht."

Frage: „Ist Ihnen Sardelli als Familienname bekannt?"

Mario: „Nein, den Namen habe ich noch nie gehört. Der Name ist mir weder als Familienname noch als Person bekannt."

Frage: „Könnte der Plural von Sardine im Italienischen Sardelli sein?"

Mario: „Nein, der Plural ist Sardine."

„Soll ich Ihnen erzählen, was ich noch weiß", fragt der Paketbote F. Er spielt wieder mit seinem Gerät und sieht scheu aus seinem runden Gesicht heraus.

„Ja", sagt der Kriminalbiologe Mark Benecke. „Haben Sie eigentlich irgendeinen Verdacht?"

„Also, ich persönlich glaube, dass L. der Mörder ist. Den konnte ich noch nie leiden."

„L., wer ist das?", fragt der Kriminalbiologe Mark Benecke.

VP: „V. ist der Besitzer des Restaurants und L. der Betreiber."

P: „Wie heißen Sie?"

VP: „Das spielt keine Rolle. Hören Sie?"

P: „Also, V. und L. …"

VP: „Ja. L. wollte nicht zahlen und hat einen Russen angeheuert."

P: „Woher wissen Sie das?"

VP: „Der Russe ist seit einer Woche verschwunden. War öfter im türkisch-italienischen Freundschaftsverein."

P: „Wo?"

VP: „A.s Bruder soll das Geld von L. eintreiben."

P: „Hat L. A. ermordet?"

VP: „Ich weiß es nicht. Legt auf."

„Ursprünglich hatte mein Schwiegervater zwei Läden", erzählt der Paketbote F. „Nämlich das **All' Anfora**, und dann noch das **Carpe Diem**. Und der L., das war ein alter Bekannte von meinem Schwiegervater, und das war der Vorbesitzer von dem **Carpe Diem**. Ich konnte den ja noch nie leiden."

„Und der hat den dann?", fragt der Kriminalbiologe Mark Benecke.

„Ja", sagt der Paketbote F., „also, der selbst war das nicht, den haben die ja alle gekannt. Aber der hat vielleicht jemanden hingeschickt."

Das Benecke-Universum

„Aha, aha!", sagt der Kriminalbiologe Mark Benecke.

„Ich habe den bei der Beerdigung gesehen, den L.", sagt der Paketbote F. „Keine Träne, nichts. Eiskalt."

„Ja, das ist natürlich bemerkenswert", sagt der Kriminalbiologe Mark Benecke.

„Und er war am Tattag zufällig da, ganz zufällig stand der bei der Absperrung vor dem **All'Anfora** rum, als die Polizei da, und so weiter. Ganz zufällig!"

Der Paketbote F. tippt sich mit seinem Gerät, auf dem man unterschreiben muss, wenn man ein Paket bekommt, an die Stirn.

„Aha, aha", sagt der Kriminalbiologe Mark Benecke. „Gibt es da noch eine weitere Geschichte?"

„Ja, das war nämlich so", sagt der Paketbote F. „L. hatte bei A. Schulden, und statt die Schulden zurückzubezahlen, hat er A. eben den Laden gegeben. Und dann wollte er seinen Laden zurück haben. Der Laden lief nicht gut, deshalb hat den der V. gekauft, aber wir haben mitgekriegt, dass der L. den Laden dann wieder hatte. Das ist doch auch komisch. Irgendwie link. Erst wollte er ihn, dann hat er ihn plötzlich."

„Aha, aha!", sagt der Kriminalbiologe Mark Benecke, dem die Geschichte mit all ihren Gründen und Hintergründen völlig einleuchtet.

„Ja", sagt der Paketbote F. „Ich muss dann mal wieder los. Wie geht es jetzt weiter?"

„Zuerst brauchen wir die Originalakte mit den Lichtbildern und der Spurenakte", sagt der Kriminalbiologe Mark Benecke, „am besten sagen Sie der Anwältin Ihrer Schwester mal, dass sie die beantragen soll."

„Warum die Anwältin meiner Schwester?", fragt der Paketbote F.

„Er meint die Anwältin Ihrer Frau", sagt die Assistentin Saskia.

„Ja, gut", sagt der Paketbote F., „ich versuche es."

„Ohne die Akte kann ich leider nichts machen", sagt der Kriminalbiologe Mark Benecke.

„Gut", sagt der Paketbote F. und erhebt sich vom Hocker.

„Tschö, ne", sagt der Kriminalbiologe Mark Benecke. „Tschöchen."

Dann gehen alle aus dem Raum hinaus.

Aber mehr passiert auch nicht, weil keine Akte geschickt wird. Die Anwältin schickt stattdessen einen Brief, dass sie Akteneinsicht nicht gewähren will oder kann, und das war es. Keiner sucht nach der Wahrheit und keiner weiß, was es mit S. auf sich hat

Aus der Welt des Kriminalbiologen: Teil 5 – Du bist ein Gummistiefel, und grundsätzlich hast du alles immer richtig gemacht

Ein Mann, der Pastor ist, vermisst an einem Freitag seine Frau und gibt eine Vermisstenanzeige auf. Er hätte seine Frau vorher in der Stadt treffen müssen, sie waren verabredet. Er hat gewartet, sie ist nicht gekommen. Nun sorgt er sich.

Am Montag wollten sie beide in die USA reisen, jetzt ist sie verschwunden. Er rechnet mit einem Verbrechen. Wir müssen mit einem Verbrechen rechnen, schreibt er in die Anzeige. Das Wochenende geht aber so oder so ins Land, ob seine Frau da ist oder nicht. Da sie nun so oder so nicht da ist, dürfen andere Frauen in seinem Bett übernachten. Das kann man verstehen, das heißt nachvollziehen, wenn es auch nicht jedem unmittelbar einleuchten muss. Jedenfalls nicht zwingend. Den Flug in die USA storniert der Mann vorsichtshalber. Weil, selbst wenn die Frau zurückkommt, dann wäre das jetzt auch irgendwie zuviel.

Am Sonntag spielt er das Harmonium in der Kirche, denn er ist ja Pastor. Seine vermisste Frau übrigens ist Bürgermeisterin desselben Ortes, und ihr Verschwinden bereitet den Bewohnern der Gemeinde an diesem Wochenende vielleicht ein mulmiges Gefühl, das ist ja klar. Das Auto der vermissten Frau wird, auch am Sonntag, am Bahnhof entdeckt. Es ist rot. Wenn ich mich richtig erinnere, ist es ein rotes Auto. Darin Einkäufe, Eislöffel, zum Beispiel, von Most, Eislöffel, nicht Pralinen. Und Sachen, wahrscheinlich von der Frau. Ein Nageleisen, Schuhe.

Ein Jäger tritt auf und findet die vermisste Frau. Als Leiche aber. Die liegt am Montag so in einem Waldstückchen herum. Der Ort heißt Pastorenkamp – das ist jetzt kein Witz. Da also, in Pastorenkamp, liegt die Frau des Pastors in einem Waldstückchen. Mit eingeschlagenem Schädel, vielen Ameisen und Maden, denn sie ist eine Leiche. Im Prinzip ist es immer dasselbe mit den Leichen: Sie sind tot und in ihren Augen wohnen Maden. So ist das Leben, man sieht es auf bunten Bildern. Und essen müssen alle.

Auf bunten Bildern aus der Akte zu sehen: grün der Wald, blutig das Gesicht, eigentlich ist da gar kein Gesicht mehr, dafür ein Stückchen nackter Bauch, denn die Bluse ist nach oben gerutscht, Jeans und Sandalen, ein Loch im Schädel, daneben ein Maßband, das aber nur für das Bild. All das ist zu sehen. Und viel Blut, wie immer im echten Leben. Auch weiter weg noch ein Blutfleck. Also hat man die Leiche erst weiter weg getötet und dann so in das Waldstückchen hingelegt, wie auf dem Bild, wie in den Büchern, an eine Stichstraße, am Ende der Welt.

Der Pastor wird gleich verhaftet und verhört. Er ist verdächtig, er ist sogar der einzige Verdächtige. Mehr Verdächtige sind nicht da. Der Pastor hält sich selbst zwar für unschuldig, kommt aber trotzdem in Untersuchungshaft. Jetzt wird untersucht, ob er möglicherweise seine Frau, die er vermisst, selbst erschlagen, ihr das Gesicht so zugerichtet und sie in das Waldstück gelegt hat. Schlagzeilen eben. Zeugen sagen aus, sprechen Ungenaues in den Saal, sie erkennen den Mann und erkennen ihn wieder nicht oder erkennen ihn doch, und haben ihn gesehen oder seine Frau oder alleine oder von hinten. Alles Mögliche. Nichts, was Licht ins Dunkel, Klarheit ins Trübe, Fahrt in die Sache bringt. Die Dinge aus dem Auto der Frau werden jetzt genauer betrachtet: Die Eislöffel, das Nageleisen, grüne Gummistiefel, mit Erde dran …

Manchmal beginnt eine Geschichte so: Ein Dorf hat einen Eingang und einen Ausgang und findet sich plötzlich nicht nur mit toter Bürgermeisterin wieder sondern auch noch ohne Pastor. Keiner spielt mehr das Harmonium, das fühlt sich komisch an. Eine Gruppe tapferer Menschen singt a cappella und wundert sich. Sie denken sich aber, dass es sich wohl um ein Versehen handele. Es muss sich wohl um ein Versehen handeln. Oder etwas in der Art.

Weiter: Dass der echte Täter geschnappt werde, sagt der Mann, der seine Frau erschlagen haben soll und ein Pastor ist, das hoffe er sehr. Er schreibt es in Briefen aus dem Gefängnis an die Gemeinde. Liebe Leute, wenn ihr das lest, bin ich schon zurück. So ungefähr. Oder anders: Liebe Leute, hört nicht auf, an mich zu glauben, das Essen im Gefängnis schmeckt entsetzlich, der Koch ist wirklich ein Verbrecher. Ansonsten ist er wohl recht schweigsam. Das rät ihm sicher sein Anwalt, dessen Aufgabe es ist, solche Dinge zu raten.

In den Bäumen der Gemeinde sitzen wackere Fotografen und fotografieren alles von oben. Die Telefone von Gemeindemitgliedern läuten durch die Nacht, und manchmal sind Reporter dran, die etwas wissen wollen, zum Beispiel: Was meinen Sie denn dazu? Die Meinungen gehen auseinander: Der Pastor sei unschuldig, denn er ist Pastor. Der Pastor sei schuldig, denn er ist Pastor, lügt aber. Der Pastor sei schuldig, denn er ist Pastor, schläft aber stets mit anderen Frauen, nicht nur mit seiner eigenen. Andererseits, das mit den Zehn Geboten und dem Gott im Herzen, das sind unterschiedliche Dinge, nicht wahr, und auch beim Sünder, und wer kann schon hineinsehen in die Köpfe seiner Mitmenschen? Und abgesehen davon, man könnte doch mit diesem Wissen jetzt behaupten, dass der Pastor ein recht lieber und wärmebedürftiger Mensch sei und kein kalter Schlächter. Liebe ist doch etwas Schönes! Das sieht der Pastor auch so. Das sei schon in Ordnung gegangen mit seiner Frau, das sei schon immer so gewesen, versichert er dem Richter, und wenn sie nicht da sei, könne eben jemand anderes bei ihm übernachten. Sie habe das verstanden.

Der Gerichtssaal ist stets voller Zuschauer. Bei interessanten Stellen müssen die aufstehen, um alles sehen zu können. Interessante Stellen sind solche,

Das Benecke-Universum

an denen sich der Pastor das Haar rauft oder schluchzt oder etwas sagt. Unverschämtheit, zum Beispiel.

Nun verhält es sich ja so, dass immer ein Motiv vonnöten ist. Das Motiv, aus dem heraus der Pastor seine Frau vielleicht getötet hat, sollen Eheprobleme sein, die aus seiner jahrelangen Untreue erwachsen sind. Das wissen wir ja nun bereits. Es wird herausgefunden, dass am Freitagmorgen bei dem Ehepaar ein Brief einer Geliebten eingetroffen ist. Die Geliebte schreibt über ihre Beziehung mit dem Pastor. Alles steht drinnen. Man kann vermuten, dass da im Haus des Glaubens, dem Herz der Gemeinde, dem Hort des Friedens, die Decke hochging. Eine skandalöse Scheidung würde dem Pastor nun aber die Anstellung als Pastor, oder wie man es eben nennt, kosten. Die Angst davor, so heißt es, könnte ihn also zu so einer Tat getrieben haben. Das Pastorsein ist ihm wichtig, ist ja klar. Die Theorie könnte also so aussehen: Der Mann und die Frau haben sich Freitagmorgen gestritten. Dann sind sie mit dem Auto weggefahren, dann wurde der Pastor sehr, sehr wütend und hat sie aus Wut und Angst und Ärger erschlagen. Die Frau war auch noch einkaufen, davor, dazwischen. So irgendwie.

Jedenfalls, weiter geht es erst mal nicht. Der Pastor bleibt dringend verdächtig und sitzt im Gefängnis, obwohl er weiterhin auf seiner Unschuld beharrt, beharrt, beharrt. Vernünftige Zeugen melden sich nicht an. Da bleiben Stückchen: Das fehlende Alibi des Pastors an jenem Freitagnachmittag, als seine Frau verschwand. Was hat er denn nun gemacht, genau? Ist die Frau überhaupt an diesem Freitagnachmittag ermordet worden? Für die ganze Zeit danach hat der Pastor ja Alibis. Dann gibt es diesen Telefonanruf, den der Pastor am Tag der Ermordung von der Nähe des Leichenfundorts tätigte. Die grünen Gummistiefel, die dem Pastor gehören, und die in dem Auto der Frau gefunden worden sind. Die Gummistiefel gehören also dem Pastor, er habe sie aber beinahe nie getragen, bloß beim Spazieren im Garten einmal. Seine Frau hingegen aber habe die Stiefel sehr gemocht, sie habe sie sogar, obgleich sie ihr vier Nummern zu groß sind, ab und an gerne spazieren getragen. Das würde auch erklären, warum die Erde, die an den Stiefeln klebt, mit großer Sicherheit, wie Experten sagen, doch nicht aus des Pastors Garten daheim stammt. Jedenfalls muss das dann nicht notwendigerweise bedeuten, dass er, der Pastor, diese Stiefel auf dem Pastorenkamp getragen hat. Da gibt es auch verschiedene andere Möglichkeiten. Leider glauben aber jetzt alle dem Pastor nicht mehr.

Der Pastor lügt nämlich. Der Pastor lügt, finden die Reporter, als der Pastor später selbst auch wieder spricht. Vielleicht lügt er Notlügen. Eine Notlüge ist etwas, das mehr Menschen nützt als schadet. Für den Pastor ist also vielleicht eine Notlüge nötig, weil er damit die Frauen schont, die hin und wieder in seinem Bett liegen, und sich schont er auch. Für alle anderen ist das nicht schlimm. Und es geht die ja auch überhaupt nichts an.

Und wenn er zugegeben hätte, dass er an dem Freitag einen Anruf aus einer Telefonzelle in der Nähe der Leiche zu Hause getätigt hat, dann würde man denken, dass er einen Anruf aus einer Telefonzelle in der Nähe der Leiche getätigt hat. Das würde ein ungünstiges Licht auf ihn werfen. Anstatt sich zum Beispiel damit zu beschäftigen, den echten Täter zu finden, spricht man nun von so einem Quatsch. Kritischer noch sieht man bei Gericht nämlich dieses: Er lässt von einer alten Dame heimlich einen kleinen Zettel an eine Freundin aus der Zelle schmuggeln, sie möge bitte etwas aussagen. Die Freundin aber kriegt weiche Knie und zeigt den Zettel vor Gericht her. Darin steht ungefähr: Ich weiß, meine Frau mochte die grünen Gummistiefel sehr. Bitte sage für mich aus, dass du meine Frau in meinen grünen Gummistiefeln umher gehen gesehen hast. Lieber Gruß, dein Pastor.

Da werden Richter im Allgemeinen richtig sauer, denn sie sind Richter. Und wenn sie eines nicht ausstehen können, ist das, wenn man sie anlügt. Obwohl sich das ja in Geschichten im Fernsehen auch so verhält: Einer lügt immer, und Not ist auch immer. Ob Notlüge oder nicht.

Manchmal beginnt nämlich eine Geschichte so: Du bist erst eine Ameise und immer brav und am Arbeiten den ganzen Tag, und dann bist du tot und klebst an einem Gummistiefel. Oder – auch schön: Du bist erst eine

Das Benecke-Universum

Made und lebst in einem Mund und plötzlich – bummzack – anhand von drei kleinen Maden aus dem Kopf der Leiche wird die Liegezeit der Leiche bestimmt. Man tut das, um nun sicher zu wissen, dass die Frau ungefähr am Freitag getötet wurde. Und da hat ja der Pastor ganz sicher kein Alibi. Bombensicher ist sowieso hier gar nichts, aber das passt schon alles gut zusammen.

Vor allem tritt jetzt der Ameisenexperte auf, nachdem vor Monaten ein Gummistiefel auf eine Ameise trat. Der Ameisenexperte sieht sich die Ameise an, auch vergleicht er sie mit Ameisen, die auf der Bluse der Toten gefunden wurden. Er kann zwar nicht sagen, ob die Ameise eine Ameise vom Pastorenkamp ist, weil man das nicht wissen kann. Fakt ist aber, dass auf dem Pastorenkamp solche Ameisen leben, es gibt da ein Nest in der Nähe des Ortes, wo die Leiche lag. Die Ameisen dort heißen Lasius fuliginosus. Diese tote Ameise hier am Gummistiefel gehört dazu. Ebenfalls eine Lasius fuliginosus. Woanders gibt es Ameisen überall auf der Welt, aber solche selten hier. Die Wahrscheinlichkeit, dass der Pastor oder ein anderer beim Umherspazieren in der freien Natur auf eine andere Ameise dieser Sorte tritt, ist zu gering. Das bedeutet, die Wahrscheinlichkeit, auf dem Pastorenkamp zum Beispiel während der Ermordung der Frau auf diese Ameise getreten zu sein, ist sehr hoch, und darauf kommt es an.

Also sagt man: Es waren des Pastors Gummistiefel, in denen man an diesem Freitagnachmittag auf dem Pastorenkamp, wo diese Ameise damals lebte, die Frau des Pastors erschlug. Oder da in der Nähe. Und deshalb war das dann der Pastor. Denn der lügt nämlich. Denn das waren seine Gummistiefel. Und es war Freitagnachmittag. Und mehr kommt nicht, das heißt, dass mehr nicht kommt. Und Punkt.

Das ist dann nicht viel, aber immerhin etwas. Mehr als diese komischen Zeugen sagen können. Man beschließt, die Sache damit zu beenden und die meisten, außer dem Pastor oder dessen Anwalt, sind damit auch ganz zufrieden. Alle sind recht hysterisch, die Zuschauer und die Reporter und die Leser der **Bild**-Zeitung. Der Pastor hält noch eine Rede: Er hofft, dass es dann doch noch einmal Gerechtigkeit gibt – Verbrecher zu Verbrechern, Unschuldige ins Körbchen, und Himmel und Hölle und so weiter.

Amen, sagt jemand, das ist aber als Witz gemeint, weil es ja immer noch ein Pastor ist, wenn auch ein vom Dienst suspendierter.

Der Pastor jedenfalls sitzt im Knast, wo das Essen nicht gut schmeckt. Auch auf dem Knastklavier getraut er sich zunächst nicht zu üben, man ist ja gehemmt in so fremder Umgebung. Aber immerhin bekommt er bald eine Einzelzelle. Er liest viel. Freunde des Pastors schicken ihm Essen und Briefe, auch Musik zum Hören. Sie sagen, dass der Herr die Ameisen überall hin auf die Welt gesetzt habe. Lächerlich, das Urteil daran aufzuhängen!

Ganz am Schluss jedenfalls stirbt der Pastor. Davor passieren auch noch eine Menge anderer Dinge und eine Menge anderer Dinge passieren auch nicht, aber dafür ist es jetzt zu spät.

Aus der Welt des Kriminalbiologen: Teil 6 – „Kommse rein, könnse rauskucken"

Die Gefängniswärter bringen den Gefangenen herein. Er hat keine Handschellen an und sieht auch ansonsten ganz normal aus. Er spuckt auch den Wärtern nicht ins Gesicht und auch nicht auf die Füße und beleidigt auch sonst niemanden in der groben Art und Weise, die man ja von Verbrechern erwartet. Er gibt mir höflich die Hand und sagt mir noch einmal, wie er heißt und fragt, ob Karneval in Köln ist. „Ja", sage ich, „es ist Karneval in Köln."

Er ist ziemlich bleich und hat Speck am Bauch. Das liegt daran, wie er mir erzählt, dass er auf den Hofgang immer verzichtet und es vorzieht, lieber auf der Zelle zu bleiben, auch während des Essens, das übrigens nicht so schlecht ist, wie immer behauptet wird.

„Man kann gegen das Essen nichts sagen", meint er. Es ist wie Kantinenessen. Auch die Gefängniswärter, die aber JVA-Angestellte heißen, seien sehr nett. Er geht also eigentlich nie hinaus. Manchmal öffnet er sein Fenster. Das ist dann besser zu ertragen als auf einem Hof hin und her zu gehen, in dem man immer auf eine Mauer blickt oder in einen tief hängenden Himmel. Wie soll man denn da den Kopf frei bekommen. Nein, das Fenster muss genügen. Er macht ein ratloses Gesicht. Er sitzt seit vier Jahren im Knast und wird noch weitere vier sitzen. Mit seinen Kollegen versteht er sich gar nicht gut. Es sind auch eigentlich gar keine Kollegen. Er sitzt nämlich aus Versehen im Knast und ist in Wirklichkeit unschuldig.

„Das Schlimmste", sagt er, „ist, dass man keinerlei Privatsphäre hat." Alle wollen alles wissen, aber er will keinem was sagen.

„Weshalb sitzen Sie", frage ich.

„Vergewaltigung", sagt er und wundert sich, dass ich das nicht weiß.

„Ich wünsche mir", sagt er, „einmal einen Psychologen, der in mich hineinschaut und sieht, dass aus mir heraus nichts Böses kommen kann, wie alle meine Freunde und ehemaligen Arbeitskollegen, meine Ex-Freundinnen, wie alle sagen."

„Wie unschuldig", frage ich, „waren Sie es nicht?"

„Nein", sagt er und hebt die Hände. „Das sag ich ja die ganze Zeit."

„Sie haben also gar keine Ahnung, was war und wer?", frage ich.

„Nein", sagt er. Dann erzählt er folgende Geschichte.

Es war eine Faschingsfeier und er hat sich schick gemacht. Spät an diesem Abend hat er sich für ein Getränk angestellt. Weil die Schlange lang war, wollte er doch erst mal kein Getränk, erst mal eine rauchen. An einem Tisch saß jemand, er ist hingegangen und hat nach Feuer gefragt. Da hat er auch erst gesehen, dass es ein „Mädle" war. Er solle sich dazusetzen und etwas erzählen, hat sie ihn aufgefordert, und so hat er sich also gesetzt und sie haben geplaudert. Irgendwann ist dann das Fest zu Ende gewesen, weil irgendwann hat sich ja auch die lustigste Faschingsfeier ausgefeiert, wenn alle müde und hungrig sind und der Würstelstandmann schlechte Laune bekommt und nach Hause geht.

Das Verhängnis war ja, dass er mit dem Auto gewesen ist. Aber was macht man, wenn es kalt ist? Frierend haben jetzt die Bekanntschaften des

Abends auf dem Parkplatz herumgestanden, er, das „Mädle" und eine ihrer beiden Freundinnen, die auch dabei waren. Es ist kalt gewesen und spät, und bei dem „Mädle" kippte plötzlich die Stimmung. Sie ist besoffen gewesen, wollte aber trotzdem mit ihrem Auto nach Hause fahren. Also haben die beiden „Mädle" einen Streit angefangen: Die eine sollte bei der anderen übernachten, so war es geplant, und jetzt wolle sie doch Auto fahren und sie wollen sich vielleicht ein Taxi rufen und sie wollen sich kein Taxi rufen und sie wollen einfach laufen und sich hinsetzen und weinen und ihren Willen wollen sie, weil sie „Mädle" sind und betrunken.

Er hat eine Weile zugehört und sagte dann, dass kein wirkliches Problem vorhanden sei. Bei ihm könnte man gut mitfahren, er würde sie einfach beide nach Hause bringen, er sei ein guter Autofahrer, er habe auch nicht so viel getrunken. Kein Problem.

„Was hat das ‚Mädle' dazu gemeint?"

„Das Mädle hat gesagt, ‚nein'. ‚Okay', hat das Mädle gesagt. Nein, habe es gesagt, und okay, und es hat mit den Zähnen geklappert und selber fahren wollen.

Da hat die Freundin dem betrunkenen „Mädle" den Schlüssel abgenommen, weil sie eine Freundin gewesen ist und verantwortungsvoll. Sie hat ihn angeguckt und gesagt, bei dem kannst du mitfahren, ich lasse euch jetzt alleine. Und sie hat gedacht, das ist okay. Oder sie hat sich nichts gedacht und ist einfach gegangen, auf jeden Fall war sie jetzt weg und er und das „Mädle" alleine. Sie hat sich aufgeregt und gefragt, wo die Freundinnen geblieben sind.

Die eine ist weg, sagte er. Die andere weiß ich nicht.

Schlecht war dem Mädle dann auch. Alkohol, die Aufregung. Am Eingang standen Rote-Kreuz-Leute und warteten auf Notfälle. Die hat sie angesprochen, sie wollte MCP-Tropfen gegen Magenbeschwerden, hat sie aber nicht bekommen.

„Und die", sagt er, „hätten sich doch erinnern müssen! Die müssen doch gesehen haben, dass ich später allein in mein Auto gestiegen und weggefahren bin."

Er sei müde gewesen und sie hysterisch. Auf dem Parkplatz war es nun ziemlich leer und die wenigen Clowns hier und da betrunken und sowieso sei der Abend da schon ganz kaputt gewesen.

Schließlich haben sie sich doch in sein Auto gesetzt, weil es kalt war und dunkel, weil er müde war und sie hysterisch, und weil im Warmen und sitzend sich die Dinge besser klären lassen, wie er findet. Manchmal lösen sich die Probleme, die da waren, auch plötzlich in Luft auf, wenn man es warm hat und weich und ein Brathähnchen im Bauch, zum Beispiel.

Dann ist es noch eine Weile hin und her gegangen.

Er erzählte genau, wann und was, er redete die ganzen Zeit und mehr passierte nicht, im Knast.

Es endete jedenfalls damit, dass das „Mädle" die Worte „Ihr Männer seid doch alle gleich!" gesprochen hat, und sie hat die Tür geöffnet, ist aus dem Auto gehüpft und in die Nacht gerannt. Und das war das Letzte.

„Das ist mir doch auch zu blöd gewesen", sagt er.

Was dann in dieser Nacht mit ihr passiert ist, weiß man nicht. Was immer es gewesen ist und zu bedeuten hat, er hat nichts damit zu tun.

Er ist nämlich einfach, und das muss doch jemand alles gesehen haben und das müsse man ihm doch glauben, allein nach Hause gefahren. Dort hat er sich neben seine Freundin ins Bett gelegt und ist sofort eingeschlafen.

Am Morgen klingelte dann die Polizei und seine Freundin fragte: „Was hast du denn angestellt?"

„Das hat sie aber als Witz gemeint", sagt er.

Das hat er erfahren.

Das „Mädle" ist wohl spät in das Haus gekommen, zu Fuß, in dem eine der beiden Freundinnen mit ihren Eltern wohnt. Sie war verletzt, hatte Kratzer im Gesicht und die Rippen geprellt. Sie ist durcheinander gewesen und hat geschrien: „Die wollten mich umbringen. Ich bin vergewaltigt worden. Hilfe, ich bin verletzt, die wollten mich umbringen. Und ja", sagte sie schließlich, „der war es, ja".

So ist das alles so unglücklich gekommen.

Jemand habe sie also im Auto mitgenommen, so lautet der Text des geschädigten „Mädles", ungefähr. Jemand habe sie im Auto wohin gefahren.

Jemand war da, das muss wohl der gewesen sein, der habe sie nach Hause bringen wollen, hat das aber nicht getan, sondern ist mit ihr woanders hingefahren, in die Nacht. Das hat sie gleich gesehen. Es ist der falsche Weg gewesen. Es ist der falsche Weg, habe sie gesagt, und der Jemand, der da war, sagte, nö, das stimmt schon, es ist ein schlauer Umweg. Dass das nicht stimmt, sei ihr spätestens klar geworden, als jemand auf einem unbeleuchteten Platz mit Schotter gehalten hat.

Jemand war da, der ihr die Rippen geprellt und sie im Gesicht verletzt hat. Er hat versucht, ihr die Jeans auszuziehen, sie auf den Boden geworfen und geschlagen. Irgendwann hat sie gesagt: „Jetzt bring mich bitte zum Parkplatz zurück." Das muss gewesen sein, als sie gemerkt hat, das sie wohl auf jeden Fall am Leben bleiben wird.

Und das, sagt er, sei doch unlogisch. Wieso steigt ein „Mädle", dem so was passiert, wieder in das Auto ein?

„Vielleicht", sagt er, „war er einfach das letzte Gesicht des Abends, das Letzte, das sie erkannt hat, bevor das passiert ist."

Viel wird doch verschüttet, viel gerät durcheinander. Alkohol vielleicht und Medikamente, diese Tropfen, die sie möglicherweise vorher schon genommen hat.

Ja, und es kann ja viel passieren in so einer Nacht.

Und eine Todesfurcht bleibt im „Mädlehirn", und etwas ist auf jeden Fall gewesen, sie war ja verletzt. Etwas ist gewesen, das sich möglicherweise verdunkelt im Nachhinein, das sie falsch gespeichert, in einer falschen Schublade abgelegt hat, in einer Schublade, in der halt auch schon etwas ganz anderes lag.

Aber: Dass zwei Dinge zufällig in der gleichen Schublade liegen, bedeutet nicht, dass sie zusammengehören.

Daher gilt es übrigens, immer Ordnung zu halten, auch im Kopf. Es ist ja auch so, dass die „Mädle" da abschließen müssen. Dafür hat er Verständnis, klar, wenn er ein „Mädle" wäre und da etwas passiert wäre auf einem dunklen Parkplatz, dann würde er auch damit abschließen wollen. Und abschließen kann man dann, wenn ein Täter gefunden wird, aber das „Mädle" hätte ja nicht gleich gegen ihn aussagen müssen. Das war wirklich unnötig.

Die Polizei hat geklingelt, und natürlich hat er der Polizei freiwillig eine Speichelprobe gegeben, weil er es ja nicht war.

Blöd ist, dass niemand mehr etwas sagen kann: die Rotes-Kreuz-Leute nicht, die Freundin nicht, die betrunkenen Clowns, der müde Würstelmann nicht, niemand hat gesehen, wie es war: dass sie aus dem Auto gehüpft und er weggefahren ist.

Richtig blöde war dann, dass Spuren, die bei zwei weiteren, bisher unaufgeklärten, Sexualdelikten gesichert worden waren, plötzlich mit seiner freiwillig abgegebenen Speichelprobe übereinstimmten. Und auch eine zweite, freiwillige Speichelprobe stimmte überein und eine dritte, so dass plötzlich gar nicht mehr die Frage war, ob er das eine „Mädle" verletzt hat oder sie vergewaltigen wollte, überhaupt etwas wollte oder tat. Weil er plötzlich sowieso ein Wiederholungstäter war.

Er kennt aber diese geschädigten Mädle, bei denen seine Spur gefunden worden waren, nicht.

Er hat keine Ahnung, wie ihm geschieht.

Die Polizei kam zu seiner Arbeitsstelle.

„Setz dich mal", hat der Chef gesagt, „ins Büro". Und alles ist schnell gegangen. Die Polizisten sind hereingestürmt, haben ihn an die Wand gedrückt, ihn abgetastet, in Handschellen gelegt. Und er in Untersuchungshaft, das Gerichtsverfahren wie eine Laufmasche am Laufen, er konnte nur dasitzen und gucken. Und von heute auf morgen war seine Arbeit, die Wohnung, sein Leben weg, und für acht Jahre in den Knast, die Freundin auf einmal in der Wohnung alleine, die Eltern völlig verwirrt und verstört, vor allem seine Mutter. So kann es also jedem passieren und man ist nicht geschützt davor, in den Knast zu kommen, aus Versehen zum Verbrecher zu werden oder einem Justizirrtum zum Opfer zu fallen, und dann sitzt man und guckt aus dem Fenster, und hinter der Mauer ist ein Wald mit Vogelhäuschen darin, und man gehört nicht zu den einen oder den anderen, weil es nicht die einen oder die anderen gibt.

Und nun zermartert er sich das Gehirn und weiß nicht mehr weiter. Er wird nicht ruhen, bis er wisse, wer es war, aber er kann nichts tun, aus dem Knast heraus. Er kann nicht mit den Opfern reden. Keine hat ihn nämlich wirklich sofort erkannt. Andererseits war es dunkel und lange her und die Angst. Aber man müsse ja abschließen mit einer schlimmen Geschichte, sagt er nochmal, dafür hätte er schon Verständnis, aber wenn er jetzt unschuldig im Knast sitzt und der schwarze Mann, der es ja immer ist, draußen herumläuft, damit sei doch keinem geholfen. Das müsse man doch verstehen.

„Wäre ich bloß nie auf diese blöde Faschingsparty gegangen", sagt er. „Früher", sagt er, „bin ich gerne weggegangen, aber seit dieser Faschingsparty … Ich meine, jetzt kann ich ja sowieso nicht, aber ich weiß nicht, ob ich, wenn ich hier raus bin, jemals wieder auf eine Faschingsparty gehen werde. Zumindest nicht in einer Turnhalle. Ich weiß gar nicht", sagt er, „wie ich in mein altes Leben zurückkomme."

Er hat einen Fernseher auf der Zelle. Man sieht dort, wie Unschuldige im Knast sitzen müssen und umgekehrt Schuldige draußen frei herumlaufen. Erst letzte Woche kam eine Sendung darüber, wie zwei DNA-Proben vertauscht worden sind und es deshalb nichts als Schaden gegeben hat. „Sehen Sie sich die mal an", sagt er.

„Jeder macht Fehler", sagt er, „man muss das zugeben können. Es muss", sagt er, „einfach einer eine Spur gelegt haben. Oder die Polizei hat einfach ihn genommen, weil einer her musste. Alles schon da gewesen. Es muss", sagt er, „die Spur direkt beim Opfer gelegt worden sein, oder die Polizisten haben Spuren manipuliert. Weil sie ja immer mit seinem Profil übereinstimmen, das kann ja nicht sein, er war es ja nicht.

Das Benecke-Universum

Wer weiß, vielleicht gibt es irgendeinen Polizisten, der dadurch befördert worden ist."

Er hoffe, dass eine neue Speichelprobe genommen werde, ja. Oder dass
man die DNA auf mehrere Systeme hin prüft. Es kann nämlich sein, dass
dann eine oder mehr Stellen an der DNA doch nicht mehr übereinstimmen. Es gibt nämlich eine winzige Wahrscheinlichkeit, dass die DNA von
ihm der DNA des schwarzen Mannes, der es immer ist, einfach nur zufällig,
sehr gleicht. Die Wahrscheinlichkeit liegt bei eins zu dreizehn Billionen.

Also, eine neue Speichelprobe sei der letzte Strohhalm, und dass man
etwas findet, etwas anderes. Dass dann endlich alle sehen, dass er es nicht
gewesen sein kann, bevor ihm aller Mut verloren geht und die Freunde
ihn fallen lassen.

Aus der Welt des Kriminalbiologen: Teil 7 – Beamte und Behörden (1) – Der Fall Sven K.

Der Bruder von Beate K. hieß Sven. Sven lag eines Tages tot in seiner Wohnung. Er lag neben seinem Bett auf dem Boden, den Hintern in die Höhe,
das Gesicht in der Ecke. Eine merkwürdige Position, sagt Tanja, das sagen
alle.

Im Garten hat Beate K. ein Holzkreuz aufgestellt, man kann es durch das
Fenster sehen. Im Wohnzimmer eine Art Altar, mit einem Foto, und kleinen Andenken. Und es regnet, natürlich.

Beate K. hat noch einen älteren Bruder, sie ist das jüngste von drei Ge-
schwistern gewesen. Sven war der mittlere. Und Sven ist nie einfach gewesen, keiner behauptet das. Er war ein periodischer Trinker, erklärt Beate,
hat ab und zu tage- oder wochenlang gesoffen. Dann kam er schlecht mit

den Leuten aus, und wenn er trank, hörte man nichts von ihm. Er verschwand in einem Loch aus Schnaps, Schnaps und Schnaps zum Frühstück.

Ihr ältester Bruder hat sie angerufen, in diesem Sommer vor drei Jahren: „Komm schnell zu Sven, er ist tot."

Beate sagt, sie hätte gedacht, Sven ist nicht tot, den muss man nur schütteln, dann wacht der wieder auf.

„Das ist so eine Vorstellung von mir gewesen", sagt sie, „man muss den nur schütteln, dann wacht der wieder auf."

„Wollen Sie da wirklich hineingehen?", hat man sie gefragt.

Sie hat ja gesagt und ist hineingegangen. Sie hat in Svens Schlafzimmer geschaut, sein Bett gesehen und die Füße ihres Bruders, die dahinter in den Raum ragten. Die Füße waren schwarz.

Der Arzt, der die Leichenschau durchführte, war ein ihr unbekannter Arzt aus dem Ort. Ein Allgemeinarzt, der irgendwann einmal eine Fortbildung in Pathologie gemacht hat.

Auf dem Leichenschein, den er für ihren Bruder ausgestellt hat, kreuzte er gründlich an: „Obduktion erwünscht". Weil genaues, sagte er, könne man nicht wissen, da sei schon eine dicke Kopfwunde.

Die Kriminalpolizei war auch da.

„Ihr Bruder ist gestürzt", erklärte man ihr, „er war betrunken, ist hingefallen, hat sich am Kopf verletzt und ist dann gestorben. Ganz einfach."

Wozu dann aber die Kriminalpolizei da war, sagt Beate K., wenn denen angeblich klar gewesen sein soll, dass es sich hier um einen einfachen Unfall eines einfachen Trinkers handelt, sei ihr schleierhaft.

Der Arzt hat also den Tod festgestellt. Die Leiche war ja ganz deutlich eine schon schwarze Leiche. Die Nachbarn waren bereits auf Fliegen aufmerksam geworden, die unter der Tür durchkamen, angeblich, und ein Gestank, seit Tagen.

„Obduktion erwünscht", das weiß sie noch.

Hier steht es auf dem Leichenschein.

Das Benecke-Universum

Aber es ist alles schnell gegangen. Ehe man sich versah, war der Sven verbrannt – und zwar ohne Obduktion. Wie das passieren konnte?

„Wir standen ja unter Schock", sagt Beate.

Der Arzt erzählte ihr später, dass der Kriminalpolizist, der bei ihm war, ihn versucht hat zu überreden, doch „keine Obduktion" anzukreuzen auf dem Leichenschein.

Dieser Kriminalpolizist, M. heißt er, ist sowieso arg voreingenommen gegen die Familie gewesen. Im Vorfeld hat er zweimal, keiner weiß wieso, gegen den Vater ermittelt, wegen Waffenbesitz. Das sei natürlich Humbug, sagt Beate.

Aber dass der Sven ein Säufer gewesen ist, sagte M., sei ja bekannt.

Mit dem Kopf auf die Bettkante, also, und schnell gestorben. Logisch! Wie soll es sonst gewesen sein, sagte M.

Es hat ja auch tatsächlich lange keiner bemerkt.

In dem Polizeibericht tauchen Fehler auf, sagt Beate, die Beschreibung der Auffindesituation passt nicht mit den dazu angefertigten Bildern zusammen.

Um die Leiche herum sollen zum Beispiel leere Wodkaflaschen liegen, liest man im Bericht.

Was man auf den Bildern sieht, sind diese kleinen blauen oder durchsichtigen Plastikflaschen, in denen Wasser enthalten ist oder Apfelschorle, und für deren Rückgabe es 25 Cent Pfand gibt.

Auch die Katze in der Wohnung, sowie ein Teller mit Essen auf der Fensterbank blieb von der Polizei unbemerkt. Dabei hatte das durchaus Bedeutung.

Essen nämlich bedeutet, zumindest für die Familie, dass Sven aus einer seiner Trinkerphasen, in denen man wochenlang nichts von ihm sah und hörte, in denen er auch nicht aß, hinauskam.

Überhaupt zweifelt Beate daran, dass ihr Bruder zu der Zeit ununterbrochen betrunken gewesen ist. Am Vortag des vermeintlichen Sterbezeitpunkts soll ihn nämlich noch eine Bekannte nüchtern gesehen haben.

„Wo hatten denn die Polizisten ihre Augen?", fragt Beate K. also.

Es schien allen, als ob etwas vertuscht werden sollte.

Es gäbe einen konkreten Verdacht, sagt Beate.

Es ist so, dass es oft Ärger mit den Nachbarn gab. Ihr Bruder hatte in dem Haus eine Art Hausmeistertätigkeit, er reparierte und so weiter.

Und mit den Nachbarn L. gab es immer Ärger. Es ist also wahrscheinlich, dass es wieder Streit gegeben hat, vielleicht ein Versehen, vielleicht dass man sich geprügelt hat im Treppenhaus, und ihn in die Wohnung gebracht hat, vielleicht dass er nicht einmal tot gewesen ist, sondern noch gelebt hat, eben ein Versehen.

So lautet der Verdacht. Etwas schal und dünn. Reicht nicht für einen Fernsehbeitrag, reicht auch nicht für eine halbe Seite Lokalblatt.

Reicht nicht einmal zusammengenommen mit allen nicht angehörten Zeugen, mit einem dicken Briefwechsel mit vielen Behörden und Beamten, nicht mit dem Regen, der auf das kleine Holzkreuz fällt, hinter dem Haus, am Hang.

„Es gibt noch etwas", sagt Beate. „In der Woche danach sind wir in den Keller gegangen und haben Blutspuren an der Wand entdeckt."

Auf den Fotos ist eine weiß verputzte Wand mit Blutflecken darauf zu sehen.

Beate hat damals alles so gemacht, wie man es machen muss.

Mit einem Wattestäbchen das Blut von der Wand genommen, das fotografisch dokumentiert (man macht es so), Zigarettenstummel aus dem Auto gesammelt und Dinge aus der Wohnung, an der noch DNA sein könnte. Das hat sie in ein Labor geschickt, um eine DNA-Probe machen zu lassen, ob es sich also tatsächlich um Svens Blut handelte, im Keller. Tatsächlich handelte es sich um Svens Blut.

Aber, wenn Sven in der Wohnung gestürzt und dort gestorben ist, wie kommen dann Blutspuren in den Keller?

Seltsam, oder?

Und wie er daliegt, so fällt kein Mensch.

Auf die Knie, mit dem Oberkörper nach vorne, die Hände nach hinten, auf beengtem Raum, genau zwischen Bett und Wand.

Wo soll er sich angeschlagen haben, wie kann das passiert sein? Eine kleine Blutspur mit Haaranhaftung am Bett, auf einer Kante, ja.

Aber diese Blutspur war, wie man auf dem Foto sieht, weiter vorne am Bett, als die Leiche lag. Zudem ist daneben ein aufgeräumtes Nachtkästchen zu sehen, auf das er hätte fallen müssen, aber das war völlig in Ordnung. Keine Blutspuren, nicht einmal die Gegenstände darauf waren umgefallen.

Kleine Blutspuren mit Haaranhaftung befanden sich auch an anderen Stellen in der Wohnung. Beate nimmt an, dass das von der Katze stammt, die sich ja mehrere Tage mit der Leiche zusammen allein in der Wohnung befand, und Blut und Haare von der Leiche durch die Wohnung verteilte.

Außer Acht gelassen wurde auch eine seltsame Wischspur von Blut an der Wand, vor der Sven lag. Die sieht auf den Fotos so aus, als ob ein Mensch, blutend, daran herunter geglitten sei, oder daran entlang geschleift worden ist.

Die wichtigste all dieser Ungereimtheiten aber ist die Blutspur im Keller.

Aber da ist die Akte eben schon zu gewesen, die Leiche verbrannt und Sven existierte nur noch als Asche und als ein dünner Stapel Papier in einer Schublade namens „Tod von Alkoholikern, die im Zimmer hinfallen". Was ja tatsächlich oft vorkommen soll. Auch Blutgerinnsel bilden sich häufig im Kopf oder Hals, oder Adern platzen, Dinge, die unbemerkt vor sich gehen, und ehe man sich versieht, stürzt man einsam und stirbt und liegt.

Der Vater kommt ins Wohnzimmer und sagt etwas, laut und donnernd:

„Die Staatsanwaltschaft weiß, wer der Mörder ist. Und wenn ich das herausbekomme, dann blüht dem dasselbe wie meinem Sven. Wenn ich den zu fassen kriege, dann bringe ich den um!"

Dann sagt er weiter: „Das Haus neben dem Haus stand unter Beobachtung. Da auf dem Parkplatz gegenüber stand immer ein Wagen mit Ermittlern. Und an dem Tag, als sie meinen Sven gefunden haben, ist der

Nachbar verhaftet worden, wegen Drogen. Der war mit drinnen. Die wissen etwas, was sie nicht sagen."

Das ist alles. Mehr kommt nicht aus dem Vater heraus. Er dreht sich um und verlässt den Raum. Es ist wieder sehr leise, bis auf das Blättern in der Akte, der Regen vor dem Fenster.

Beate sagt, sie weiß nicht, ob Svens Tod etwas mit dem Nachbarn zu tun hat. Sie glaubt eher an einen Unfall. Aber vielleicht, dass man etwas verschleiert, um die Identität der V-Männer zu schützen, die die ganze Zeit auf dem Parkplatz standen. Deshalb glaubt der Vater, dass dem Staatsanwalt der Mörder bekannt sei, denn die müssen ja etwas gesehen haben, das aber vielleicht zugunsten eines größeren Verbrechens vertuscht wird. Aber man weiß es nicht.

Die Probleme fangen bei dem ermittelnden Kriminaloberkommissar, kurz KOK, an. Weil der Vorurteile gehabt hat gegen Säufer, gegen die Familie K. und gegen den Sven, weil der ja tatsächlich manchmal Blödsinn angestellt hat, im Suff. Wer ein Säufer ist, ist selber schuld, wenn er stirbt. So ungefähr. „Keine Obduktion erforderlich".

Die Blutspuren im Keller hat er halt abfotografiert, nachdem ihn Beate K. darauf aufmerksam gemacht hat, aber nichts ist passiert. Wahrscheinlich liegt der Film bei denen immer noch unentwickelt in einer Schublade. Mit einem Wattestäbchen hat er nachlässig über die Blutspur gerieben, das Wattestäbchen liegt noch immer in der Akte, er hat es nicht eingeschickt. Weshalb auch immer. Wahrscheinlich wegen seiner Vorurteile.

Die ganze Familie ist eine Assi-Familie, so sieht das die örtliche Polizei, so schreibt sie in ihrem Protokoll, das ist gemeint, wenn aus Wasserflaschen Wodkaflaschen gemacht werden.

Die Mutter weint und sagt: „Ich kann mich darüber gar nicht beruhigen."

„Es ist keiner außer mir mehr", sagt Beate später, „der sich damit konstruktiv beschäftigt."

Das Benecke-Universum

Der ältere Bruder? Der sagt, vergesst es, es lohnt sich nicht.

„Der Ohrring", sagt sie, „den ich trage, ist von meinem Bruder, und die Uhr auch. Leute finden das pietätlos, aber es ist meine Methode, damit klar zu kommen."

Mehr gibt es kaum zu sagen.

Einmal ist die Akte hinuntergefallen und bei der Lichtbildmappe aufgeschlagen, als mein Vater daneben stand", sagt sie. „Der hat die Bilder gesehen. Svens Leiche, wie sie in der Wohnung verwest. Das Gesicht wie eine verfaulte Birne. Alles fließt davon."

Das merkwürdige Verhalten der Familie L., für Beate K. ja die Hauptverdächtigen:

Die Kirche, in der die Trauerfeier und die Beerdigung stattgefunden hat, befindet sich gegenüber dem Haus, in dem Sven gestorben ist. Und am Tag der Beerdigung standen die L.s auf dem Balkon und sahen über die Straße zu der kleinen Gruppe Trauernden hinüber. Standen einfach da. Und sahen hinüber. Anstatt hinzugehen und mit ihnen zu sprechen. Sie haben aber etwas für das Begräbnis gespendet, obwohl sie mit dem Sven ja verfeindet waren. In der Akte steht es auch, immer wieder gab es Streitereien wegen des Mülls, abgestellter Sachen im Hausflur, Ruhestörung, so was.

Herr L. wurde danach oft am Grab gesehen. Komisch, oder? Warum kommt er denn dann nicht gleich zu der Beerdigung? Und jetzt ist der L. umgezogen, schon zweimal, seitdem. Und es ist ja erst drei Jahre her. Ein bisschen viele Umzüge in so kurzer Zeit, finden Sie nicht? Als müsste er vor etwas fliehen. Leute mit Kindern und Familie, die einfach weiterleben. „Ich glaube", sagt Beate, „die Zeit arbeitet für uns. Das kann man doch nicht aushalten, so ein Geheimnis, so eine Schuld, und damit weiterleben."

Damit endet dieser Teil der Geschichte. Mehr gibt es nicht. Zwei halbgare Verdächtigungen, eine Blutspur im Keller, der man nicht nachgegangen ist, die seltsame Auffindesituation der Leiche, das unwirsche Verhalten des Polizisten, eine verbrannte Leiche, eine geschlossene Akte.

Es bleiben zwei Seiten skizzierte Fragen eines Journalisten, der etwas schreiben wollte. Für die Zeitung. Woraus aber dann doch nichts wurde, weil es an Zeit fehlte, an Geld oder Stoff.

Er fragte: Was hätte eine Obduktion gekostet? Warum hat man einfach keine gemacht?

Verhält sich die Polizei seltsam, oder ist das alles Einbildung?

„Ist es vielleicht tatsächlich alles Einbildung", fragt Beate.

Aber es gibt diese Blutspur, und hört keiner ihre Hinweise wenigstens an?

Es ist doch allerhand Seltsames passiert, oder etwa nicht?

Aus der Welt des Kriminalbiologen: Teil 8 – Beamten und Behörden (2) – Einfache Fragen und einfache Antworten von Mark Benecke

Was sind die ersten Schritte, die getan werden, wenn eine Leiche gefunden wird?

Der erste Schritt ist die Identifizierung des Toten durch die Polizei. Wenn nötig, helfen dabei die Sachverständigen, also zum Beispiel die Rechtsmediziner.

Die helfen auch bei der Ermittlung der Todesursache.

Angenommen nun, es handelt sich um einen Mordfall. Es scheint aber keinen zu geben, der ein Interesse daran hat, dass ein Täter gefunden wird. Wird nach dem Täter trotzdem gesucht?

Der Staat ist grundsätzlich immer verpflichtet, nach dem Täter zu suchen.

Von wem wird gesucht, und im Auftrag wessen?

Es ermittelt eigentlich der Staatsanwalt. Welcher Staatsanwalt gerade zuständig ist, ist meist Zufall. Der Staatsanwalt beauftragt, technisch gesehen, die Polizei. Die Polizei handelt also sozusagen im Auftrag des Staatsanwalts und sucht den Täter.

Was passiert, wenn ein möglicher Täter verdächtig ist? Wie wird das Verfahren eröffnet und von wem?

Im Normalfall klagt der Staatsanwalt nach durchgeführten Ermittlungen den Verdächtigen an. Gleichzeitig können von anderen Stellen, zum Beispiel von Verwandten oder von Versicherungen, Nebenklagen erhoben werden.

Wird der Verdächtige gleich eingesperrt?

Wenn einer verdächtig ist, zum Beispiel, weil er einen Vorteil aus dem Tod des Opfer zieht und für die Tatzeit kein Alibi hat, entscheidet der Haftrichter, ob er in Untersuchungshaft kommt. Das geschieht wegen der Fluchtgefahr oder weil man für die folgenden Befragungen des möglichen Täters Zugriff auf ihn braucht.

Um ihn verhaften zu können, benötigt die Staatsanwaltschaft allerdings genügend Hinweise. Anderenfalls wird der mögliche Täter vorerst als Zeuge vor Gericht geladen.

Wie heißt das Gericht, vor dem die Angelegenheit dann verhandelt wird?

Das kommt auf die Art und den Grad des Deliktes an. Tötungsdelikte werden meist vor dem Landgericht verhandelt.

Sollte man sich grundsätzlich immer einen Anwalt suchen?

Man ist nicht verpflichtet, sich selbst einen Anwalt zu suchen, um vor Gericht aussagen zu können.

Wenn man selbst der Angeklagte ist, bekommt man für das Verfahren notfalls einen Pflichtverteidiger gestellt, der spricht dann für einen. Auch den kann man ablehnen, wenn man das unbedingt möchte.

Es ist aber grundsätzlich keine gute Idee, ohne Anwalt zu sprechen, vor allem bei Tötungsdelikten. Egal, ob man Nebenkläger oder Angeklagter ist.

Warum soll man sich einen Anwalt nehmen, wenn man sowieso im Recht ist? Wie sollte der die Wahrheit besser erzählen können als man selbst?

Die Wahrheit an sich spielt bei einer Verhandlung durchaus eine Rolle, sie ist aber leider nicht so entscheidend, wie die meisten glauben. Es gewinnt weder die Wahrheit noch die größte Lüge oder, anders ausgedrückt, die beste Verdreherei. Entscheidend ist allein die rechtliche Auslegung des Gesamtsachverhaltes, und das ist das Macht- und Fachgebiet der Anwälte und des Richters.

Was kann und darf der Anwalt noch?

Am Wichtigsten ist, dass der Anwalt für seinen Mandanten sprechen darf. Man braucht also, sobald man einen Anwalt hat, vor Gericht und bei der Polizei kein Wort mehr zu sagen.

Wieso soll das besser sein?

Anwälte und Richter haben andere Denkweisen als Nicht-Juristen. Der Fall wird aber unter Juristen verhandelt, denn die Richter sind ja auch Juristen. Der Anwalt versteht also die Belehrungen und alle Überlegungen des Richters besser als wir.

Er kennt die Terminologie, also die Fachsprache, und die Gesetze. Er weiß zum Beispiel genau, was es in all seinen Konsequenzen bedeutet, wenn es heißt, „Gegen diesen Bescheid können Sie innerhalb von zehn Tagen Berufung einlegen." Auch aus solchen Sätzen, die klingen wie normale deutsche Sätze, kann ein Jurist mehr herauslesen als ein Nicht-Jurist.

Das bedeutet konkret, dass ein guter Anwalt genau weiß, wie er vorgehen muss, um das Bestmögliche für seinen Mandaten aus der Rechtslage herauszuholen. Ein guter Rechtsanwalt sucht sogar objektiv nach entlastenden Sachverhalten für seinen Mandanten. Etwas, das schlecht für den Mandanten wäre, verschweigt er, ohne dabei zu lügen.

Hat er Fähigkeiten und Rechte, die man als Privatperson nicht hat, in ein laufendes Verfahren einzugreifen, kann er Einblicke bekommen, die wir nicht bekommen können?

Ja. Zum Beispiel ist der Anwalt berechtigt, eine Akteneinsicht zu beantragen, was eine Privatperson nicht kann.

Wie soll man vorgehen bei der Anwaltssuche?

Man sollte sich jemanden suchen, der spezialisiert ist. Ein Fachanwalt für Strafrecht hat eine Extra-Ausbildung. Das ist vergleichbar mit einem Arzt. Man würde mit Bauchschmerzen nicht zu einem Facharzt für Augenheilkunde gehen, auch wenn der einen durchaus deshalb behandeln darf. Das mit den Ärzten weiß jedes Kind, mit den Anwälten keiner. Wenn man es mit einem Mordfall zu tat, wendet man sich besser nicht an einen Fachanwalt für Mietrecht. Auch nicht an den Anwalt, der zufällig im Nachbarhaus seine Kanzlei hat. Man sollte sich an einen Fachanwalt für Strafrecht wenden. Das kann nicht oft genug wiederholt werden.

Muss ein Anwalt jeden Antrag annehmen?

Kein Anwalt muss jeden Antrag annehmen, außer gewissermaßen der Pflichtverteidiger. Man wird aber immer einen Anwalt finden. Anwälte gibt es wie Sand am Meer, allerdings nicht automatisch gute. Man kann aber einfach bei der Anwaltskammer anrufen. Das mache ich auch, wenn ich merke, dass Mandanten es einfach nicht auf die Kette kriegen, sich einen guten Anwalt zu suchen.

Wie ist das mit der Bezahlung?

Es gibt eine Gebührentabelle. Wie bei allen Freiberuflern kann allerdings auch hier frei verhandelt werden. Wenn man ein Verfahren gewinnt, werden einem unter Umständen die Kosten für den Anwalt erstattet. Die Kosten für den Pflichtverteidiger werden vom Staat vorgestreckt. Wenn man das Verfahren verliert und zahlungsfähig ist, muss man der Staatskasse die Verfahrenskosten zurückzahlen. Wer wenig Geld hat, wird trotzdem einen Anwalt finden, wenn der Fall interessant ist. Ein interessanter Fall kann einen Anwalt in seiner Karriere weiterbringen.

Man ist mit dem Ergebnis einer Verhandlung und der verhängten Strafe nicht zufrieden, zum Beispiel, weil man einen Verdacht und einen Beweis hat. Wie kann man vorgehen?

Während des laufenden Verfahrens kann man neue Beweise einbringen. Theoretisch kann man das auch selbst machen, ohne Anwalt. Allerdings weiß ein Anwalt besser, wie man da zum Zuge kommt.

Anträge können sowohl der Staatsanwalt als auch der Angeklagte stellen. Der Richter entscheidet dann, ob die Einlassung wichtig genug ist. Er wird versuchen, eine vernünftige Entscheidung zu treffen, sonst geht es in die nächste Instanz, also zu einem nächst höheren Gericht. Und der Richter will nicht, dass sein Beschluss kassiert wird.

Grundsätzlich gilt: Eine Krähe hackt der anderen kein Auge aus. Hinter den Kulissen wird viel geklüngelt und ausgehandelt, was nicht alles verständlich erklärt und geklärt wird, wie es auf den ersten Blick scheinen könnte. Die Juristen wollen sich gegenseitig keinen Ärger machen, wobei hin und wieder das Wohl des Verfahrens über dem Wohl der Personen steht, um die es gerade geht. Anders sieht es aus, wenn das Verfahren schon abgeschlossen ist.

Wenn das Urteil schon gefällt ist, man aber damit nicht einverstanden ist, weil man einen anderen Verdacht hat, sollte man nach neuen Beweisen suchen. Das sind zum Beispiel ein neuer Zeuge oder ein Blutspurengutachten, das neue Tatsachen erkennbar macht.

Damit kann man einen Wiederaufnahmeantrag stellen. Mit einem angenommenen Wiederaufnahmeantrag erreicht man, dass das, was bisher im Verfahren passiert ist, vergessen wird. Der Fall wird völlig neu aufgerollt.

Kann man nicht einfach mit irgendetwas um die Ecke kommen, das man „Beweis" nennt?

Die neuen Beweise müssen schon eine bestimmte Mindestqualität haben. Es muss sich nachweislich um eine neue Tatsache handeln, am besten ist daher ein objektiver Sachbeweis, zum Beispiel eine Blutspur. Bei Zeugenaussagen ergibt sich das Problem, dass der Richter sagen kann, es erscheine ihm nicht glaubhaft und das Wiederaufnahmeverfahren mit dieser Begründung ablehnt.

Wie kann man vorgehen, wenn man sich von den Beamten, zum Beispiel von der Polizei, falsch oder schlecht behandelt fühlt?

Dann hat man ein Problem. Man kann zum einen eine Dienstaufsichtsbeschwerde stellen, auch wenn die Akte schon geschlossen ist. Wenn das Verfahren noch läuft, kann man versuchen, vor Gericht die unfaire Behandlung anzusprechen. Dadurch kann das ganze Verfahren kippen.

Fühlen sich grundsätzlich alle falsch behandelt?

Nein. Die Polizei hat kein Interesse daran, etwas schieflaufen zu lassen. Die hier besprochenen Fälle sind Ausnahmen.

Wer jammert, kann das auf Dauer nur tun, wenn er recht hat. Sobald man etwas jemand anderem vorträgt, wird es ja objektiviert.

Es ist auch so, dass es einem als Angehörigen zum Beispiel nicht viel nützt, wenn man jammert und den Polizisten etwas erzählt, was nicht ins Interessengebiet des Staatsanwaltes fällt. Die Polizisten wollen das nicht hören, weil sie es nicht ermitteln können.

Der Staatsanwalt soll nicht nur die schlechten Seiten des Angeklagten aufzeigen, sondern eigentlich ganz neutral und sachlich sein. Seine Rolle ist gesetzlich nicht die des Widersachers, sondern er müsste eigentlich sogar alles, was den Angeklagten entlastet, mit einfließen lassen. Es kommt daher (selten) vor, dass der Richter ein strengeres Urteil fällt als der Staatsanwalt beantragt hat.

Das System ist also in Wirklichkeit komplizierter als im Film, es gibt nicht nur gut und böse. Auch mit Begriffen wie Gerechtigkeit oder Vergeltung kann man das nicht zu Genüge erklären.

Welche Personen haben auf ein Verfahren Einfluss?

Einfluss haben der Staatsanwalt, die Verteidiger, die Nebenkläger und die Richter.

Und dann natürlich noch die Öffentlichkeit, die Medien. Und irgendwie auch die Sachverständigen, beziehungsweise die objektiven Tatsachen, die durch sie festgestellt werden.

Wichtig ist, dass der Richter unabhängig von allen ist. Er ist nicht primär weisungsgebunden, er hat eigentlich keinen Chef, niemand kann ihm reinreden. Aber natürlich tritt auch hier ab und zu eine Art vorauseilender Gehorsam zutage, wenn es beispielsweise darum geht, befördert zu werden. Die allerletzte Instanz ist folglich der Charakter des Richters.

Gibt es irgendeine Art von Hierarchie, ein Ordnungssystem?

Natürlich gibt es da eine Ordnung. Die Ordnung im gesamten System sieht aber eher aus wie ein Netz, nicht wie eine Kette. Gerichte sind wie Universitäten unabhängig. Darüber steht nur das Ministerium, das aber (eigentlich) keine Weisung geben kann.

Die Ordnung der an dem juristischen Teil eines Verfahrens beteiligten Personen geht danach, wer sich wann mit dem Fall auseinandersetzt. Ein anderer Vergleich wären immer feinere Siebe, durch die Sand rinnt: Zuerst ist da die Polizei, die den Tatort untersucht und im Nahmen des Staatsanwaltes eventuell Personen festnimmt, dann untersuchen Sachverständige Spuren, dann kommen andere zu Wort, zum Beispiel Nebenkläger, den Rest machen die Staatsanwaltschaft und die Richter aus.

Diese Reihenfolge lässt aber nicht den Rückschluss zu, dass der eine direkten Einfluss auf den nächst Unteren ausüben kann, wie bei einer Hierarchie.

Generalstaatsanwaltschaft:
Zuständig für Fälle, die bundesweite Bedeutung haben.
Oberstaatsanwaltschaft:
Chef der Staatsanwälte für einen Gerichtsbezirk. Er hängt sozusagen an allen Verfahren oben dran.
Ministerium der Justiz:
Ist nicht zuständig, kann sich zuständig machen mit unverbindlichen Hinweisen an die unteren Behörden, wie zum Beispiel den Oberstaatsanwalt.
Europäische Gerichtshof für Menschenrechte:
Eröffnet eine andere Fragestellung, nämlich die nach der Einhaltung der Menschenrechte. Hebt also ein normales Strafverfahren auf eine andere Ebene. Den spricht man an, wenn man denkt, dass das höchste Gut, also die Menschenrechte, im Verfahren missachtet wurden.

Verfassungsgericht:
Höchste deutsche Instanz, aber ohne Exekutivrechte. Es kann also nur mit
Worten zwingen, nicht mit Gewalt.

Aus der Welt des Kriminalbiologen: Teil 9 – Beamte und Behörden (3) – Die Behörden und die Familie K.

„Unser Sohn hat in seinen Trinkerphasen manchen Unfug vollführt, aber darüber hinaus war er ein anständiger, sauberer und reiner Charakter und Mensch! Das kann jeder, der ihn kannte, bestätigen."

Familie K. vermutete, nachdem die Akte geschlossen war, von den Behörden übers Ohr gehauen worden zu sein. Sven war zwar ein periodischer Trinker, aber das gab keinem das Recht, den Fall um seinen Tod zu vernachlässigen.

Der Leichnam war verbrannt, was ein großer Fehler gewesen war, umso mehr beschloss die Familie nun, schnell zu handeln.

Das wirksamste und vernünftigste Mittel, um Recht zu bekommen, schien zu sein, viele Briefe zu schreiben. Es galt, möglichst alle Menschen zu erreichen, die auf die ermittelnden Behörden Einfluss haben könnten. Also wurden Briefe geschrieben und verschickt, wild und ziellos. Im Folgenden einige Ausschnitte aus dem Briefwechsel zwischen der Familie K. und allen möglichen Behörden.

Der erste Brief geht am 2. Juni 2005 an den Generalstaatsanwalt Kranz: „Aus Anlass des gewaltsamen Todes unseres Sohnes, Bruders und Schwagers, Sven K. geb. am 21.09.71, Todestag ca. 19.05. wenden wir uns, zwecks eventueller Aufklärung und Nachuntersuchung der Todesumstände, vertrauensvoll an Sie. Es sind nun leider zu unserem Schmerz noch fragwürdige Umstände zum Hergang aufgetaucht, welche wir gerne von kompetenten Beamten und Ermittlern erklärt haben möchten!"

In dem Brief wünscht sich die Familie eine weitere Untersuchung des Falles, die Nachlässigkeit der Beamten und insbesondere das Verhalten des KOK M. wird angeprangert, der die Familie einige Male hatte abblitzen lassen: „Wir führen Klage, über die Untätigkeit der ermittelnden Beamten!!!!!"

Die Antwort folgt, nüchtern und knapp, nach einer halben Woche, am 6. Juni 2005: „Ihre vorbezeichnete Dienstaufsichtsbeschwerde habe ich am 3. Juni 2005 zuständigkeitshalber dem Leitenden Oberstaatsanwalt in T. mit der Bitte um Überprüfung Ihres Vorbringens zugeleitet. Sie werden von uns Nachricht erhalten."

Der nächste Brief wird am 18. Juli 2005 verfasst. Vorsichtshalber wendet sich die Familie K. gleich an den Bundesminister des Innern (Bundesministerium des Innern). Es ist ja davon auszugehen, dass von dem Bundesinnenminister die allermeiste Macht und der allermeiste Einfluss ausgeht. Wenn der Herr Schily sich den bösen Herrn KOK M. und die Staatsanwaltschaft mal zur Brust nehmen würde, käme sicher Licht ins Dunkle.

„Sehr geehrter Herr Schily!

Als Anwalt und nun auch als Minister für Recht und Ordnung sollten Sie, was für uns wünschenswert wäre, Verständnis für unser Vorbringen haben! (…)

Wie Sie bitte aus den beiliegenden Schreiben entnehmen möchten, werden wir zur Zeit von nach unserer Meinung rechtswidrigen Vorgehensmaßnahmen, verzeihen Sie bitte den Ausdruck, verarscht und im Stich gelassen!!"

Gehofft wird recht allgemein, dass Recht und Ordnung sich dank der Hilfe des Herrn Schily einstellt. Beamte die sich wie Götter aufführen und sich ihre eigene Gesetzesauslegung zurecht zimmern sind schließlich beinahe wie der Terror und deren Anhängsel.

Im Auftrag antwortet am 28. Juli 2005 sehr nett und ausführlich ein Herr Carré.

Er schreibt, Schily habe leider keine Zeit, ausnahmslos alle Schreiben persönlich zu beantworten.

Dann spricht er ein glaubwürdig klingendes Beileid zu Svens Tod aus und liefert einige freundliche Erklärungen, was den Ablauf einer Ermittlung und die Zuständigkeit von Behörden angeht, und warum das Bundesministerium des Innern die falsche Adresse für Anliegen wie die der Familie K. ist.

„Sie äußern in Ihrem Schreiben Ihre Unzufriedenheit und Ihre Empörung über die nach Ihrer Ansicht unsachgemäß durchgeführten Ermittlungen zum Tod Ihres Angehörigen. Bitte erlauben Sie mir hierzu einige kurze Anmerkungen: Die Aufklärung und Verfolgung von Straftaten, hierzu gehört auch die Aufklärung von gewaltsamen Todesfällen, liegt grundsätzlich bei den zuständigen Staatsanwaltschaften der einzelnen Bundesländer. Ich gehe davon aus, dass der im Falle Ihres Angehörigen Sven K. ermittelnde Beamte im Auftrag der zuständigen Staatsanwaltschaft der Landes Rheinland-Pfalz gehandelt hat. Dieses Verfahren ist als solches korrekt und entspricht der durch die Verfassung festgelegten Aufgabenverteilung (…). Das Bundesministerium des Innern hat daher keine rechtliche Möglichkeit, diese Ermittlungen zu beeinflussen bzw. zu überprüfen; es kann somit auch keine Maßnahmen der Dienstaufsicht gegen einzelne Bedienstete der zuständigen Länderbehörden einleiten oder unterstützen."

Am Ende folgt eine Empfehlung, sich noch einmal an das zuständige Justizministerium des eigenen Landes zu wenden und weitere Ermittlungen zu beantragen

Gleichzeitig mit dem Brief an Herrn Schily erfolgt am 18. Juli 2005, doppelt hält besser, ein Schreiben an Herrn Krohn vom Bundesverwaltungsgericht. Darin wird eine Untätigkeitsklage gegen die Ermittlungsbehörden beantragt (was auch immer das heißen mag). Begründung sei der Verdacht, dass verschleiert werden soll.

„Übereilt schnell wurde unser Sohn Sven zur Verbrennung freigegeben, ohne Obduktion."

Wieder wird sich ausführlich über KOK M. beschwert, dass dieser, völlig unverständlicherweise, voreingenommen gegen die Familie gewesen ist. Die Familie K. äußert die Befürchtung, dass eine Darstellung des Falls durch KOK M. Auswirkung auf die Staatsanwaltschaft usw. genommen habe.

Am 25. Juli 2005 schreibt der Präsident des Bundesverwaltungsgerichts höflich und unmissverständlich: „Ich muss Ihnen mitteilen, dass eine Zuständigkeit des Bundesverwaltungsgerichts unter keinem Gesichtspunkt gegeben ist. Das Bundesverwaltungsgericht entscheidet als oberstes Gericht der Verwaltungsgerichtsbarkeit grundsätzlich nur über Rechtsbehelfe gegen Entscheidungen der Oberverwaltungsgerichte bzw. Verwaltungsgerichtshöfe der Länder. Darüber hinaus hat das Bundesverwaltungsgericht gegenüber den Strafverfolgungsbehörden kein Weisungsrecht. Die Staatsanwaltschaft unterliegt nicht der Dienstaufsicht durch das Bundesverwaltungsgericht."

Wie es der Familie K. von Herrn Carré aus dem Ministerium des Innern geraten worden war, schreibt sie am 9. August an Klaus Seibold vom Ministerium der Justiz M. unter dem Betreff: Dienstaufsichtsbeschwerden.
    „In Übereinstimmung mit der Meinung des Bundesinnenministeriums, wenden wir uns mit der beiliegenden Angelegenheit vertrauensvoll an Sie, in der Hoffnung letztlich durch Sie nun Aufklärung zu erlangen!"
    Noch einmal wird erklärt, dass die Staatsanwaltschaft von dem Fall des toten Bruder Sven durch M. nur unzureichend und in dessen Sinne informiert worden war, und die Behörden ihren Aufgaben nicht gerecht wurden.
    „Sollten auch Sie uns keine Aufklärung ermöglichen können, weil die involvierten Behörden autonom und abgehoben entscheiden, wird uns nur noch der Weg über die Medien und öffentliche Meinung übrig bleiben."

Dr. Bernd Malter, der im Auftrag schreibt, zeigte sich von dieser Drohung in seinem Antwortschreiben vom 17. August 2005 unbeeindruckt: „Wie Ihnen vom Herrn Generalstaatsanwalt in K. unter dem 06.06.05 mitgeteilt wurde, wird Ihre Dienstaufsichtsbeschwerde von dem Leitenden Oberstaatsanwalt in T. bearbeitet. Dieser hat mir heute mitgeteilt, dass weitere Ermittlungen durchgeführt wurden, die nunmehr abgeschlossen sind. Er werde Ihnen einen Bescheid über Ihre Beschwerden im Laufe der Woche erteilen."

Immerhin erfährt man hier, dass sich etwas tut und „Ermittlungen" durchgeführt werden.

Am 17. August 2005 kommt endlich ein Brief des Leitenden Oberstaatsanwalt Bahr aus T. Etwas, das sich konkret auf die Klagen bezieht. Immerhin scheint Bahr jemand zu sein, der weiß, worum es geht, der sich von den Vorwürfen angesprochen fühlt, wenngleich auch er diese von sich weißt.

Es gäbe, sagt er, keine Anhaltspunkte für gewaltsame Fremdeinwirkung am Tatort und an der Leiche. Die Beamten hätten richtig gehandelt, immerhin wurde ein acht Seiten langer Leichenfundbericht erstellt, außerdem Befragungen von sechs Leuten aus dem Umfeld durchgeführt. Auch Spuren seien gesichert worden. Mehr kann man nicht machen.

Bei den Wischspuren an der Wand könne man davon ausgehen, dass diese zu Lebzeiten entstanden seien. Eine Katze wäre wohl bemerkt worden. Und außerdem, wenn einer so stürzt und stirbt, dürfe man schon davon ausgehen, dass der betrunken gewesen sei.

„Nach alledem ist bei den polizeilichen Ermittlungen nichts versäumt worden. Ihre Zweifel an der fachlich korrekten Aufklärung des Sachverhalts sind unbegründet.

Soweit Sie sich gegen das persönliche Verhalten des Kriminaloberkommissars M. wenden und diesem abweisendes, gelangweiltes Verhalten sowie einen ‚miesen Unterton' vorwerfen, ist hierfür der polizeiliche Dienstvorgesetzte zustandig. Ich habe Ihre Beschwerde insoweit dem Polizeipräsidium zugeleitet."

Die Familie antwortet postwendend auf diesen Brief: „Gegen die Schließung des o.g. Ermittlungsverfahren legen wir hiermit in der uns gebotenen Form, aber mit Nachdruck, Wiederspruch ein!"

An die Generalstaatsanwaltschaft K. wird eine weitere Dienstaufsichtsbeschwerde geschickt, vielleicht in der Hoffnung, dass die Generalstaatsanwaltschaft die Oberstaatsanwaltschaft dazu auffordert, zum wiederholten Mal Stellung zu nehmen dazu, dass die Familie K. nicht einverstanden ist mit dem, was bisher verlautet wurde.

Das Polizeipräsidium lässt am 29. September 2005 von sich hören. Ein Fehlverhalten des KOK M. sei, nach Überprüfung, nicht erkennbar. Nach seinen eigenen Aussagen sei er gar nicht unfreundlich und außerdem völlig gründlich bei der Tatortbesichtigung und allem Folgenden vorgegangen. Kein Grund also, sich aufzuregen!

Die Staatsanwaltschaft K. weißt die weitere Dienstaufsichtsbeschwerde vom 29. August 2005 am 19. September zurück, da sie ja bereits von Oberstaatsanwalt Bahr zu Recht und mit zutreffender Begründung als unbegründet zurückgewiesen worden sei.

Es wird erklärt, dass es Aufgabe der Staatsanwaltschaft sei zu klären, ob eine Straftat als Todesursache in Betracht komme, und diese Überprüfung sei erfolgt. Ob eine Obduktion erforderlich ist, sei in den Richtlinien für das Strafverfahren und Bußgeldverfahren (RiStBV) näher geregelt. So sieht Nr. 33 Ans. 2 RiStBV eine Obduktion nur vor, wenn nach Leichenschau eine Straftat nicht ausgeschlossen ist.

„Das Vorliegen eines Tötungsdeliktes zum Nachteil des Verstorbenen, was dies bei neuen Fakten zuließe, wird selbst von Ihnen nicht behauptet oder gar näher dargelegt."

Ein Brief am 29. Oktober 2005 an die Polizei P.: „Wir bitten nun entweder, diesen Spuren noch mal nachzugehen bzw. zu prüfen, ob es sich um Menschliches Blut handelt oder auch die Staatsanwaltschaft über die neuen Erkenntnisse zu informieren."

Die Antwort vom 4. November 2005 (Meier): „Einen Anlass, die Ermittlungen wieder aufzunehmen, sehe ich aufgrund des von Ihnen vorgetragenen Sachverhaltes jedoch nicht.

Soweit Sie bei der Polizeiinspektion Prüm um Akteneinsicht für sich selbst beziehungsweise des von Ihnen beauftragten Dipl.-Biologen Dr. rer. medic. Mark Benecke gebeten haben, teile ich Ihnen mit, dass gemäß § 475 Abs. 1 der Strafprozessordnung sowie Nummer 182 der Richtlinien für das Straf- und Bußgeldverfahren Auskünfte sowie Akteneinsicht für Privatpersonen nur durch einen Rechtsanwalt erlangt werden können."

Anfang 2008 fällt Beate K. endlich eine Behörde ein, der sie noch nicht ge- schrieben hat.

Der letzte Brief geht an den European Court Of Human Rights in Straßburg und kommt dort auch an: „Hiermit bestätige ich den Erhalt des ausgefüllten Beschwerdeformulars vom 23. Januar 2008 sowie der beigefügten Anlagen."

Kann man aus alldem etwas lernen?

Vom Praktikum zur Doktor-Arbeit:
Zehn Jahre Arbeit mit Mark Benecke

Saskia Reibe

Als ich klein war, wusste ich nicht so genau, was ich mal werden wollte, wenn ich groß bin. Bei mir gab es kein Äquivalent zum Feuerwehrmann oder Indianerhäuptling. Als ich es jedoch irgendwann wusste, war es für immer. Seit zwölf Jahren steuere ich darauf hin, als Forensische Entomologin zu arbeiten – ich bin jetzt, wir schreiben das Jahr 2011, 29 Jahre alt.

Es begann mit einem Vortrag an der Uni Köln, es ging um Biologen im Beruf. Der Redner war Mark Benecke, er war „Biologe im Beruf eines Kriminalbiologen".

Ich hatte schon während der Oberstufenzeit vor, Biologie zu studieren, ich glaube, weil ich einen Science Fiction-Roman über Retortenbabys gelesen habe, die in einer Plastikgebärmutter heranwuchsen und später nicht so wie andere Kinder waren. Generell hab ich viele solcher Jugend-Problembücher gelesen, es gab da eine Reihe, von Ravensburger herausgegeben, da ging es mindestens um Atombomben, den Zweiten Weltkrieg, Jugendschwangerschaft, Drogensucht und ähnliche Sorgen. Ich lernte daraus, mehr lösungsorientiert als emotional zu denken, so wie eben die Protagonistin in **Die Wolke** sich auch nicht hinstellt und heult nach dem Supergau. Schließlich schnitt ich Beiträge aus dem Naturwissenschafts-Ressort der **Welt am Sonntag** aus und stopfte sie in einen gelben Ordner. Bio zu studieren erschien mir dann irgendwie logisch.

Zurück zu den Biologen im Beruf. Meine Mutter sah eine Meldung im Stadtanzeiger und es war absoluter Zufall, dass zu dem Termin Mark Benecke geladen war, ich wäre wahrscheinlich auch zu jedem anderen Vortrag an diesem Tag gegangen. Ich weiß noch, dass ich vorher in der Schule saß und einem Kumpel davon erzählt habe, dass ich zu einem Vortrag über Maden auf Leichen gehe. Ich hatte keine Ahnung, worum es sich handeln könnte. Wie vom Thema hatte ich auch keine Vorstellung vom Redner, erst mal fand ich es schon spannend im Hörsaal der Bio-Fakultät zu sitzen, es roch nach Holz und es war voll.

Der Benecke war dünn und sprach sehr schnell, und als ich das Konzept mit den Maden auf den Leichen gerafft hatte, war ich angefixt. Ich fand's genious. Viel besser als langweilige genetische Fingerabdrücke und dazu ganz neu für mich. Ich hielt auch die Bilder von den Leichen für akzeptabel. Kein Ekel oder Grauen, ich fand es nur beeindruckend, wie viel die kleinen Maden für die Ermittlungen bringen können. Heute guckt natürlich jeder **CSI** und ähnliche Formate und kennt mehr Ermittlungsmethoden als die Polizei selbst, aber so alt sich das anhört: früher war das nicht so. Ich merkte mir die Webseite des Redners und las zu Hause die Fälle nach.

Kurze Zeit später sollten wir im Englisch-Leistungskurs fünfzehn Minuten über ein frei gewähltes Thema referieren, auf englisch natürlich. Was lag näher als über „maggots and corpses" zu sprechen. Ich wollte unbedingt Bilder zeigen, und so kam ich nicht drum herum, Mark Benecke eine Mail zu schreiben und ihn danach zu fragen. Leider war seine Antwort, ich solle einfach mal anrufen. Es folgten mehrere nervöse Stunden, denn ich war ganz und gar nicht der Typ, der mal eben irgendwo anruft, eigentlich mag ich das bis heute nicht. Aber heute weiß ich, dass es eine ganz gute Selektionsmethode ist, denn Mails schreiben kann jeder. Nur, wer wirklich was will, macht sich auch die Mühe anzurufen. So nahm ich all meinen Mut zusammen, rief auf der Handynummer an und trug mein Anliegen vor. Ich frage mich, ob ich mir vorher Notizen gemacht habe, das lässt sich heute nicht mehr rekonstruieren. Jedenfalls sagte Mark, der fortan Bene hieß, ich solle mal vorbei kommen an der Uni. Da ich auf dem Dorf wohnte, hab ich mit sechzehn den kleinen Motorrad-Führerschein gemacht und hatte eine 125er Maschine. Auf der zuckelte ich dann nach Köln zum Institut für Zoologie, wo ich Bene treffen sollte. Ich glaube, er fand mich nett, denn er ging mit mir zum Copy-Shop und zog mir vier Bilder von Leichen und Maden auf Folie für den Overhead-Projektor. Wie gesagt, das war Ende der 90er, da war noch nix mit PowerPoint und Beamer in Schulen. Ich weiß nicht, ob es der gleiche Tag war, aber ich sollte Bene meinen Vortrag im Kurssaal der Zoologie vortragen, und ich habe das Wort „wound" immer falsch ausgesprochen: waund, statt wuund.

Am Tag des Vortrags vor der Klasse war mein rechtes Auge zugeschwollen und verklebt und meine Lehrerin fand entweder mein Auge oder die Bilder eklig. Oder beides, jedenfalls verließ sie den Raum. Ansonsten ist es gut gelaufen. In unserer Abi-Zeitung wurde dann unter meinem Profil mehrfach auf die „Maden und Leichen" hingewiesen, so was blieb haften.

Ich fragte Bene, ob ich ein Praktikum bei ihm machen könne. Zwei Wochen Herbstferien verbrachte ich im Institut für Zoologie und wurschtelte mit der Diplomandin rum. Es hatte eigentlich nicht viel mit Kriminalbiologie zu tun, aber ich fand es schon spannend eine PCR mitzumachen und C. elegans unter dem Bino zu beobachten.

Das erste Projekt, das ich zusammen mit Bene gemacht habe, hatte die Unterscheidung zwischen Blutspritzern und Fliegen-Kot bzw.-Regurgitat zum Inhalt. Wir hängten Papierstreifen in Fliegenkäfige, vermaßen schließlich

Länge und Breite der Spritzer und verglichen diese mit den Maßen von Blutspur-Satelliten-Spritzern. Ich stand schließlich als Co-Autor auf einem Poster für ein Meeting der Deutschen Zoologischen Gesellschaft, das den zweiten Platz beim Posterpreis gewann.

Später fing ich an, in Köln Biologie zu studieren und wohnte auch dort. Im Studium wurde nicht viel geboten, was in Richtung Kriminalbiologie ging, aber ich konnte immer mal wieder bei Bene an Fällen mitarbeiten. Wir renovierten einen Verschlag hinter dem Institut für Zoologie, und Bene wollte eine kriminalbiologische Forschungsstelle eröffnen. Im Weinladen

Zweites Labor a.k.a. ehemaliges Bienenhaus, Uni Köln, ca. 2000

meines Vaters, in dem ich jobbte, habe ich Etiketten für Piccolos gedruckt zur Einweihung und als Präsent für mögliche Partner. Leider war die Uni nicht sehr kooperativ und das eroberte Refugium musste bald wieder abgegeben werden. Bene gründete dann seine Arbeitsräume kurzerhand innerhalb seiner neu bezogenen Wohnung in der Südstadt.

Er schien es ganz okay zu finden, wenn ich mit auf die Fälle schaute, ich lernte Insekten zu bestimmen und auf Tatortfotos auf das Wesentliche zu gucken. Es kam natürlich nicht täglich vor, dass Fälle anlagen aber hier und da und dann und wann konnte ich dazulernen. Wenn sich die Gelegenheit bot, schleppte er mich auch mit zu Tagungen und Vorträgen.

Bei einer Tagung, ich hab vergessen wo sie war, kam ein Anruf. Bene sollte nach Bonn ins Institut für Rechtsmedizin kommen und die Insekten von einer Leiche picken. Er hatte mich im Schlepptau und ich durfte mit rein in den Sektionssaal. An diesem Tag kamen mehrere Ereignisse zusammen, ich sah zum ersten Mal eine Leiche, ich war zum ersten Mal an dem Ort, an dem ich Jahre später meine Doktorarbeit machte, und ich traf zum ersten Mal Vertreter des Genres „Rechtsmediziner". Ich kann mich nur noch an eine der Ärztinnen erinnern, die bei der Sektion dabei waren, vielleicht war das andere auch ein Mann. Sie schob mir direkt einen Stuhl unter den Hintern und sagte: „Setz dich lieber hin, bevor du uns umfällst, das können wir nicht gebrauchen." Später traf ich besagte Ärztin wieder als ich zusammen mit Bene auf einem Kongress in Montpellier war, sie nannte mich Groupie und redete über meinen Kopf und ein Himbeertörtchen hinweg ausschließlich mit Bene. Das dritte Mal sahen wir uns, als ich auf einem Kongress in Weimar zum ersten Mal über die Ergebnisse meiner Doktorarbeit berichtete. Sie saß im Saal und spielte Solitär auf ihrem Palm. Außerdem schien sie in der Zwischenzeit noch einige Himbeertörtchen mehr verdrückt zu haben. Ich glaube, sie kann die Ereignisse nicht verknüpfen, aber bis heute amüsiere ich mich, wenn ich sie auf Kongressen sehe, darüber, dass ich, die kleine „Groupie-Maus", heute vorne stehe und die Vorträge halte.

Meine erste Maden-Leiche an besagtem Tag in Bonn war genau genommen bloß ein Torso. Kopf abgetrennt, Beine in der Mitte der Oberschenkel abgetrennt, der Bauch stark gasgebläht und grünfaul und an der rechten Seite waren die Darmschlingen durch die Bauchdecke gebrochen. An den Handgelenken hatten die Maden schon viel Gewebe weggefressen, die Hände waren aber noch dran. Defensive Leichenzerstückelung nennt man das, lernte ich. Ein ganzer Körper ist so schwer zu tragen. Die Maden waren jedoch alle tot, der Torso war in Plastiktüten eingewickelt gewesen. Der Sauerstoff war verbraucht, auch Maden brauchen Luft zum Atmen, sie tun das mit dem Hinterleib, damit sie mit dem Vorderende weiter fressen können. Manchmal fragen Leute, wie das war, als ich meine erste Leiche gesehen habe. Ich beschreibe dann, wie sie aussah und sage dazu, dass es wahrscheinlich deshalb nicht besonders schlimm war, weil sie gar nicht mehr menschlich aussah. Es war ja nur ein grünfauler Torso, das hat nicht mehr viel mit einem Menschen zu tun, das ist surreal. Bis heute finde ich es komischer, wenn ein Frischtoter seziert wird, als so ein total zersetzter Leichnam in fortgeschrittener Fäulnis.

Bene nahm mich auch mit zu Kongressen der **European Association of Forensic Entomology (EAFE)**. Ich hab bis heute an jedem Treffen teilge-

Saskia Reibe und Mark Benecke in Warschau; Advanced Insect Training, 2009

nommen. Bene ist aber zu den letzten Kongressen nicht mehr mitgekommen. Er war mit dem kürzlich abgewählten Präsidenten und den herrschenden Vereinsmeiereien nicht einverstanden. Nach und nach verstehe ich, was er meint. Es wird immer klarer, wie in diesem kleinen Forschungsgebiet, wo jeder genug zu forschen hätte und gemeinsames Wissen alle weiterbringen würde, dennoch Neid und Missgunst Entscheidungen triggern. Auf den Kongressen lernte ich durch Bene viele der großen Namen persönlich kennen. Die meisten Sachen habe ich erst im Nachhinein als „groß" eingeschätzt, wie z.B. das Treffen mit „dem Smith". Das war der damals circa 80-jährige Autor des **Manuals of Forensic Entomology**, und wir haben ihn in der Nähe von London in einem Pub getroffen. Er verlässt England nie, und die meisten haben ihn auch noch nie gesehen, dabei hat er **das** Standard-Werk für Forensische Entomologen verfasst. Obwohl es aus den 80ern ist, gibt es bis heute keine Alternative zu diesem Buch. Meine Diplomandin hätte es gern im Original, aber leider ist es nicht mehr im Handel erhältlich. Wir haben dann online bei Antiquitäten-Läden geschaut und aktuell kann man eine Ausgabe für 1.200 Euro kaufen. Bene hat sein Buch sogar vom Autor signieren lassen, als wir im Pub saßen. Was man für diese Ausgabe wohl verlangen könnte?

Durch Print und TV wurde Kriminalistik pretty populär. Auch Bene war in verschiedenen Sendungen zu sehen oder es erschienen Artikel in der **Express**, wenn er bei lokalen Fällen involviert war. Außerdem hielt er immer wieder Vorträge über die Maden auf den Leichen und immer mehr Studenten wollten ein Praktikum machen. Irgendwann wurde der Entschluss gefasst, einen Kurs anzubieten für all die Studenten aus aller Welt, die forensische Entomologie machen wollen und nirgends die Möglichkeit haben. Der erste Kurs fand also 2002 in den Räumen des zoologischen Institutes statt. Teilgenommen haben außer Bene und mir zwanzig Studis, die meisten aus Deutschland, aber auch einige aus England, Italien und Kanada. Drei der Teilnehmer aus dem allerersten Training habe ich gerade auf dem diesjährigen Kongress der forensischen Entomologen in Uppsala wieder getroffen. Wenn ich mir heute die Fotos vom ersten Training angucke, stelle ich fest, dass ich eine ganz unmögliche Hose und Frisur trug. Es stellte sich während des Kurses heraus, dass man hervorragend Projekte mit den Studenten machen konnte, sie waren motiviert und scheuten auch das Skurrile nicht. Mein liebstes Erinnerungsstück ist der Schädel des Neufundländers, den wir zu Versuchszwecken verwesen ließen, also den ganzen Neufundländer ließen wir verrotten, aber nur den Schädel hab ich mitgenommen und vom zoologischen Präparator regaltauglich machen lassen.

Seitdem finden diese Kurse jährlich statt. Mittlerweile haben wir das Programm durch Kurse für Fortgeschrittene und auch für Polizisten und sogar für Laien erweitert. In den Kursen lernt man über die Jahre Leute kennen, mit denen man sich wirklich gut versteht. Einige werden Kollegen, andere sehr gute Freunde. Auffällig ist seit jeher, dass viel mehr Mädchen als Jungen in den Kursen sind. Was schon mal zu anstrengenden Schmachtszenen führen kann, wenn einige der Mädels eingefleischte Bene-Fans sind oder es im Kurs werden. Bene meint, dass mehr Mädchen den Kurs machen, weil sie eher an Körperflüssigkeiten gewöhnt sind, Jungs ekeln sich seiner Meinung nach mehr. Ich denke es liegt eher daran, dass die meisten Typen unter 25, denn das ist die interne Altersbeschränkung, um am Kurs teilzunehmen, keine eigenständig organisierten, nicht von der Uni vorgegebene Projekte angehen. Vielleicht finden aber auch Typen den Bene schon im Vorfeld anstrengend und Mädchen schwärmen eher mal für ihn.

Kürzlich haben wir das Kursangebot erweitert und zusätzlich zu den Insekten auch einen Blutspurenkurs angeboten. Mir persönlich sind Blutspuren zu komplex und zu schwierig auszuwerten, es gibt zwar ein paar Grundlagen, die verstehe ich schon, aber wenn ich mir ein Spurenbild vom Tatort anschaue, erschließt sich mir selten der tatsächliche Ablauf. Lustig war jedoch, dass Bene während des Kurses Bilder von alten Fällen zeigte, die wir vor circa sieben Jahren gemeinsam bearbeitet haben. Ich hatte komplett vergessen, sowohl dass wir dies gemacht haben, als auch, dass wir häufig Situationen nachgestellt haben, um die Blutspuren zu verstehen. Erst als die Fotos an die Wand gebeamt wurden, erinnerte ich mich daran, wie ich mit zwei, mit Blut beträufelten Wattebällchen an den Schläfen ein

Kissen ins Gesicht gedrückt bekommen habe, um das entstehende Muster mit dem von herunterlaufendem Blut zu vergleichen. So interessant diese Experimente sind, mein Herz schlägt für die Insekten.

Um mehr aus dem Bereich der Entomologie zu lernen, habe ich ein Praktikum bei dem einzigen Insektenkundler an der Uni Köln gemacht: Ich sollte aus dem Malaise-Fallen-Material eines ganzen Sommers die Schmeißfliegen bestimmen. Ich hatte auch behauptet, ich könnte das. Ich glaube am Ende des Praktikums waren es circa 500 Fliegen, die ich identifiziert habe. Danach konnte ich es. Ich weiß noch, was mich gerettet hat: die Hypopleuralborsten. Am Anfang schüttete ich immer das ganze Marmeladenglas voller Insekten in eine Schale aus und sortierte grob vor, welche davon überhaupt echte Fliegen sind. Meine erste Strategie war, einfach mal alles rauszusuchen, was wie eine Fliege aussieht. Das war ein guter Anfang aber dann musste ich ein Kriterium finden, welches mir direkt sagt: Schmeißfliege oder nicht. Nach Tagen voller Bauchschmerzen, weil ich nicht wusste, welches Kriterium es gibt, fand ich in einem simplen Bilder-Bestimmungsschlüssel die Lösung: Man durfte nur zu den Schmeißfliegen abbiegen, wenn die Fliege Hypopleuralborsten hat. Und wenn man einmal weiß, wo die sitzen und wie sie aussehen, geht das vorsortieren ganz fix. Bis heute ist „Hypopleuralborsten" für mich ein Synonym für „Problem gelöst". Natürlich nur in meinem Kopf, würde ja keiner verstehen, wenn ich sage: „Hach, ich wünschte, ich hätte die Hypopleuralborsten schon gefunden, dann wüsste ich, wie ich weitermachen soll."

Das mit dem Verstehen ist natürlich auch so eine Sache. Die meisten Menschen fragen mich, ob es nicht ekelig ist, was ich mache. Und die Frage ist wirklich anstrengend für mich. Ich frage doch auch nicht einen Beamten, ob sein Job nicht langweilig ist und rümpfe dabei die Nase. Die meisten Menschen können sich eben nicht vorstellen, mit Toten zu arbeiten, geschweige denn mit Maden. Mittlerweile versuche ich auf die obligatorische „Und was machst du so?"-Frage so lange um den heißen Brei herumzureden, bis mein Gegenüber das Interesse verloren hat. Ich antworte also erst, ich sei Biologin. Und dann auf Nachfrage: Ich arbeite mit Insekten.

Wo? In Bonn. Und dann endet es meist. Wenn es aber auch Biologen sind, die mich befragen, kommt man nicht drumherum bis zur Rechtsmedizin zu berichten. Und dann kommt immer: Kennste den Benecke? – Ja, für den arbeite ich. – Ist der auch an der Uni? – Ne, der ist selbstständig als Sachverständiger für biologische Spuren. Und dann: Den hab ich auch letztens im TV gesehen. Und dann ich: Und war es spannend? Ja, schon … Aber ist das nicht eklig, was ihr macht? Das ist mein Stichwort, mir ein neues Bier zu holen oder aufs Klo zu gehen. Ich verstehe einfach den tieferen Sinn dieser Frage nicht. Ich verstehe nicht, warum das jemand fragt. Was will man denn hören? „Ja, es ist total ekelhaft, aber ich steh auf Ekel." Oder: „Ja, es ist echt eklig, aber ich bin nur froh, wenn ich unter meinem Beruf leide und klagen kann." Oder eher: „Eklig? Ach was, ich kriege sogar Hunger bei 'ner Sektion." So oder so, man will hören, dass wir Freaks sind. Aber ernsthaft, Leichen, Maden und Gestank sind einfach neutral für mich. Für die meisten folgt auf Ekel Verzicht und Abwenden. Deswegen fragen sie, sie verstehen nicht, wieso jemand etwas als Beruf macht, was doch in jedem kulturellen Zusammenhang als ekelhaft definiert wird. Aber mir ist es einfach egal, dass es eklig ist. Klar stinken verweste Leichen, und ja, es riecht nicht so gut wie Chanel No. 5. Aber so what? Wer es ekelig findet, braucht den Beruf ja nicht zu machen. So wie ich nicht Beamtin werde, weil ich es langweilig finde, im Büro zu sitzen und Formulare auszufüllen (no offense).

Und doch bleibt man der Freak in den Augen der meisten Menschen. Gerade kürzlich fragte mich ein Schüler in einem Vortrag, wie das denn wäre, er selber würde es total ekelhaft finden, wenn seine Frau den ganzen Tag in „sowas" die Arme stecken würde, dann könnte er sie abends nicht mehr anfassen, und wie das denn meine Familie sehen würde. Ich war total perplex, musste aber auch lachen und hab nur gesagt, es gibt ja zum Glück Duschen. Kürzlich ist mir dann noch ein Beispiel eingefallen, was ich tatsächlich eklig finde: Ich war im Unterschichten-Supermarkt, wo nur Besoffene, Drogis, Obdachlose und Studenten einkaufen. Vor mir an der Kasse stand eine verwahrloste Frau mit eitrigen Ekzemen im Gesicht. Sie kratzte sich mit einem 50-Cent-Stück im Gesicht und an der Lippe und bezahlte schließlich mit diesem Geldstück. Ich habe selten so gern mit EC-Karte gezahlt, um jedwedem Wechselgeld aus dem Weg zu gehen. In der Rechtsmedizin habe ich, wenn es „eklig" wird, wenigstens Handschuhe an und wenn ich möchte, dann auch einen Mundschutz. Im Supermarkt nicht.

Selbst im Institut für Rechtsmedizin waren wir, also meine Diplomandin und ich, die Maden-Mädels, das ist aber lieb gemeint. Auch für Freunde oder Eltern ist es nicht immer einfach, wenn man so leger mit dem Tod umgeht. Man denkt im Job nicht an die Schicksale der Menschen, die da tot vor einem liegen, aber das macht einen privat ja nicht unbedingt zu einem harten Hund. Ich bin auch ein Mädchen mit **Hello Kitty**-Handy-Anhänger, das gerne **Gilmore Girls** und **Gossip Girl** guckt, und nicht **CSI**. Als mal ein Radiobericht über meine Arbeit mit den Insekten auf den Leichen gebracht wurde, beschrieb der Moderator mich ganz überrascht als normale Studentin, die entgegen der Erwartungen so gar nicht grobschlächtig ist und auch mal auf Rockkonzerte geht. Der **Duden** meldet als Synonyme für grobschlächtig: deftig, derb, grob, klobig, nicht salonfähig, plump, schwerfällig, unfein, ungesittet, wuchtig. Ich bin also offensichtlich beim Madeneinsammeln nahezu ballerina-esque.

Vor etwa sieben Jahren hatte ich meinen ersten eigenen Fall. Bene war auf einer Hochzeit in der Eifel und konnte nicht zum Fundort kommen, also durfte ich losziehen. Ich packte meine Kamera ein, ein paar Schnappis (Gläschen zum Asservieren), Spiritus und Tatortaufkleber und los ging es in Richtung eines Mehrfamilienhauses in der Nähe der Kölner Uni. Schon im Treppenhaus breitete sich Leichengeruch aus. Bei den Kursen werden wir oft gefragt, wie denn echte Leichen riechen, man höre ja immer, es soll ein süßlicher Geruch sein. Bene sagt dann immer, die riechen überhaupt nicht süßlich, das wäre Quatsch. Ich finde, man kann den Geruch nicht beschreiben, so wie man überhaupt Gerüche nicht beschreiben kann. Es riecht aber sehr charakteristisch. Wenn man den Geruch einmal kennt, erkennt man auch beim Spaziergang, wenn irgendwo im Busch eine tote Ratte liegt. Ich hätte die Leiche im Haus also auch erschnüffeln können,

Das Benecke-Universum

aber das war nicht nötig, denn die Polizei wartete bereits vor der offenen Wohnungstür. Die Leiche lag rücklings auf einem Bett, bekleidet nur mit einem Unterhemd, ein Bein hing runter. Ich habe also meine Fotos gemacht, alles asserviert und dokumentiert, habe im Labor meine Untersuchungen und Berechnungen gemacht und kam auf sieben Tage Leichenliegezeit. Die Polizei hatte in der Zwischenzeit schon mit der Ex-Gattin des Verstorbenen gesprochen, die in einer anderen Stadt lebte. Sie sagte, alle hätten gewusst, dass er krank sei und dass er keine Hilfe wollte. Er wollte alleine sterben. Das letzte Foto, dass ich in der Wohnung gemacht habe, zeigt das **Kölsche Grundgesetz**, Artikel 1: Et kütt wie et kütt.

Kurz vor meiner Diplom-Arbeit hab ich überlegt, ob ich versuchen soll, ein Thema mit Insekten auf Leichen durchzukriegen oder ob ich mir den Stress sparen soll und lieber schnell fertig werde, um mich dann in der Doktorarbeit ganz darauf zu konzentrieren. Bei Bene war ich ja eh weiterhin an Fällen beteiligt und es wäre ein großer Aufwand gewesen, an der eingeschlafenen Uni Köln einen Betreuer und die Genehmigung für eine solche Diplomarbeit zu bekommen. Also entschied ich mich für eine Diplomarbeit in der Zebrafischgruppe am Institut für Entwicklungsbiologie. Ich sollte mir die frühe Embryonalentwicklung des Zebrafischs unter Einfluss des Wachstumsfaktors FGF1 angucken. Ich war sehr froh über diese Entscheidung. Ich hatte eine tolle Gruppe und Betreuung. Das hat mir für die Doktorarbeit sehr geholfen, weil ich gelernt habe, eigenständig wissenschaftlich zu arbeiten. Außerdem hat es auch nicht geschadet, mal in einem Fach zu arbeiten, das tatsächlich dem aktuellen Stand der Forschung entspricht. Entomologie ist ja praktisch ausgestorben. So kann ich auch heute noch mitreden, wenn es um molekularbiologische Methoden geht. Während der Diplomarbeit habe ich schon mal die Fühler ausgestreckt, wie es weitergehen soll. Ich wusste, dass es im Institut für Rechtsmedizin in Bonn zumindest den Versuch gibt, mit Insekten zu arbeiten, also beschloss ich dort nach einer Doktorarbeit zu fragen. Bene hat mir gesagt, Prof. Madea, der Direktor des Institutes, sei nett und ich soll mal einen Termin machen. Habe ich gemacht, und ich durfte zum Gespräch vorbei kommen. Um es kurz zu machen, ich durfte meine Doktorarbeit am Institut für

Rechtsmedizin in Bonn machen, natürlich unbezahlt und überhaupt im Alleingang. So hatte ich mein optimales Plätzchen gefunden. Ich bewarb mich für ein Stipendium der Uni Bonn, um meine Miete zahlen zu können. Ein paar Euro davon gingen auch für Materialien für die Experimente und Hundefutter für die Fliegen drauf. Am Anfang war es nicht einfach, ich saß immer allein in meinem Räumchen und habe vor mich hingewurschtelt. Das war ich nicht gewöhnt. Ich war Company gewöhnt. Ich war Kontrolle gewöhnt. Na Saskia, wie läufts? – war der morgendliche Gruß meines Diplomarbeit-Betreuers. Jetzt fragte keiner, es guckte keiner auf die Uhr, wann ich aufschlug. Das war riskant, denn diese neue Freiheit war verführerisch. Und ich kann nicht leugnen, dass ich anfangs eine Trödelliese war. Erstmal schien es keinen Unterschied für mich zu machen, ob ich mich Montags oder Dienstags um etwas kümmerte. Heute weiß ich, dass er sehr wohl einen Unterschied macht, aber wie mein Vater gerne sagt: Man wächst mit seinen Aufgaben.

Gegen Ende der Doktorarbeit verrann die Zeit schnell und ich hätte gerne mehr davon gehabt, aber das war nur so, weil endlich alles lief. Am Anfang stand ich vor leeren Räumen. Ich musste alles von null starten: Fliegenkäfige bauen, tote Ferkel besorgen, ein Gelände für die toten Ferkel auftun, einen Klimaschrank erbitten, eine Fliegenzucht aufbauen, Methoden entwickeln und testen, Experimente basteln, und und und. Man unterschätzt, wie lange das alles dauert, weil man immer auf die Antworten anderer angewiesen ist. Und nein, die meisten wollen nicht, dass man tote Ferkel auf ihren Wiesen auslegt. Irgendwann war alles beisammen und ich startete mit meinen ersten Experimenten zum Thema „Wie schnell besiedeln Schmeißfliegen Kadaver abhängig vom Auslegeort: indoor vs. outdoor". Ich brauchte drei Jahre um das schließlich vernünftig durchzuführen. Ich startete mit einem Zelt, dessen Eingang nur ein Spaltbreit geöffnet war. Es folgten Plastikkisten, in deren Wände ein Schlitz, ähnlich einem gekippten Fenster, eingebastelt wurde. Dann das Gartenhaus meiner Oma und zu guter Letzt, in der dritten Saison, mein altes Kinderzimmer mit gekipptem Fenster. Die Ergebnisse konnte ich bei mehreren Kongressen vorstellen und es erschien auch das Paper dazu in **Forensic Science International**. Der größte Lerneffekt dabei war jedoch, dass es einfach länger dauert, wenn man etwas ganz alleine plant und startet, als wenn man die Dinge vorgegeben bekommt. Damit muss man lernen umzugehen.

Während der Versuche bei meiner Oma im Gartenhaus hatte ich drei etwas größere Ferkel, von denen ich nach Experimentende nicht wusste, wie ich sie entsorgen soll. Ich rief bei der Tierkörperverwertungsanstalt an. Dort sagte man mir, dass ich einen LKW bestellen könne, der die toten Tiere mitnimmt. Das tat ich und bestellte den LKW in meine Wohnstraße, weil es hieß, der kommt um sieben Uhr morgens. Also hatte ich die toten Ferkel, nach mehreren Tagen Verwesung in Omas Garten, in einer Plastikkiste auf meinem Balkon stehen. Irgendwann klingelte es und ein in praktische Arbeitsklamotten gekleideter Fahrer stand mit einer Mülltonne in der Tür. Er schimpfte wie ein Rohrspatz, weil er mit seinem riesengroßen Laster in die kleine Einbahnstraße musste, in der ich wohne. Ich hatte drei tote Ferkel angemeldet, hatte aber in der Zwischenzeit entschieden, eins davon weiter verwesen zu lassen. Der Typ wollte also jetzt drei tote Ferkel in seine Mülltonnne im Hausflur kippen. Ich sagte, es wären nur zwei, aber er beharrte auf den drei Ferkeln, die auf seinem Zettel standen. Ich sagte, es wären aber nur zwei tot, das dritte würde noch leben, damit er Ruhe gab. Und so gesehen war ja auch ne Menge Leben auf dem Ferkel. Das bizarre Bild werde ich nie vergessen, wie ich die verrottenden Ferkel im Hausflur des Mehrfamilienhauses in die Tonne kippte und der Fahrer diese, immer noch zeternd über die Einbahnstraße, zu seinem LKW karrte. Angeblich sollte ich auch eine Rechnung über die Abholung kriegen, das ist aber nie passiert.

Mit der Zeit richtete ich mich im Institut häuslich ein und gewann dadurch, dass sich die Ärztebelegschaft komplett änderte, erheblich an Arbeitsqualität. Es burgerte sich ein, dass mir tatsächlich Bescheid gesagt wurde, wenn Leichen befallen mit Insekten im Sektionssaal lagen. So konnte ich knapp 70 „Fälle" sammeln, an denen ich übte. Das ein oder andere Mal wollte sogar die Polizei meine Meinung zum Fall hören, und ich durfte echte Gutachten schreiben. Ich habe in den drei Jahren der Doktorarbeit meine kleine Arbeitsgruppe aufgezogen, die mal mehr und mal weniger Mitarbeiter hatte. Ich habe zwei Diplomandinnen und mehrere Praktikanten betreut. Wenn ich meine Zeit mit der anderer Bio-Doktoranden vergleiche, ist der größte Unterschied der, dass ich für mich selbst verantwortlich war bzw. bin. Man kann sagen, ich bin mein eigener Kapitän, aber mein Schiff kann auch viel schneller untergehen. In einer funktionierenden Arbeitsgruppe mit täglicher Betreuung ist man zwar den Plänen des Chefs ausgeliefert, leidet aber auch nicht unter Ideen- oder Antriebslosigkeit, bzw. wird einem letzteres schnell ausgetrieben. Der weitere Unterschied ist, dass ich nicht irgendwo hineingerutscht bin, weil es eben gerade eine freie Doktorstelle gab, sondern ich habe es wirklich gewollt. Beide Varianten haben Vor- und Nachteile.

Die einzige Vorgabe meines Betreuers war, ich muss veröffentlichen. Paper, Paper, Paper sind das einzige, was zählt, wenn es um Forschungsgelder geht. Ich habe mich redlich bemüht und gegen Ende der Doktorarbeit sind auch zwei, drei ganz ordentliche Sachen entstanden. Mein Plan ist es, einen Antrag auf Forschungsgelder zu stellen, um meine eigene Stelle zu finanzieren. Ich stelle wenig Ansprüche, und meine Experimente kosten meist nicht viel. Man kann sich natürlich fragen, warum nicht z.B. das Institut daran interessiert ist, eine richtige Stelle für einen forensischen Entomologen einzurichten, es ist ja schließlich nicht ganz unnütz. Außerdem, wenn man sich in Medien und TV umschaut, dann sieht man doch, wie wichtig CSI ist, auch mit Insekten. Aber wie ist es in der Realität?

Wer sagt, dass in Deutschland irgendwer daran interessiert ist, die Insekten vom Leichnam untersuchen zu lassen? Im Normalfall geht ein zersetzter, madenbefallener Leichnam in die Rechtsmedizin und sofern die Polizei nicht ruft: Halt, was ist mit den Insekten, wird die Brause genommen und erst mal aller Ekel weggeduscht. Verständlich, die Ärzte gucken sich ja auch den Leichnam an und nicht, was alles sonst noch so mitgebracht wurde, Laub, Dreck, Bekleidung, muss alles runter. Im Institut war es, wie gesagt, ein Glücksfall für mich, denn ich wurde dazu gerufen und konnte meine Insektenspuren einsammeln und mir den Fall anschauen.

Manchmal interessierte es die Polizei, was ich dazu beitragen konnte, manchmal nicht. Aber in anderen Städten Deutschlands gibt es bis auf ganz wenige Ausnahmen keinen Biologen, der zufällig nebenan sitzt und zufällig Ahnung von leichenbesiedelnden Insekten hat und mal eben kostenlos diese Spuren auswerten kann.

Man sollte doch meinen, so viele Schüler und Studenten, die in dem Bereich Praktikum machen wollen oder sogar explizit schreiben, sie schlagen den Berufsweg ein, können nicht irren. Tun sie aber doch, denn den Beruf gibt es einfach gar nicht. In Deutschland gibt es keinen einzigen Menschen, der ausschließlich als forensischer Entomologe arbeitet und der davon leben könnte. Und frustrierend daran ist, ich werde niemals als Forensische Entomologin Geld verdienen, in keinem einzigen Institut für Rechtsmedizin wird es jemals eine solche Stelle geben. Woran liegt das? Gefällt der Polizei und den Rechtsmedizinern nicht, was ich mache? Nein, ganz im Gegenteil, die freuen sich, dass ich da bin, hören sich interessiert an, was es zu sagen gibt, laden mich zu Vorträgen über das Thema ein, alles prima.

Nein, das Problem ist das System. Den rechtsmedizinischen Instituten in Deutschland wird langsam aber sicher der Geldhahn zugedreht. Einige sind schon geschlossen, einige werden folgen. Im Unisystem ist ein solcher Betrieb nicht vorgesehen, für das Forschen und Publizieren sind zu wenig Leute da, und die Ärzte müssen sezieren und können nur bedingt forschen. Unigelder und Drittmittel gibt es aber nur für braves Publizieren. Eigentlich stellt die Rechtsmedizin eine Dienstleistung dar, nur der an dem die Leistung vorgenommen wird, ist schon tot und wird kaum dafür zahlen. Krankenkassen sind nicht zuständig, denn der Vertrag endet mit dem Tod. Der Staat zahlt, wenn die Staatsanwaltschaft eine Sektion für angebracht hält. Aber wie kann man vor der Untersuchung wissen, was heraus kommt, also ob es sich lohnt zu sezieren?

Ich, als kleine forensische Entomologin, stehe in dieser Problemkette ganz hinten. Aber ich würde gern wissen, wer die Entscheidung getroffen hat, dass es egal ist, ob mehr oder weniger Leichen seziert und mehr oder weniger Fälle bearbeitet werden? Bei wem muss ich mich melden, um zu beantragen, dass eine Stelle für mich eingerichtet wird? Nötig ist das auf jeden Fall, denn es gibt noch so unendlich viel zu erforschen, ich könnte fünf Diplomanden beschäftigen. Es gibt noch nicht, entgegen aller Vorstellungen, von jeder Insektenart ein Entwicklungsprofil. Es gibt nicht ein einziges für Arten aus Deutschland, die geografisch am nächsten liegenden Daten stammen aus Österreich. Dann kann man sich aussuchen, ob man Daten aus Norwegen, England oder Russland wählt. Man muss halt damit leben, dass Arten aus Russland vielleicht ein wenig anders an kalte Winter angepasst sind als z. B. Tiere im warmen Rheinland. Oder Daten aus den USA und Kanada, da kann ja gar nicht so ein großer Unterschied sein…

Die Wissenschaftler, die in Deutschland dieses Thema bearbeiten, tun ihr Bestes, ohne Ressourcen einigermaßen Passables zu publizieren. Einen kleinen Lichtblick gab es: Die einzige Arbeitsgruppe für Forensische Entomologie in unserem Land hat einen Antrag bei der Deutschen Forschungsgesellschaft bewilligt bekommen und kann eine Doktorandin davon finanzieren, aber auch nur deshalb, weil ein wesentlicher Teil des Antrags von molekularbiologischen Themen handelte.

Ich sehe ein, dass es unmodern wirkt, zu messen, wie schnell sich die Maden bei verschiedenen konstanten und dann bei fluktuierenden Temperaturen entwickeln, das hätte ja wahrscheinlich bereits Darwin langweilig gefunden. In diesem speziellen Fall gibt es jedoch eine ganz konkrete, direkte Anwendung für die Kriminalistik. Es muss doch jeder einsehen, dass das Sinn macht.

Das TV kann Geld mit crime scene investigation verdienen: mit fiktiven Fällen macht die Branche echtes Geld. Wieso kann man nicht mit echten Fällen im echten Leben echtes Geld verdienen?

„Es könnt alles so einfach sein, ist es aber nicht", haben schon die **Fantastischen Vier** gesungen. Dafür bleibt's spannend.

Mark Benecke:

Im Juni 2010 hat Saskia Reibe ihre Doktor-Prüfung nach zweistündigem Test mit der bestmöglichen Note abgeschlossen.

Zum Lohn tanzten ihre Freunde und Bekannten vor den befremdeten professoralen Prüfern zu Beyonce: „Put A Ring On It" in einer aus dem Video entliehenen Choreografie durch das Institut für Rechtsmedizin und ihre Eltern servierten Schnittchen.

Personal Perspective on Forensic Science: Maggots Tell All

(or: How to become a Forensic Entomologist)

Mark Benecke

Die häufigste Frage, die man an uns richtet, ist: **Wie** wird man forensischer Entomologe? Um das endlich für alle zu beantworten, in einer Sprache, die die meisten verstehen sollten, habe ich folgenden Text geschrieben – auf Englisch, für eine der größten Zeitschriften für ForscherInnen namens „Science". Die Wissenschaftssprache ist weltweit englisch. Daher haben wir den Text hier im Original belassen.

During my studies of biology at the University of Cologne in Germany, I realized that humans are less than unimportant life-forms on Earth, and that insects rule in each and every sense of the meaning.

It was there as a university student that I first became interested in invertebrates, animals without a spine. I spent my nights searching for tropical snails and roaches in our **Zoological Garden's** terrarium building and my days performing genetic fingerprints of microscopic roundworms and rotifers, as well as training the eight-armed octopus to unscrew a glass filled with its favorite food.

One thing that all German professors will tell you is that you should always do what you want to do. The downside of this was that first I had to find out what I wanted to do. The upside, however, was that once I knew, I was able to convince a zoology professor to let me do my M.Sc. in his roundworm lab by comparing strains that looked alike under the microscope but weren't on a genetic level. To do this I had to set up my first DNA lab. Through E-mail correspondence, congress visits, and talking with other scientists, I managed to set up my lab and subsequently got into the field of DNA typing.

My professional ties to the DNA typing lab at our local University Institute for Forensic Medicine, as well as my strong desire to work in a multidisciplinary field, is ultimately what brought me into forensic DNA work.

In Europe, most forensic labs deal with criminal cases as well as paternity cases. So I decided to develop a method for DNA typing of the urine, hair, and saliva of athletes. Sometimes I was able to use samples from athletes who tried (or not) to cheat during the Olympic summer games in Atlanta, but sometimes I had to resort to using samples from my poor lab colleagues.

After spending a lot of time in the lab, I realized that two doors next to our lab led into the autopsy and storage rooms. I started to ask the forensic pathologists if I could observe some autopsies. At the same time, I went to forensic meetings, parties with our local homicide detectives, and checked out the departments of forensic toxicology, histology, and alcohol determination. After a while I learned enough to pass an examination in "Rechtsmedizin" (medico-legal sciences) during my final oral Ph.D. exams in molecular medicine.

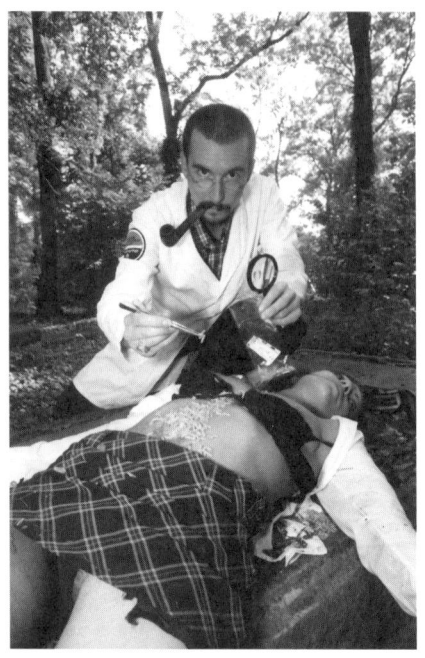

Fotos Seite 258
und 259:
Foto-Serie für
FHM, 2000

Das Benecke-Universum

In the autopsy room, I observed something that no one else noticed: The older the corpses, the more bugs I found on them. From that time on, our autopsy assistants secretly (at least that's what they thought) applied insecticides to keep me away from messing around with the fast crawling, white blowfly maggots. But it didn't help. I started to mature maggots and eggs in an empty electron microscopy room, but the smell soon irritated others and I was kicked out. Even the nice vanilla wonder trees I had in the lab didn't mask the odor of the rotting meat I used to feed my new-found study subjects, so I moved into a room located near the so-called corpse entry that had a grating instead of windows.

Until this very day, most of my colleagues absolutely don't want to know about, hear, or see the insects I breed. This can be very annoying (even if it sounds funny) because I don't understand anymore why people are so grossed out. But, my colleagues frequently can't understand why anyone would work with the obviously most disgusting subject on Earth: insects recovered from decaying corpses. I thought that after the movie **The Lion King**, things would get better because the movie very much focused on life being a circle of birth, growth, maturing, flourishing, dying, and reuse of (body) substances for the next generation. Well, it didn't really work out, as you can read and see at "Trainings" on **benecke.com.** I guess I am waiting for the next generation.

After I switched to **New York City's Chief Medical Examiner's Office** to experience a different legal system, I got more into criminalistics, evidence examination, blood spatter analysis, and the like. But for the second time, a German judge and a forensic pathologist asked for consultation in a high profile case. Last spring, they sent a military plane from Bonn to New York with just four passengers: one human messenger and three blowfly maggots recovered from a crime scene. This time, I went full blast, and together with another entomologist, an ant expert working in an Eastern German Museum of Natural History, insect evidence helped to get the case straight.

Routine forensic entomology work is not that exciting. It consists mainly of spotting (smelling, that is) the decomposed bodies before anyone in the autopsy room can wash or freeze them. Most times you won't find anything of relevance during routine checks, but this way you get the expertise and feeling for what is going on in the complex microhabitats. Plus, it is essential to get routine down in determining the species of larvae, pupae, adult flies, and beetles – which is a frustrating, painstaking process.

So, having said all that, what can a forensic entomology examination add to a case? Apart from the determination of time of death (mostly determined by the body length or weight of maggots), there are numerous other ways of using insects as an aid in investigations. For example, one can find toxins and bacteria from a corpse in insects, even if the body is already skeletonized, which means that not enough tissue is left for standard toxicology and bacteriology. Sometimes, you can also tell if a body was brought from a crime scene to another location by checking for insects on the body that don't belong in the ecological community of the place of discovery. It all depends on your expertise, the circumstances of the case, and your imagination: "What exact questions did the police/forensic pathologists ask, and what other useful things may I read out of the insect material?" For some examples of routine forensic entomology work, you may read http://benecke.com/sixcases.html. That site gives you an idea about the vocabulary of forensic entomologists, too.

If you want to join the field, you should have a natural addiction to insects (especially to relatively common flies and beetles) and, of less importance, to criminalistics. Forget money and doing things just for the sake of social status. You must always try to see the big picture, but at the same time focus on tiny details – so cross mind barriers on a regular basis and don't restrict your thinking. And finally, find out what you really want and expect from life. The rest will be a piece of cake.

Das Treffen der Vorsitzenden der Transylvanian Society of Dracula (TSD)[18]

Mark Benecke

Anders als die früheren Treffen (welche bis zu diesem Zeitpunkt seit fünfzehn Jahren in Transsylvanien abgehalten werden), fand die diesmalige Zusammenkunft in den malerischen aber zugleich sehr gespenstischen Räumen des Instituts für Volkskunde (**Institutul de Etnografie și Folclor „Constantin Brăiloiu"**) in Bukarest, also in der Walachei statt. Diese Ortswahl liegt nahe, wenn man bedenkt, dass Vlad der Pfähler in diesem Gebiet geherrscht hat und nicht in Transsilvanien.

Die Leiterin des Instituts ist die beeindruckende Volkskundlerin Sabrina Ispas, die in dem ehemaligen Haus des früheren Premierministers von Rumänien lebt. Diese mit dunklen Holzmöbeln ausgestatteten Gemächer werden von ihren drei Katzen (selbstverständlich gehören auch schwarze Katzen dazu) zusätzlich belebt.

Die Themen handelten meist von übernatürlichen Wesen, die offenbar durch verschiedene Arten von Untoten und Gestaltwandlern verkörpert wurden. Zu letzteren gehören Füchse, die in China und Japan als teuflische Frauen angesehen werden. Das erklärt, warum ich auf Wunsch meiner chinesischen Gäste immer meinen Kuscheltierfuchs aus dem Wohnzimmer

Mit ausgestopftem Fuchs im „Herrenzimmer", 1999

entfernen muss … Japaner haben weniger Angst vor diesen formenwandelnden Frauen, da die Gestaltwandlerinnen auch Familie und Häuser beschützen können. Hier glaubt man, dass man sich besser nicht mit dem Schutzbefohlenen einer solchen Fuchsfrau anlegt, ansonsten kann man was erleben.

Meine absoluten Favoriten sind aber die drei weiblichen Yelle[19], die auch in Bram Stokers Roman und in Coppolas Draculafilm vorkommen. In

Rumänien werden sie als Ergebnis von Betrug und Neugier angesehen: Sie wurden in **Yelle** verwandelt, nachdem sie zuerst aus einem Becher das Wasser des Lebens tranken und diesen anschließend versehentlich zerbrachen. Dieser Becher befand sich unter dem Thron von Alexander dem Großen. Während er unterwegs war, bedienten sich seine unfolgsamen Handlangerinnen an dem Wasser und verursachten dabei dieses Durcheinander. In der heutigen Zeit sind Yelle dafür bekannt, Geigern wunderschöne Melodien beizubringen, die sie allerdings nur anderen Yellele und niemandem sonst vorspielen dürfen.

Übrigens, jeder Boden, den eine verwünschte Yellele betritt, wird durch sie verbrannt und ausgedörrt zurücklassen. Wenn sie singen, hören Menschen lediglich ein Knacksen und sich stetig ändernde Melodien, ähnlich wie man das von einem alten Radio kennt, wenn man die Sender wechselt.

Unsere Yelle-Spezialistin Laura Iliescu hat sich die größte Mühe gegeben, den wenigen männlichen Teilnehmern die Furcht vor diesen Wesen zu nehmen. Dennoch war sie nicht in der Lage, das mulmige Gefühl bei allen zu beseitigen … beruhigend zu wissen, dass Yellele sexuell sehr aktive Kreaturen sind. Ein erregender Gedanke, dass man bis zum bitteren Ende neben dem Tod wenigstens auch weibliche Brüste vor Augen hat.

Um aktuelle Forschungen zu präsentieren, berichtete ich über neue Ergebnisse einer Studie der **Atlanta Vampire's Alliance (AVA)** mit dem Titel „Vampirism and Energy Works Study". Diese Vereinigung hat einen unglaublichen Fragebogen ausgearbeitet – mit mehr als eintausend Teilnehmern seit 2006 –, mit dem diese ausführliche Umfrage sicher auch die einzige mit statistischer Bedeutung ist, die über die Vampyrsubkultur durchgeführt wurde.

Einige interessante Ergebnisse daraus sind, dass fast die Hälfte der Vampyre und Vampire physischem und/oder sexuellem Missbrauch ausgesetzt waren, viele an diagnostizierter Depression leiden und ungefähr 80 Prozent glauben, dass ihre Seele bereits in einem früheren Leben existiert hat. Die Menge der echten Bluttrinker ist in der Studie hoch: Mehr als die Hälfte der Anhänger konsumieren „kleine Mengen menschlichen Blu-

Beim Dreh für **National Geographic TV** in Transylvanien (2002), mit einem Erkennungszeichen (Sigil) für Vampyre aus Manhatten.[20]

diese und folgende Seite: Als Vampirforscher in Transsylvanien und der Walachei für National Geographic TV

tes von freiwilligen Spendern. Die Mehrheit der Befragten gab an, nicht mehr als ein Schnapsglas Blut je Einnahme zu trinken und das für gewöhnlich nicht öfter als einmal pro Woche. Dieses Trinken, von Blut sei notwendig, um gesund zu bleiben; viele Vampyre haben berichtet, dass sie unter körperlichen Beschwerden leiden, wenn sie diese Blutgelüste ignorieren" (Zitat der **AVA** zur Definition von Sanguinarians). Es gibt daneben auch viele Psi(=reine Energie)-Vampire, die überwältigende Mehrheit sei jedoch eine Mischung aus Psi-Vampir und Sanguinarian.

Wer solche Vampyre sucht: 65 Prozent aller Befragten gaben an, keine „Goths" zu sein. Viel Spaß beim Suchen auf dem deutschen **Wave-Gotik-Treffen** in Leipzig … Während unseres Meetings habe ich mich sehr auf die Endergebnisse der **AVA**-Studie verlassen. Mittlerweile haben meine Frau (Psychologin) und ich unsere eigenen Nachforschungen bei deutschen realen Vampyren angestellt. Hierbei wurden Ergebnisse der **AVA**-Studie mit tatsächlichen psychologischen Befunden zusammengeführt.

Während neue Forschungen wie die **AVA**-Studie entstehen, scheint es, dass viele Vampirgruppen, die von den Vampirromanen der 1960er bis 1990er Jahren inspiriert wurden, aussterben, wohl weil ihre ältesten Anhänger so langsam sterben. Das trifft auf die deutsche **Dracula Society** und die **Sanktuarium** zu, die sich bereits aufgelöst, ebenso wie auf die **Transylvanian Society of Dracula** (international) und das **Vampire Empire** (New York) zu, die frisches Blut dringend nötig haben. Noch nicht einmal der Schauspieler, der bei unserem Abendessen den Grafen (inspiriert von Hollywood, nicht von Vlad) verkörperte, war in der Lage, genügend erfrischende Flüssigkeiten auszusaugen, obwohl er sich eifrig bemühte.

In Bukarest habe ich nebenbei auch versucht, an der **Christopher Street Day**-Parade teilzunehmen. Das war jedoch nicht möglich, weil die Polizei die lediglich 300 Teilnehmer vor den gewaltbereiten Hooligans intensiv beschützen musste. Also besuchte ich die ausgezeichnete Ausstellung der Sammlung des Instituts für Gerichtsmedizin ebenso wie das gespenstische

Technoimport-Gebäude. Das wiederum hat mich in eine angenehme **Nochnoi dozor (Wächter der Nacht)**-Stimmung versetzt. Außerdem lernte ich die lokalen Spirituosen kennen und kehrte in die einzige Schwulenkneipe von Bukarest, das **Queens**, ein.

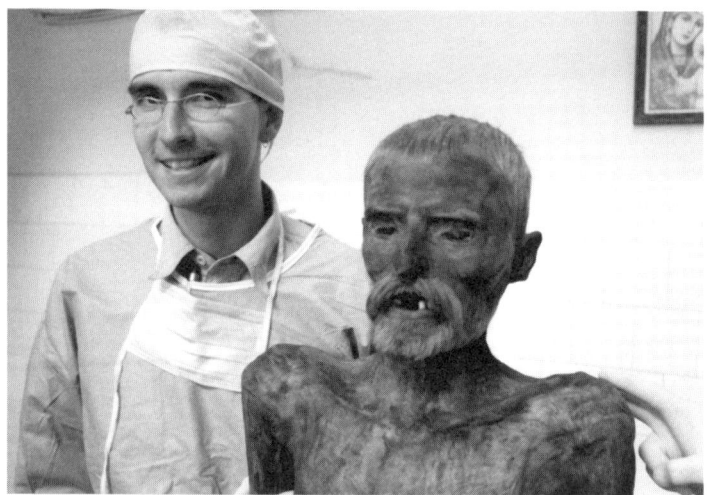

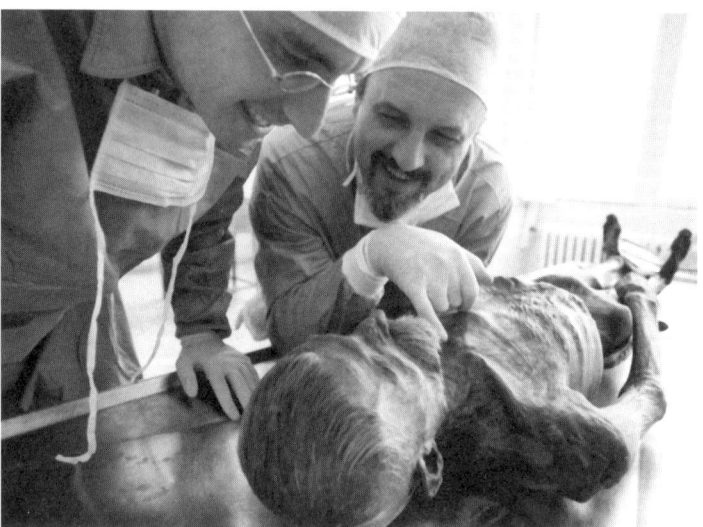

Institut für Rechtsmedizin in Bukarest, mit dem ehemaligen Hausmeister des Institutes (oben) sowie zusätzlich dem Direktor, Dan Dermengiu (unten), 2002

Ein weiterer Reisetipp: Wenn man den Nachtzug vom Bahnhof Budapest Keleti nach Bukarest nimmt, schläft man in einem sehr alten deutschen Zugwaggon. Steht man dann um sechs Uhr morgens auf, wird man Dinge sehen, die keiner glaubt … Um sicher zu gehen, dass man für diesen Anblick gewappnet ist, empfehle ich Nicht-Vegetariern, ein paar frittierte Hoden zu probieren, die in Bahnhofsnähe serviert werden – das bringt die richtige Stimmung.

Lydia Benecke

P.S.: Marks Ältesten-Treffen in Rumänien war erfreulicher- und überraschenderweise doch nicht das letzte seiner Art. Im Juli 2011 machten sich zahlreiche Vampyre und Vampirinteressierte auf den Weg aus ihren schattigen Gruften zum ebenso schattigen Eventschloss **Pulp** in Duisburg, wo eine neue Vortragsreihe und angeregte Diskussionen bis tief in die Nacht auf sie warteten. Da Mark nun selbst der Präsident der **Transylvanian Society of Dracula** ist, leitete er das Treffen der Nachtgestalten mit einem Vortrag zu „Vampiren dieser Welt" ein. Peter Mario Kreuter berichtete den Vampyren der Gegenwart von den Vampiren der Vergangenheit. Besonders schön und interessant fand ich, dass einige der Real-Life-Vampyre, die an unserer kleinen psychologischen Studie in Deutschland teilgenommen hatten, dort waren. Ihnen und allen anderen erzählte ich von meinem Erklärungsansatz, dass das Trinken von Blut eine in bestimmten Fällen logisch nachvollziehbare Methode ist, um aus unangenehmen Gefühlszuständen herauszukommen. Dass Vampyre eher durch kleine Mengen Blut als beispielsweise durch kleine Mengen Schokolade oder Vanillepudding eine Verbesserung im Wohlbefinden spüren, hat mit ihren Lebensgeschichten und sich daraus ableitenden Überlebensstrategien und Eigenschaften zu tun. Das alles lässt sich im Buch **Vampire unter uns!** (Band 2) ausführlich nachlesen. Im Laufe des Tages die Gelegenheit zu haben, mit Betroffenen und Nicht-Betroffenen über diesen Erklärungsansatz zu diskutieren, machte uns sehr viel Spaß, besonders, da die meisten Vampyre sehr nachdenkliche, reflektierte, kluge und gleichzeitig tolerante und selbstkritische Gesprächspartner sind. Auch die Vampyre selbst hatten die Gelegenheit, von sich und ihrem Erleben zu erzählen, was den interessierten Nicht-Vampyren im Raum einen einmaligen Blick in diese Subkultur verschaffte. Es war insgesamt ein schöner, friedlicher, toleranter, interessanter und stimmungsvoller Tag und Abend für alle Anwesenden, der mal wieder bewies: Die Welt wäre wesentlich langweiliger, wenn es randständige Lebens- und Erlebenswelten nicht gäbe.

Kylie en vogue & the bad scientist

Sara Noxx

Mark Benecke:
Sara Noxx und ich veröffentlichen im Herbst 2010 den Song von Kylie Minogue und Nick Cave: „Wild Rose". Mehrere Elektro-Bands remixxten ihn fur uns. Was mit den **Blonden Burschen** begonnen hatte, sollte nun also fortgesetzt werden: meine frag-würdige Karriere als Musiker/Sänger …

Dark Easter, Berlin, irgendein April. Ein Konzert wie viele andere. Nicht ganz, denn gegen Mitternacht – und rückblickend betrachtet frage ich mich natürlich, ob dies wirklich Zufall war – kam ein schwarz gekleideter Mann und holte sich ein Autogramm …

Na klar, gern – zart geschwungen: „Für Mark" – und er verschwand in tiefer Dunkelheit mit der Trophäe.

Minuten später … Schwarzer Mensch vor schwarzer Wand in schwarzer Nacht … „Mark?" „Ja!?" Und nach einem kurzen Smalltalk – nett, beinahe ein wenig schüchtern, den Eindruck hatte ich danach nie wieder, aber ich möchte nicht vorgreifen – war die Begegnung wohl beiderseits vergessen. Dachte ich.

Dann – waren Tage vergangen oder Wochen?: per E-Mail bedankte er sich für das Autogramm, freundliche Grüße – und eine Signatur, die, nahezu enzyklopädisch, ich lediglich oberflächlich registrierte …

Wieder vergingen Tage oder Wochen. An irgendeinem Abend lief irgend-ein TV-Programm … Dr. Mark Benecke … Aha … Wie? Mark Benecke?! **Mark** Benecke? Ich glaube, mein Rechner war mindestens ebenso über-rascht wie das Laminat, das ich mit Mach 4 überquerte, um, feminin un-typisch, den Geschwindigkeitsüberschuss effektiv nutzend, ihm noch im Fluge zielsicher und ungewohnt dominant den Befehl zum Initialisieren zu erteilen … Outlook … Ordner … Verdammt, welcher Ordner war es? Voilá, da ist sie – und an jenem Tag schien mir auch die Signatur nicht mehr zu komplex, sie genauestens zu analysieren, dechiffrieren, spezifizieren, examinieren … Tatsächlich, Mark Benecke – **der** Mark Benecke – und ein wunderbar amüsant-kommunikatives Miteinander begann.

Wie der Zufall (?!) es so wollte, gastierte Mark einige Zeit später in meiner Heimatstadt – und endlich bot sich uns die Möglichkeit, die unterhaltsam-charmanten E-Mail-Plaudereien von Angesicht zu Angesicht fortzusetzen. Retrospektiv bin ich beinahe sicher, dass wir uns bereits, noch bevor der Regionalexpress spannungsgeladen knisternd hielt, verbal duellierten – und sind wir uns inzwischen auch des öfteren begegnet, so gab es doch wohl kaum eine Sekunde, in der wir nicht primär uns selbst, wohl aber sekundär auch die Adjutanten mit rasant-rhetorischen Schlagabtauschen erfreuten.

Nächstes Treffen, erneut Berlin.

Ich habe nicht gerade selten Bühnentechniker oder Musiker kennen gelernt, die den Eindruck erwecken wollten, wofür auch immer international geschätzt und Dauergast in Presse und TV zu sein – der umgekehrte Fall war mir sympathisch neu.

Nur zu gern nahm ich die Gelegenheit wahr, meinen hochgeschätzten Serotoninbooster zu einem meiner Gastspiele zu rekrutieren. Es war im Februar 2008 und nach einem konzisen SMS-Warm-Up atmete ich bereits Sommer … Mark platzte mitten in die Vorbereitungen, die, wie beinahe immer, im Chaos zu versinken drohten – Bühnen-, Licht- und Tontechniker eilten geschäftig hin und her – hier fehlten Kabel, dort ein Mikro und hat nicht soeben noch die Leiter unmittelbar neben dem … Wo ist das Stroboskop? Das ideale Betätigungsfeld für MarkGyver, der sich rasch seiner oberen Jackenschichten entledigte und mit einer Vielzahl nützlicher Werkzeuge überraschte, wo man zuvor lediglich ein schlichtes Schlüsselbund vermutete. Ich wurde an diesem Abend auf eindrucksvolle Art und Weise Zeuge, dass dieser Mann allzeit für jeden erdenklichen Ernstfall gerüstet schien und mir wurde vor allem bewusst, dass Mark Benecke wahrscheinlich nicht das ist, was zu sein es scheint.

Ja, irgendwie hat's von Anfang an gepasst und der Gedanke, Gemeinsames zu kreieren, schwebte stets latent über unseren Häuptern. Das Ob schien nicht fraglich, das Was diskussionswürdig und dass das Wie sich finden würde, stand außer Frage.

Heute weiß ich gar nicht mehr, wann aus Spaß ernst wurde – schließlich trafen wir uns im Herbst 2009 in einem Berliner Studio, um uns an- und miteinander zu erfreuen.

„Where The Wild Roses Grow" – kein Titel schien für unser Erstlingswerk geeigneter und in von Heiterkeit und niveauvollem Scherz geschwängerter Studioluft brachten wir aufgrund spontan geäußerter Freude über das Wiedersehen, die bevorstehende Gesangsaufnahme und das Leben an sich, mündend in frohlockendem Übermut, den Produzenten und

Sara Noxx und Mark Benecke

Anwesende mehr als einmal an den Rand der Verzweiflung – von der Verwendung des oftmals bedenkenlos geäußerten Wortes „Wahnsinn" distanzierte ich mich aus Respekt der deutschen Sprache gegenüber, bezugnehmend auf Mark, sowie sämtliche ihn tangierende Bereiche, sofern Schnittpunkte mit meinem Leben, bereits zu einem recht frühen Zeitpunkt unseres Miteinanders – brachte.

Da war er nun also – der promovierte Biologe Nick Cave, der seine Zwänge ausleben und zugleich wissenschaftlich fundiert Tathergang und -

zeit zu bestimmen verstand. Hin- und hergerissen zwischen der Rolle als Opfer und der ursprünglich angedachten als Duettpartnerin taumelte ich beinahe traumatisiert von einem Gesangspart zum nächsten, mir der Kuriosität der Situation bewusst, mit einem renommierten Kriminalbiologen ausgerechnet einen Titel dieses Inhaltes zu interpretieren – eine Erfahrung, die zweifellos zu den interessantesten und aufregendsten in meiner bisherigen musikalischen Vita zählt.

Und nun halten wir sie also in den Händen – unsere erste gemeinsame Single (weitere Experimente nicht ausgeschlossen), die für mich nicht nur wegen meiner Identitätsprobleme während der Aufnahmen besonders ist, sondern vor allem, weil Mark mein Leben darüber hinaus auf sehr einzigartige Weise bereichert. Ich habe hier einen Menschen kennen gelernt, den ich nicht nur wegen seines brillanten Intellekts, seines darauf basierenden Humors und de facto hohen Unterhaltungswertes schätze, sondern vor allem wegen seiner sympathischen Bescheidenheit.

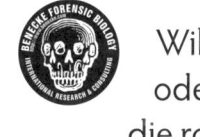

Wilde Rosen und umgedrehter Hall – oder wie eine Platte entstand, die rosig, dornig und wunderschön ist

Mark Benecke:
Dies ist die bizarre Geschichte eines und dann mehrerer gewaltiger und cooler Remixe, die wie ein Traum auf uns herabregneten (falls Remixe regnen können). „Wir" sind Frau Noxx – einst Gewinnerin des Zillo-Band-contestes, da war sie allerdings noch ein Küken – und vor allem eine der Künstlerinnen mit dem hinreißendsten und gefühlvollsten Œuvre, das ich kenne, und Kriminalbiologe Benecke (ergo icke).

Am Anfang standen zwei sehr merkwürdige Ereignisse. Erstens hatte sich Nick Cave einen „Schnurres" stehen lassen. Daraufhin wurde ich auf einmal nicht mehr mit Anthony Perkins (**Psycho**) verwechselt, sondern mit Freddy Mercury oder eben Nick Cave. Grund: Eben der Schnurrbart! Dabei hatte ich mir meinen nur wachsen lassen, weil auf der schwarzen Castle-Party in Polen einer der Security-Herren eben so einen coolen Solidarność-Balken unter der Nase hatte. (Meine Frau ist Polin und so war das Ganze auch in der Beziehung sozialverträglich.)

Der zweite Grund war, dass ich um 1997 mal ein DNA-Labor in den Philippinen aufbaute (Foto S. 149). Abends war nix zu tun und ich durfte das Uni-Gelände nicht verlassen (echt). So lag ich da allabendlich in tropischem Regen in einem fensterlosen Raum bei drückender Hitze und hörte – die **Murder Ballads**. Jeden Abend. Wochenlang. Kein Witz. Und die sind ja bekanntlich von Nick Cave und beinhalten den Song „Where The Wild Roses Grow", den ich seitdem mit allem Drückenden und Dräuenden verbinde.

Kürzlich begab es sich dann, dass Frau Noxx und ich in ihrem brandenburgischen Schlösschen bei einem Glas teuren Rotweines überlegten, wie wir wohl ein Duett auf unsere schwankenden Beine stellen könnten. Nach einigen Abwägungen (Nina & Mike?, Cindy & Bert?) entschieden wir uns für das Nahe liegende: Die ohnehin öfters dahin gestreckte Frau Noxx als Kylie Minogue sowie der grummelnde Benecke als Nick Cave. Passte! Dachten wir.

Blitzschnell fand sich eine mutige Plattenfirma für diese Schandtat (**Prussia**) sowie mehrere Tonstudios (**P:W Musik**, Berlin und **Rilinger Productions**, Kulturhauptstadt 2010), die unsere Stimmen – ich sage bewusst nicht „Gesänge" – recordeten. Da ich ja bekanntlich nur schnell sprechen, aber nicht singen kann (vgl. **Patenbrigade:Wolff**: Baustoff/Popmusik für Rohrleger, wo ich allerlei Todesfälle auf Baustellen verlese), mussten sich die Studios einiges einfallen lassen. Winus Rilinger kam dabei auf die fette Idee, dass ich meinen Part growle, wobei er auch noch den Hall umdrehte. Soweit, so lässig.

Kaum baten wir aber unsere Lieblings-Künstler um Remixxe, ging das Theater los. Der eine bemängelte, dass man meine Stimme kaum verstehe (exakt! wegen des Growlings!), der nächste kriegte auf einmal wegen dem Mord-Motiv kalte Füße. Wie gut, dass die Coolsten der Coolen übrig blieben und unsere Cover-Version remixxten, darunter **Feindflug** und **Kontrast**. Kein Scherz! Als wir auf dem **WGT** in Leipzig 2010 eine Vorab-Version der Platte vorstellten, war das einer der schönsten Momente in meinem Leben. Wo andere Forscher davon träumen, einen Nobelpreis zu erhalten, meine ich, das coolere Schwein zu sein, wenn ich mit von mir verehrten KünstlerInnen zusammen etwas wirklich Wunderschönes auf die Beine stelle und in diesem Fall auch gestellt habe. Mittlerweile gibt es sogar ein saugeiles Video davon (Youtube olé).

Eins habe ich während des Unternehmens allerdings auch gelernt: Ich könnte niemals Vollblutkünstler sein. Denn wie viele Nuancen in einem Wort, einem Hauch und einer Stimmfärbung stecken können, das wusste ich vor der Performance meiner MitstreiterInnen echt nicht. Was natürlich auch daran liegen kann, dass ich früher in einer meist besoffenen Punk-Kapelle gespielt habe (siehe S. 90), an deren Auftritte sich – außer dem Internet – hoffentlich niemand mehr erinnert.

Ganz große Verneigung an die Mitstreiter und bitte gebt mir die CD eines Tages als Beigabe mit ins Graa–haab. Dankeschön

Tätowierungen in Polen

Lydia Benecke

Schon als Kind bewunderte ich die Tätowierung am Unterarm meines Großvaters. Er war der erste und lange Zeit einzige Mensch mit einer Tätowierung, den ich kannte. Das fand ich schon immer ungewöhnlich, da er sein ganzes Leben in einer kleinen, konservativen polnischen Stadt verbracht hat. Dort wird man schon schräg angeschaut, wenn man wie ich rot gefärbte Haare hat und ansonsten normale schwarze Klamotten trägt.

Heute bin ich selbst tätowiert, und mein Opa findet unter anderem das bunte Oldschool-Motiv, das meinen rechten Oberarm verziert, richtig schön. „Die Motive heute sind detaillierter und bunter als zu meiner Zeit. Das gefällt mir", sagt er und schaut sich mit Begeisterung auch die voll tätowierten Arme von Mark an.

Obwohl mein Opa tätowiert ist, war der Rest meiner in Ostrów Wielkopolski lebenden Verwandtschaft zuerst nicht sonderlich begeistert davon, dass ich mich tätowieren ließ. Besonders größere und auffälligere Tattoos werden in Polen bis heute sofort mit negativen Dingen wie Kriminalität oder Asozialität gleichgesetzt.

Daher befürchteten meine Verwandten beim Anblick der ersten gemeinsamen Fotos mit Mark, ich hätte ihn vielleicht förmlich von der Straße geholt und er könne wohl kaum einer anständigen Arbeit nachgehen. Erst nach längerer Erklärung, dass er Biologie studiert und sogar einen Doktortitel habe (damit kann man bei konservativen polnischen Verwandten immer punkten) und seinen Lebensunterhalt auf legalem Weg bestreitet, zeigten sich die Verwandten beruhigt.

Inzwischen werden wir meinen kleinen Nichten und Neffen mit den Worten „Tante Lydia und der nette Onkel mit den bunten Bildchen auf den Armen kommen uns besuchen" angekündigt. Vielleicht werden die Kleinen später die fünfte tätowierte Generation in unserer Familie sein. Cool fänd ich es auf jeden Fall. Bei unserem letzten Besuch waren alle Kinder schon mit ziemlich großen Klebe-Tätowierungen ausgestattet …

Groß und Klein tätowiert: Mit Opa Władek in Ostrów Wielkopolski, 2011

Mit Mark Benecke zur Tintenfisch-forschung drei Monate auf einer Insel im Nichts vor Irland

Britta Göhlen

Mark Benecke:

Die Arbeit mit achtarmigen Tintenfischen war für mich die erste große Forschungsserie. Wer diesen Artikel liest, weiß, warum ich mittlerweile Vegetarier bin und Botschafter für PETA für den Schutz von Meerestieren. Britta Göhlen ist eine freundliche und besonnene Biologin, die mit mir eine (zumindest bis zu diesem Zeilen) geheime Sympathie zu **Chris de Burgh** teilt. Früher war Britta Verhaltensforscherin, heute arbeitet sie bei einer großen staatlichen Datenbank für medizinische Forschungsprojekte.

Irland 1992: Erfahrungen auf der grünen Insel

Für das Nebenfach Psychologie war es für mich als angehende Diplom-Biologin notwendig, ein entsprechendes Praktikum zu machen. Dabei sollte das Verhalten von Tieren beobachtet werden. Für einige Studenten war es möglich, nach Irland aufzubrechen und für drei Monate Land, Leute und Weichtiere unsicher zu machen. So ergab es sich, dass Bene, Vera und ich auf die grüne Insel reisten. Wir hatten ein Haus zur Miete. Betreut wurden wir durch unseren Professor Bill. Er wohnte dort mit seiner Frau direkt neben unserem Labor (eher Bunker). Zu uns gesellte sich Eva, die angehende Psychologin. Somit waren wir insgesamt vier Studenten.

Das Praktikum bestand aus der Beobachtung und Dokumentation des Lernverhaltens einer Schneckenart (**Monodonta lineata**) und einer Tintenfischart (**Eledone cirrhosa**).[21]

Neben den eigentlichen Versuchen kümmerten wir uns um die allgemeine Pflege der Tiere.

Das hieß, täglich mussten die Aquarienbehälter der Kraken gesäubert und am Strand Nahrung für die Tiere gefangen werden. Und das bei jedem irischen Wind und Wetter.

Schnecken und Kraken aus dem Meer

Der Wechsel zwischen Ebbe und Flut war immer eine Bedingung, der wir uns anpassen mussten. Am Strand hatten wir bei Ebbe eines Tages komplikationslos **Monodonta lineata**-Schnecken gesammelt. Im Labor stellen wir fest, dass es zu wenige waren. Kurz entschlossen machten sich Bene und ich zurück zum Strand – bei kühlem nassem Wetter. Das Wasser stieg bereits und uns war klar, dass trockenen Fußes keine weiteren Versuchstiere zu erobern waren. Darauf begann Bene sich kurzerhand zu entkleiden und sprang in bunter Unterhose in die Fluten. Nach und nach tauchte er auf und reichte mir die gewünschten Geschöpfe. Wir wissen nicht, was der ältere Ire dachte, der in einiger Entfernung dabei zugesehen hat. Zufrieden mit unserem Fang kehrten wir ins Labor zurück. Dort fanden die Freilandtiere ein vorübergehend neues Heim. Die zurückgebliebenen

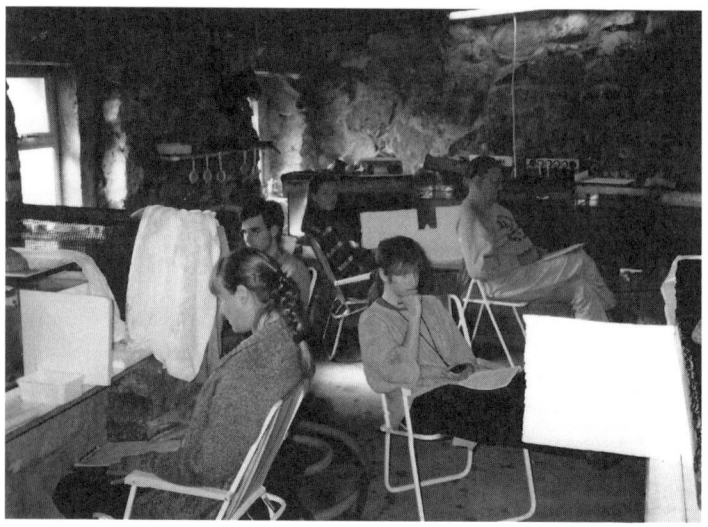

Drei Monate Beobachten von Tintenfischen in Irland (1992). Psychologie-Prof. Angermeier (re.) hatte das Labor mit einem örtlichen Fischer selbst erbaut, damit die Kraken täglich frische Krabben und Seewasser bekamen. Die Insel ist so klein, dass sie noch nicht einmal bei Google Maps eingetragen ist.

Mädels erkundigten sich neugierig nach unserem Verbleib und gaben erst Ruhe, als wir (fast) alles haarklein berichtet hatten.

Romeo gehörte wie Julia zur Tintenfisch-Spezies **Eledone cirrhosa**. Beide Kraken waren zuerst gemeinsam in einem Beobachtungsbecken untergebracht. Wenige Tage nach der Trennung fanden wir in Julias Becken eine „Perlenkette". Julia selbst war tot. Wir unerfahrenen Biologen mussten erst nachlesen, dass unser Tintenfischweibchen ihre Eier abgelegt hatte und anschließend naturgemäß wegen Entkräftung gestorben war. Weibliche Kraken fressen während der Zeit der Brutpflege nichts. Wir nahmen das tote Tier mit nach Hause.

Dort wurde Julia auf unserem Küchentisch auseinander genommen. Mit einem entsprechenden Buch in der Hand untersuchten wir den inneren Aufbau des Tieres. Wir stellten fest, dass sie immer noch voller Eier war. Die kostbare Tinte nutzen wir zum Schreiben. Abschließend wurde Julia im Müll entsorgt. Wer weiß, was Romeo dazu gesagt hätte.

Das Benecke-Universum

Aber wir haben sie wenigstens nicht gegessen. Romeo wurde gleich am nächsten Tag im Meer ausgesetzt. Sein Nachwuchs – unzählige kleine Wesen – folgten ihm nach dem Schlüpfen. Wenn sie nicht gestorben sind, dann schwimmen sie noch heute.

Fuchszerlegung

Um in den drei Monaten im Ausland den Kontakt nach Hause nicht abreißen zu lassen, habe ich immer mal wieder Briefe geschrieben. Als ich einen Briefkasten [ein Loch in einer Mauer, M.B.] aufsuchte, stolperte ich auf der Straße über einen schönen Fuchs. Er war äußerlich unversehrt, aber tot. Zurück im Haus berichtete ich Bene davon. Kurz darauf sah ich mich – bewaffnet mit einem Karton – hinter Bene hertrotten. Der hübsche Tierkörper wurde in den Karton verfrachtet und in unser irisches Heim gebracht. Im Garten wurde der Fuchs dann in drei Teile zersägt: Kopf, Körper und Schwanz. Der Kopf wurde eingegraben, der Schwanz vorübergehend an die Wäscheleine gehängt und der Körper auf den Müllberg der Nachbarin (die gleichzeitig unsere Vermieterin war) geworfen. Einmal in der Woche wurde in der Regel der Müll dort verbrannt. Wir hofften, dass der pelzige Körper nicht entdeckt wird. Wir wurden nie darauf angesprochen. Das heißt bei den Iren aber nicht unbedingt, dass sie es nicht registriert haben. Wenige Wochen später haben wir den Kopf – bzw. was von ihm übrig war – ausgegraben. Für die Rückfahrt nach Deutschland legten Vera und ich ihn gut verpackt unter den rechten Vordersitz unseres Autos. Die Fahrt ging quer durch Irland, mit der Fähre nach England, durch England, mit der Fähre nach Holland und dann quer durch Holland bis nach Deutschland. Zum Glück hat uns niemand angehalten und unser Auto genauer inspiziert. Zu Hause angekommen, wurden die Knochen dann Bene übergeben, der mit dem Flugzeug geflogen war. Ob sie sich immer noch in seinem Besitz befinden, ist mir nicht bekannt.

Gesunde Ernährung

Unsere Hauptnahrungsmittel in Irland waren Fisch, Apfelpfannkuchen und Pudding. Zum Frühstück gab es Toastbrot mit Nutella. Die wurde uns netterweise auf dem Postweg von Benes Mutter öfter nachgeliefert. Fisch bekamen wir häufig vom Fischer John. Für die Apfelpfannkuchen war Bene zuständig. Sie waren sehr köstlich, obwohl Milch, Eier und sonstige Zutaten immer Pi mal Daumen zusammengemischt wurden. Für den Pudding war ich zuständig. Vera wünschte sich immer einen Pudding mit Klümpchen – obwohl ich mich jahrelang abgemüht hatte, keine Klümpchen in einen Koch-Pudding zu bekommen.

Dann kam der Tag, an dem uns John zwei lebende Taschenkrebse (Cancer pagurus) zum Essen brachte. Diese Tiere zählen zu den köstlichsten Krustentieren.

Die schwer zu knackenden Scheren enthalten besonders gutes Fleisch. Problem nur: diese Tiere müssen (Achtung, Tierschützer weghören) lebendig ins kochende Wasser geworfen werden, damit die nicht bekömmlichen Stoffe zerstört werden und die Tiere die typische rote Farbe annehmen.

Die Gruppe und das Meer

Eines Tages wollten wir uns im Angeln versuchen. Mit einem Boot fuhren wir zusammen mit unserem Professor aufs Meer. Bill gab uns als Handwerkszeug eine Kordel mit je fünf Häkchen. An diesen befanden sich bunte Federn. Irgendwann mitten auf dem Meer sagte unser Professor, dass wir die Schnur zu Wasser lassen sollen. Wir sollten aber darauf acht geben, sie sofort wieder hochzuziehen. In der kurzen Zeit würde sich an jedem Haken ein Fisch befinden. Wir, die die netten Geschichten von Bill gewöhnt waren, schmunzelten und taten, wie uns geheißen. Wir staunten nicht schlecht: rein – raus – und an jedem Haken ein Fisch. Bene durfte diese dann vom Haken lösen und ihnen den Erlösungsschlag auf den Kopf geben. Später haben wir die Fische am Kai ausgenommen, einen Teil mit nach Hause geholt und der Rest wurde in Bills Räucherkammer gesteckt. Der frische wie auch der geräucherte Fisch war köstlich!

Der reverse CSI-Effekt:
Wenn Spuren nicht beachtet werden[22]

Saskia Reibe und Mark Benecke

Fall 1: Als Muttermörderin verurteilt –
Der Fall Hartung

Weltweit herrscht der Glaube, dass Spuren erstens jeden Fall lösen könnten und dass sie zweitens, wenn sie gefunden werden, immer die Wahrheit klären ("CSI-Effekt"). Dass beides nicht der Fall ist, zeigen drei Beispiele aus unserer Sachverständigen-Praxis.

Die Nachuntersuchung eines Tatortes in Franken und aller von der örtlichen Polizei und dem LKA asservierten Spuren sechs Jahre nach Tötung einer alten Dame zeigte, dass es keine objektiven Spuren gab und gibt, die beweisen, dass die verurteilte Frau ihre Mutter getötet hat. Sie kann trotzdem die Täterin sein. Dennoch haben wir aus spurenkundlicher Sicht große Bedenken. Könnte es sein, dass dieser Fall dadurch bestimmt war, dass es sich scheinbar um den **klassischen geschlossenen Raum** handelte, den es sonst nur in erfundenen Kriminalgeschichten gibt? Doch selbst diese Annahme wäre ein – hier vor Gericht allerdings nicht erkannter – Irrtum: Es gab zahlreiche Zugänge zum Tatort, und jeder im betreffenden Ort wusste, wo der Schlüssel zur Eingangstür lag.

Auftragserteilung

Im Januar 2006 erreichte uns ein Brief aus dem Frauengefängnis Aichach. Frau Hartung, mittlerweile 55 Jahre alt, war vier Jahre zuvor wegen Mordes an ihrer 79-jährigen Mutter zu fünfzehn Jahren Haft verurteilt worden. Sie bestritt die Tat von der ersten Minute an, obwohl sie laut Urteil in der Tat-Nacht als einzige Person (abgesehen von ihrer nun toten Mutter) im geschlossenen Einfamilienhaus gewesen sein sollte. Frau Hartung wollte zum rechtsmedizinisch ermittelten Todeszeitpunkt nach Mitternacht in der über eine Holztreppe frei erreichbaren Etage über ihrer Mutter geschlafen haben.

Nach Prüfung der Akten beschlossen wir, den Fundort der Leiche – das Elternhaus, in dem ihre Mutter bis zur Ermordung gelebt hat – auf neue und alte Spuren zu untersuchen. Frau Hartung, ihr Verlobter und eine Bekannte wollten eine Wiederaufnahme erwirken.

Das Haus wurde von uns zweimal besichtigt und untersucht; beim ersten Mal, um den Tatort zu sichten und den Arbeitsaufwand einzuschätzen, beim zweiten Mal mit einem sechsköpfigen Team, um so viele Räume und Oberflächen wie möglich mit Schwerpunkt auf bisher unberücksichtigte Spuren zu durchsuchen.

Anfängliche Einschätzung / Aktenlage

Uns lagen zunächst die Urteilsbegründung, eine Zusammenfassung aller serologischen Gutachten sowie, anwaltlich angefordert, Farbfotos des Tatortes vor. Aus der Urteilsbegründung ergab sich, dass die Mutter nachts mit 47 Messerstichen, während sie auf einem Sofa in der Wohnküche schlief, getötet wurde. Am Tag des Leichenfundes hatte die Polizei das Messer in einem hinter einer Spiegeltür versteckten Kämmerchen, in einem Messerblock steckend und mit Anhaftungen vom Blut des Opfers, entdeckt.

Unsere Mandantin hatte zwar nicht mehr bei ihrer Mutter gelebt, war aber in der Tatnacht bei ihr, da am nächsten Tag ein früher gemeinsamer Ausflug geplant war. Ihr ehemaliges Kinderzimmer stand auch nach wie vor jederzeit für sie als Schlafplatz bereit. Am Morgen des Ausflugtages betrat sie gegen sieben Uhr die Küche, wo ihre Mutter sehr oft auf einem Sofa schlief, und wunderte sich – wie sie in der polizeilichen Vernehmung angab – darüber, dass diese noch nicht wach und abfahrtsbereit sei. Als sie versuchte, ihre Mutter zu wecken, sah sie, dass „etwas nicht stimme". Frau Hartung lief sofort zum Hausarzt, der fast gegenüber wohnte. Der Arzt folgte ihr ins Haus und vermutete anfänglich eine Hundeattacke bei einem eventuellen nächtlichen Spaziergang. Nach genaueren Untersuchungen des Oberkörpers – mittlerweile hatte er die zahlreichen Verletzungen besser erkennen können – verständigte er die Polizei und wartete gemeinsam mit Frau Hartung auf deren Eintreffen.

Die Polizei befragte Frau Hartung zunächst als Zeugin und nahm sie mit aufs Revier. Dort wurden ihre Fingernägel asserviert, weil vermutlich sie die letzte Person war, die Kontakt mit ihrer Mutter hatte. Die Zeugenvernehmung dauerte den ganzen Tag, bis am Nachmittag ein Messer in einem ans Badezimmer grenzenden Raum hinter einer verspiegelten Tür gefunden wurde. Die Polizei schloss noch am selben Tag aus, dass eine dritte Person am Tatort gewesen sein könne, weil sich angeblich keine Einbruchsspuren fanden. Frau Hartung hatte hierzu allerdings ausgesagt, dass sie am Morgen eine offen stehende Tür bemerkt haben will. (Das

Haus hat ringsherum mehrere, teils verdeckte und nicht von außen einsehbare Türen zu insgesamt drei Straßen und in einen leicht erreichbaren Garten).

Wir trafen hingegen eine Metall-Tür mit deutlichen Werkzeugspuren an, die erstens verdeckt war, zweitens von Zeugen nicht einsehbar gewesen wäre und drittens durch den Keller über eine nicht knarrende Luke direkt in die Wohnung der getöteten Person führte. Dieser Keller war im ersten Angriff übersehen worden (die Luke war mit einem kleinen Läufer bedeckt); erst der Haftrichter (!) wies nach Aussage unserer Auftraggeber auf die Untersuchung des Kellers hin. Das war sinnvoll, weil mehrere Keller-Fenster direkt zur Straße führten und direkten Zugang zur Wohnung gaben.

Das Gericht diskutierte diese nachweislich vorhandenen und teils mit Werkzeugspuren markierten Zugänge nicht und ging von einem geschlossenen Gebäude aus. Die Aussage der Angeklagten, die Garten-Tür hätte nachts offen gestanden, wurde als unwahr bewertet: Frau Hartung habe die Tür erst offen stehen lassen, als sie zum Arzt gelaufen sei.

Daraufhin wurde sie noch am Tattag, nach Fund des Messers, in Untersuchungshaft genommen und dem Haftrichter vorgeführt. Dieser ordnete Haft bis zur Verhandlung an.

Das Messer wurde während der Sektion der Ermordeten auf eine Übereinstimmung mit den Stichtiefen und -größen am Opfer überprüft. Es wurde nicht als Tatwaffe ausgeschlossen, aber naturgemäß auch nicht sicher zugeordnet. Im am Messergriff anhaftenden Blut fand sich DNA der getöteten Person. Dies machte es zunehmend wahrscheinlich, dass es sich um das oder zumindest ein Tatwerkzeug handelte. Allerdings fand sich keine Übereinstimmung der DNA-Spuren am Messergriff mit dem DNA-Profil der angeblichen Täterin. Stattdessen fand sich am Griffende des Messers die DNA des Opfers gemeinsam mit Fragmenten des DNA-Profils eines Mannes.

Eine Zuordnung zu anderen – beispielsweise männlichen – Verdächtigen wurde jedoch nicht versucht, obwohl zwei männliche Dorfbewohner, darunter ein Nachbar und ein laut Mitteilung der Angehörigen vorbestrafter

Sexualtäter, ungefähr zum rechtsmedizinisch ermittelten Tötungszeitpunkt direkt am Haus vorbei gegangen waren.

Unter den Fingernägeln der verhafteten Frau fand sich nur ihre eigene, aber keine DNA ihrer nun toten Mutter. Es fanden sich auch keine Faserspuren von Frau Hartungs Kleidung an der Leiche. Umgekehrt fanden sich auch keine Blutspuren vom Opfer an Frau Hartungs Bekleidung.

Das Gericht erklärte das damit, dass aufgrund einer langanhaltenden Toilettenspülung, die ein Nachbar um vier Uhr früh beim Rauchen vor der Tür bemerkt haben wollte, davon auszugehen sei, dass Frau Hartung ihre blutige Kleidung in der Toilette entsorgt, also gewechselt habe. In der aus dem Haus der Toten deutlich abwärts führenden Kanalisation fanden sich bei der polizeilichen Nachsuche allerdings keine Kleidungsstücke.

Ablauf der Tat laut Urteil

Frau Hartung war laut Urteil gegen Mitternacht, nach einem Streit mit der Mutter über ein zerbrochenes Bild, zu Bett gegangen und hatte dabei ihren Verlobten angerufen, um sich wie schon öfters über die überstrenge Mutter, der sie nichts recht machen könne, zu beschweren. Sie habe jedoch nur dessen Mailbox erreicht und dort eine Nachricht von bis heute unbekanntem Inhalt hinterlassen.

Vor drei Uhr nachts sei sie aufgestanden, aus ihrem Schlafzimmer im ersten Obergeschoss die Treppe herunter ins Erdgeschoss und durch die Tür, die vom Bad aus in die Küche führt, zum Sofa gegangen, auf dem die Mutter gelegen habe. Das Messer habe sie aus dem Raum mit der verspiegelten Tür, die ebenfalls vom Bad abging, aus einem Messerblock gegriffen, um dann 47-mal auf die Mutter einzustechen. Anschließend habe sie das Messer kurz abgewaschen, es wieder in den Holzblock hinter der verspiegelten Tür gesteckt und sei zu Bett gegangen.

Das Gericht nahm an, dass die Tat geplant gewesen sei. Die Möglichkeit zur Ausführung der Tat, Ortskenntnis und die Kenntnis über die Persönlichkeit des Opfers gepaart mit dem Wunsch, sich nach 54 Jahren aus der

Kontrolle der strengen Mutter zu befreien, seien dabei die Rahmenbedingungen gewesen. Frau Hartung habe sich ständig gegenüber Freunden darüber beschwert, wie häufig sie sich um die 150 Kilometer entfernt wohnende Mutter kümmern müsse. Zudem habe ein Zwist über den Verlobten von Frau Hartung vorgelegen, der in den Augen der Mutter „als Italiener" nicht gut genug für ihre Tochter gewesen sei. Die Überwucht der 47 Messerstiche lasse auf eine enge emotionale Beziehung zwischen Täter und Opfer schließen, was auf die vorliegende Mutter-Tochter-Verbindung zutreffe. Aus dieser Kette an Indizien und Meinungen wurde der Mord als bewiesen festgestellt.

Juristische Schritte nach der Verurteilung

Es wurde fristgerecht Revision sowie acht Monate später eine Verfassungsbeschwerde eingereicht. Es wurden die Verletzung von Verfahrensrecht sowie die Verletzung materiellen Rechts, also die Strafnorm selbst und die Frage, ob deren Tatbestandsvoraussetzungen erfüllt sind, gerügt. Das Revisionsgericht lehnte die Verletzung von Verfahrensrecht jedoch ab. Ebenso wurde keine Verletzung materiellen Rechts festgestellt: Das Landgericht Würzburg habe aufgrund der im Urteil aufgezeigten Indizienkette den für sich feststehenden Sachverhalt richtig dargestellt.

Als juristische Laien fragten wir uns, ob die Indizien wirklich ausreichten, um den vom Gericht festgestellten Sachverhalt zu rechtfertigen. Wie stark eine Indizienkette sein muss, um letzte Zweifel an der Täterschaft zu beseitigen, ist bei Indizienprozessen natürlich eine problematische Frage. Diese wurde in unserem Fall vom Bundesverfassungsgericht nicht überprüft (Oktober 2004; angeforderte Prüfung der Verletzung von Artikel 103 GG (Anspruch auf rechtliches Gehör) gegen die Beschlüsse des OLG Bamberg zu den Verfügungen des LG Würzburg); es ging im Wesentlichen um die Verletzung von Verfahrensrecht: Die Verfassungsbeschwerde wurde demgemäß abgelehnt.

Die von uns angestrebten kriminaltechnischen Untersuchungen sollten nunmehr zeigen, ob das von der Angeklagten geschilderte Geschehen oder eine andere Variante (unsere Mandantin wollte geschlafen haben) durch neue Sachbeweise untermauert werden konnte, um so die Feststellungen des Urteils zu erschüttern.

Befunde vor Ort

Das Haus war während der Ermittlungen von der Polizei durchsucht worden. Beblutete Asservate wie Decken und Kissen vom Sofa waren dabei von der örtlichen KTU (Kriminaltechnische Untersuchungsstelle) bzw. dem LKA (Landeskriminalamt) mitgenommen und untersucht worden. Nach Abschluss der Ermittlungen wurde alles wieder zurück in das Haus gebracht, das seit der Tat nicht mehr bewohnt wurde.

In unserer Nachuntersuchung sollte geprüft werden, ob eventuelle Blutspuren übersehen wurden und deren Verteilungsmuster auf einen anderen Tatablauf schließen lassen würden; ein anderes Messer gefunden werden kann, welches ebenfalls an der Tat beteiligt gewesen sein könnte; 1.000 Euro, die am Tag vor der Tat vom Sparkonto abgehoben wurden und seitdem nicht mehr aufgetaucht sind, in etwa hundert nie durchsuchten Geldbörsen oder dutzenden von Schubladen und Koffern gefunden werden können; eine Nachstellung in der Originalsituation mit den Originaldecken – unter denen das Opfer gelegen hatte – und dem Originalsofa erklärt, warum an der Wand, der Raumdecke und allen umstehenden Gegenständen trotz der starken Gewalteinwirkung absolut keine Blutspritzer entdeckt worden waren.

Blutspuren: Im gesamten Umfeld um und hinter dem Sofa an der Wand fand sich kein einziger Blutspritzer, weder durch stichprobenartige Tests mit Blutschnelltest-Sticks noch durch die Untersuchung mit hellem Licht. Es ist unwahrscheinlich, dass diese Flächen gereinigt wurden, da sie mit einer Überfülle kleiner Gegenständen behangen waren, die alle einzeln hätten abgenommen und gereinigt werden müssen. Keine der zugangsberechtigten Personen gab an, nach der Tat geputzt zu haben. Allerdings stand beispielsweise ein Tischchen mit dem Gebiss der Toten scheinbar unverändert noch vor dem Sofa, was aber räumlich die Tat nahezu unmöglich gemacht hätte. Irgendjemand (Polizei? Angehörige?) hatte also zumindest größere Gegenstände im Raum verschoben und beispielsweise auch ein Kissen mit einem Kniff versehen und auf das Sofa gestellt.

Eine Durchsuchung des gesamten Hauses unter Verwendung von Blutschnelltests an allen rötlich-braunen Anhaftungen zeigte an vielen Oberflächen eine Reaktion, zum Beispiel an einem Paar Lederhandschuhe aus einer Schublade der Kommode, die direkt neben der Durchgangstür zum Tatzimmer, sehr nahe am Kopf der Leiche, stand, die durch einen Raum von der Haustür ausgehend aus zur Küche führt. Zudem fanden wir an der Klinke der Tür, die direkt neben der Haustür zum Kommodenzimmer abgeht, also erneut sehr nah am Kopfende der Leiche, mögliche Blutspuren. Diese waren von vorigen Untersuchern nicht bemerkt und daher auch nicht asserviert und DNA-typisiert worden.

Weitere blutverdächtige Anhaftenden wurden unter anderem an Hausschuhen in Frau Hartungs Schlafzimmer und an einem Lichtschalter am Aufgang zum ersten Obergeschoss gefunden. Auch hier ist bislang unbekannt, ob und um wessen Blut es sich handelt, da niemand Geld für die Untersuchung zur Verfügung stellt.

Messer: Bei der Hausdurchsuchung war zwar auffällig, dass an sehr vielen Stellen viele verschiedene Arten von Messern gefunden werden konnten, darunter auch an Magnethaltern sehr nah am Fundort der Leiche. Jedoch war keins der von uns gefundenen Messer versteckt oder sonstwie (offensichtliches Blut, Sofaritze o.ä.) der Tat zuzuordnen. Eine andere mögliche Stichwaffe wurde also nicht sicher festgestellt. Allerdings stand auf einem Esstisch direkt neben der Leiche eine schwere Metall-Vase mit blutverdächtigen Anhaftungen.

Geld: Wir fanden kein Bargeld (nicht einmal lose Pfennige oder Cent-Stücke), obwohl das Opfer erstens am Tag vor der Tat (zusammen mit der

Tochter) 1.000 Euro abgehoben hatte und laut Frau Hartungs Aussage zweitens an mehreren Orten im Haus Bargeld versteckt haben sollte. Das gesamte Haus wurde von unserem Team mehrere Tage lang sehr gründlich durchsucht, ohne dass Geld, Schecks, EC-Karten oder ähnliches zum Vorschein kamen.

Experimente: Zur Nachstellung des Tathergangs wurde eine Kissenfüllung aus Schaumstoff mit Schweineblut getränkt, mit zusammenhängenden Schweinerippen bedeckt und eine Plastiktüte darüber gezogen. Die Bedeckungssituation wurde wie im Ermittlungsbericht beschrieben mit den Originaldecken auf dem echten Sofa hergestellt. Mit einem in Länge und Form dem Tatmesser ähnlichen Messer aus dem Tat-Haushalt wurde von einer 26-jährigen Frau mit ähnlicher Statur wie Frau Hartung versucht, 47-mal auf das „Modell" einzustechen. Obwohl die junge Frau sportlich war, musste sie nach etwa der Hälfte der geplanten Stiche wegen Erschöpfung abbrechen.

Es könnte sein, dass das verwendete Messer während der langen Nicht-Benutzung an Schärfe verloren hatte oder aus anderen Gründen besonders unscharf war. Es war aber auch mit weiteren, von uns neu gekauften Messern aus Messerblöcken mühsam, durch die Wolldecken und Steppdeckenschicht (synthetische Füllung) zu stechen, da eine Federwirkung von denselben ausging, die ein tiefes Eindringen des Messers bis zu den Rippen extrem erschwerte. Der oder die Täter/in muss also stark und zumindest in einem Arm sehr gut trainiert gewesen sein.

Die fehlenden Blutspritzer erklärten sich experimentell dadurch, dass das Messer bei jedem Herausziehen durch die Steppdeckenschicht regelrecht abgewischt wurde, so dass beim erneuten Heben des Arms Schleuderspuren ausblieben. So verblieben nahezu alle Blutanhaftungen in der Deckenfüllung.

Mit einem neuen, sehr scharfen Messer mit ähnlicher Länge wurde der Test dann von einer kräftigen männlichen Person wiederholt. Diese schaffte es zwar, 47-mal zuzustechen, war aber ebenfalls anschließend sichtlich angestrengt. Es konnte mit diesem Versuchsaufbau gezeigt werden, dass unter Extrembedingungen auch die Rippen durchstochen werden können wenn genug Kraft vorhanden und das Messer scharf genug ist.

Abwaschreihe: In einer Abwasch-Serie wurden neu gekaufte Messer in Blut getränkt und nach unterschiedlich langer Trockenzeit abgewischt. Da das Tatmesser samt Blutanhaftungen im Messerblock gefunden wurde, das Gericht aber ausdrücklich ein Abwaschen angenommen hatte, sollte dieses Experiment zeigen, unter welchen Umständen nach Abwaschen einer Klinge noch erkennbare Blutanhaftungen sichtbar sind.

Wir bebluteten daher Messer aus einem neu gekauften Messerblock mit wenig frischem Schweineblut (Anschmierungen) und ließen diese dann stufenweise (eine bis fünfundzwanzig Minuten) trocknen, bevor wir sie in Wasser tauchten und in den hölzernen Messerblock zurück steckten. Dabei zeigte sich, dass ein Messer vor Zurückstellen in den Messerblock mindestens zehn Minuten trocknen muss, um wie das Tatmesser nach dem Herausziehen noch mit dem bloßen Auge erkennbare Beschmierungen aufzuweisen. Andernfalls verblieb das Blut im Schlitz dieses Messerblockes.

Des weiteren stellte sich für uns die Frage, wie das Messer trotz massivster Gewaltausübung am Griff kein auswertbares DNA-Profil aufweisen konnte, das eindeutig einem Täter zuzuordnen war. Einzige mögliche Erklärungen unter der Annahme, dass es sich um das Tatmesser handelt: a) es wurde nicht das ganze Messer gründlich abgewaschen, sondern nur der Griff oder b) es wurden Handschuhe verwendet.

Alle gefundenen Spuren und Asservate wurden von uns fotografiert, verpackt und versiegelt. Sie liegen bis heute bei uns im Labor. Ein umfassender Bericht wurde an Frau Hartung gesendet mit der Bitte um Anmerkungen zur weiteren Vorgehensweise. Es wurde ihr beispielsweise vorgeschlagen, die Blutantragungen typisieren zu lassen, um möglicherweise neue Personen in das Verfahren einzuführen.

Besonders interessant erscheint uns bis heute der Handschuh mit rötlich braunen Antragungen, der zudem auch defekte Leder-Anteile (wie von Schnitten?) aufweist sowie das mögliche Blut auf der Tür-Klinke, beides aus der direkten Nähe des Kopfes der toten Person. Wir haben dennoch nie wieder etwas von der Sache gehört. Behördlich ist niemand zuständig, und die verurteilte Frau sowie ihre Angehörigen haben kein Geld mehr.

Frau Hartung wurde aufgrund von Indizienbeweisen – ohne objektive Spuren – zu fünfzehn Jahren Haft verurteilt. Es gab keinen direkten Beweis für ihre Täterschaft oder eine Tatbeteiligung. Ihre bloße Anwesenheit in der Tatnacht, das angeblich „geschlossene" Haus, die theoretische Möglichkeit, die Tat begangen haben zu können, sowie das als bewiesen angesehene Motiv, sich von der dominanten Mutter befreien zu wollen, reichten für eine Verurteilung aus.

Da Indizienprozesse problematisch sein können, fragten wir uns, ob es neben den neu entdeckten Spuren noch andere Hinweise darauf geben könnte, die den Fall verständlicher machen. Dabei stießen wir, ohne dies in der Tiefe ausführen zu wollen, auf folgendes: Muttermord ist bei Frauen ausgesprochen selten und wird nahezu ausschließlich bei Söhnen beobachtet; er geht meist mit Schizophrenie einher. Ein zugezogener Sachverständiger (Facharzt für Psychiatrie und Psychotherapie) hatte keine Gelegenheit die Angeklagte zu untersuchen, weil Frau Hartung dies ablehnte. In der Hauptverhandlung sagt der Facharzt aus den Akten heraus, er habe keine konkreten Anknüpfungspunkte gefunden, die das Vorliegen einer Persönlichkeitsstörung belegen würden.

Eine Studie aus England beschäftigte sich mit Frauen, die ihre Eltern getötet haben. Es wurden 17 Elternmorde (14 Muttermorde, 3 Vätermorde) untersucht, die zwischen 1972 und 1986 begangen wurden. Die Täterinnen waren entweder im Gefängnis, einer Klinik oder einer regionalen Sicherheitseinheit. Sechs der Täterinnen waren schizophren, fünf hatten „psychotische Depressionen", drei hatten Persönlichkeitsstörungen und eine war Alkoholikerin. Zwei der Täterinnen der Vatermorde hatten keine Persönlichkeitsstörungen, sondern rebellierten gegen einen gewalttätigen Vater.

Unabhängig von der psychiatrischen Diagnose lebten alle Muttermörderinnen als Single und waren sozial isolierte Frauen mittleren Alters, die allein mit ihrer dominanten Mutter in einer reziprok abhängigen, aber dennoch feindlichen Beziehung gelebt haben.

Frau Hartung war dagegen seit über dreißig Jahren von zu Hause ausgezogen, lebte nach einer Scheidung seit zehn Jahren in einer festen Beziehung (Verlobung) und war beruflich und sozial als Lehrerin normal sozial eingebettet. Sie kümmerte sich zwar ausgiebig um ihre Mutter, die auch auf viel Zuwendung bestanden hatte, es lag jedoch weder eine erkennbare gegenseitige Abhängigkeit vor, noch eine echte Feindschaft zwischen Mutter und Tochter. Die Angeklagte hat während der gesamten Verhandlung geschwiegen, weswegen alle von ihr gemachten Aussagen durch die Ermittlungsbeamten vor Gericht eingeführt wurden. Dies wurde ihr vom Richter und der Staatsanwaltschaft nachteilig ausgelegt.

Der leitende Oberstaatsanwalt sagte später aus Anlass seiner Verabschiedung aus seinem bisherigen Zuständigkeitsbereich im regionalen Fernsehen auf die Frage, welcher Fall ihm besonders im Gedächtnis geblieben sei:

„Der Muttermord in Arnstein: In dem Fall werden Emotionen angesprochen. Markant war das unglückliche Verteidigungsverhalten dieser Lehrerin, jedenfalls aus der Sicht der Staatsanwaltschaft, so dass also aus meiner Sicht hier Gesichtspunkte nicht berücksichtigt werden konnten, weil sie von der Angeklagten nicht selbst vorgebracht wurden, die sie etwas mehr entlastet hätten."

Dies steht nach Meinung unserer Auftraggeber im Gegensatz zur Unschuldsvermutung, nach der der Angeklagte nicht seine Unschuld, sondern die Strafverfolgungsbehörde die Schuld beweisen muss. Der Schuldbeweis ist aus unserer sehr fachspezifischen (objektive Spuren), unjuristischen Sicht in der Tat nicht erbracht worden, sondern im Gegenteil: aussagekräftige Sachbeweise, nämlich die Analyse der DNA Spuren, deuten bisher vielmehr auf eine Nicht-Beteiligung an der Tat hin: Abwesenheit von Frau Hartungs DNA an der Leiche und der Tatwaffe, in Fragmenten männliche DNA am Griff der Tatwaffe, Abwesenheit der DNA des Opfers an Fingernägeln und Kleidung von Frau Hartung sowie keinerlei Faserübertragung zwischen Opfer und Angeklagten.

Eine Nachtypisierung der am Messergriff abgeriebenen Spuren könnte heute eventuell ein vollständigeres Profil liefern und sowohl auf Übereinstimmungen mit Profilen der DNA-Datenbank des BKA als auch auf Übereinstimmungen mit Personen aus dem näheren Bekanntenkreis abgeglichen werden. Es könnten auch die rötlich-braunen Spuren an den von uns gefundenen Handschuhen getestet werden; bei positivem Ergebnis könnte sodann eine DNA-Typisierung des Blutes sowie des Inneren des Handschuhs durchgeführt werden. Die Handschuhe und weitere Blutantragungen auf einer Türklinke wurden zudem an Stellen gefunden, die nicht auf dem laut Urteil von Frau Hartung genommenen Weg von ihrem Schlafzimmer zum Opfer und wieder zurück lagen. Hier wäre ein Typisierung des Blutes an der Türklinke also auch wünschenswert.

Auch unser Abwaschexperiment wirft Fragen zu dem im Urteil angeführten Tatablauf auf. Wenn tatsächlich bis zu zehn Minuten vergehen müssen, bis trotz Abwaschen des Messers noch Blutreste an der Klinge haften, was ist in den zehn Minuten geschehen? Hat vielleicht der Täter nach etwas gesucht? Eventuell nach 1.000 Euro, die seit der Tatnacht spurlos verschwunden sind?

Ein weiteres Indiz für das Gericht war der Fund des Tatmessers in der Speisekammer, die an das Badezimmer angrenzt und durch eine verspiegelte Tür geschlossen werden kann. Diese Tür war geschlossen, als die Polizei die Wohnung durchsuchte. Daher ging das Gericht davon aus, dass ein Fremder die Tat nicht begangen haben kann, da er die Tatwaffe dort nächtens nicht gefunden haben könnte. Bekannte und Besucher der Familie wussten jedoch nach eigenen Angaben von der Kammer, deren Tür nahezu immer offen gestanden habe, so dass nicht Frau Hartung allein die erforderlichen Tatortkenntnisse besaß. Zudem drängt sich die Frage auf, wie die Polizei ein Wirken Dritter am Tatort ausgeschlossen hat, da sie nicht nach Fingerspuren unberechtigter Personen gesucht hat.

Lediglich angeblich fehlende Einbruchspuren führten zu diesem Schluss. Jedoch hatte ein Bekannter, der am Tattag noch im Haus war, auch einen Schlüssel für den Garten. Was, wenn die Hintertür vom Garten ins Haus doch nicht von Frau Hartung am Morgen auf dem Weg zum Arzt geöffnet wurde, sondern von einer anderen Person, die den Schlüssel besessen hatte, beispielsweise um die zeitweise nachweislich mit Nachbarn gemeinsam benutzte Mülltonne im Garten zu erreichen?

Zudem war allen Bewohnern des Dorfes bekannt, dass unter der Jalousie der Haupt-Eingangstür der Türschlüssel griffbereit lag – man musste sich noch nicht einmal bücken, um an ihn zu gelangen. Sinn dieser Bereitstellung war, dass die jetzt tote Person sich über Besuch sehr freute, aber gehbehindert war und daher die Tür nicht zügig selbst erreichen konnte.

Die zu Verurteilung führende Indizienkette scheint uns als reinen Spurenkundlern merkwürdig. Der deutliche Mangel an Sachbeweisen hat das Gericht aber nicht in seiner Überzeugung über die Täterschaft von Frau Hartung erschüttert.

Auf uns als Naturwissenschaftler wirkt die Indizienkette eher wie eine Hinweiskette. Das einzige Indiz, das für eine Tatbeteiligung spricht, ist die Anwesenheit von Frau Hartung am Tatort. Die weiteren vom Gericht genannten Indizien, wie die dominante Mutter, die Streitigkeiten wegen Belanglosigkeiten und die Ablehnung des italienischen Verlobten durch die Mutter sind aus spurenkundlicher Perspektive bloß die Auslegung subjektiver Beobachtungen.

Jeder, der mehrere Jahre in einem ähnlich kleinen Örtchen gelebt hat, wie dem, in dem die Tat passiert ist, kennt auch die Dynamik, die der Meinungsbildung zugrunde liegt, etwa die starke gegenseitigen Beeinflussungen durch Tratsch sowie die Sticheleien, die eine allein lebende Frau eventuell gegenüber Nachbarn und Verwandten über die einzige nahe Angehörige, vor allem wenn sie weit entfernt lebt, äußern kann.

Es ist dennoch keineswegs ausgeschlossen, dass Frau Hartung die Tat begangen hat. Auch sind unsere Auslegungen der Hinweise nicht die einzig möglichen.

Jedoch zeigt sich in diesem speziellen Fall, dass die Bewertung der Indizien hier unnötig und überstark im Auge des Betrachters liegt.

Frau Hartung ist bis heute (2011) im Gefängnis.

Fall 2: Mord im Nachtclub?

Auftragserteilung

Im Jahr 2003 beauftragte uns die Schwester des zu lebenslang wegen Mordes verurteilten Klaus Streicher, die am Tatort gefundenen Blutspuren zu beurteilen.

Streicher wurde 1997 wegen Mordes an einem ehemaligen Türsteher seines Nachtclubs und wegen Totschlags einer weiteren Person zu einer lebenslangen Gesamtstrafe verurteilt, außerdem wurde die besondere Schwere der Schuld festgestellt. Es handelte sich um Erschießungen, nachdem zwei im illegalen Bereich erfahrene (Drogen, Hundekämpfe) und sehr gut trainierte (Kampfsport; eines der Opfer hatte sogar einen hohen europäischen Wettbewerbs-Sieg erzielt) Personen die Bar des nun Verurteilten trotz Hausverbot betreten hatten.

Ein wesentlicher Bestandteil der Verurteilung war die Schuss- bzw. Tatreihenfolge, in der ein Feld von Blut-Tropfen auf einer Anrichte im Innenbereich der Bar, unmittelbar am Erschießungs-Ort, wichtig wurde. Wir werteten die Urteilsbegründung, die rechtsmedizinischen Gutachten sowie die Farbfotos vom Tatort und der Sektionen aus. Es handelt sich hier um einen der aufwändigsten Fälle, die wir jemals experimentell und durch Beratungen begleiteten; wir stellen hier nur den Bezug zum „reversen CSI-Effekt" und daher nur ein spurenkundliches Schlaglicht in seiner Essenz dar.

Geschehen gemäß Urteil

Am 14. Juni 1996 trafen kurz nach 23 Uhr die beiden späteren Opfer auf dem Parkplatz von Streichers Nachtclub ein. Da eines der Opfer in seiner früheren Eigenschaft als Türsteher des Clubs versucht hatte, den dort arbeitenden Frauen Drogen zu verkaufen und er aus diesem Grund Hausverbot hatte, klingelte sein Begleiter, so dass nur dieser auf dem Bildschirm der Videoüberwachungsanlage zu sehen war. Die Tür wurde daraufhin geöffnet.

Eines der späteren Opfer betrat dann den Innenraum des Theken-Bereiches (innerer Ausschankbereich), um eine ihm bekannte Bardame dort zu begrüßen. Gegenüber dem länglichen, gassenartigen Eingang zum Theken-Innenraum befand sich der Eingang zur angrenzenden Küche. Dort saß Klaus Streicher und telefonierte. Als ihm bewusst wurde, wer in den Innenraum seiner Bar vorgedrungen war, fühlte er sich durch den sehr kräftigen Mann, der zudem Hausverbot hatte, in seinem Territorium bedroht, griff laut Urteil zu einem Revolver und näherte sich dem ihm in diesem Moment den Rücken zuweisenden Eindringling.

Nach Auffassung des Gerichtes setzte Streicher den Revolver auf dessen Rücken auf und schoss einmal. Das Opfer drehte sich zum Schützen um und es kam zu einem Gerangel, währenddessen sich ein zweiter Schuss löste. Dieser ging in den Deckenspiegel, so dass Glassplitter auf die Anrichte fielen. Das Opfer glitt laut Gericht am Angreifer hinab; dabei kam es zu einer Verletzung an der Augenbraue und das austretende Blut spritzte auf die hüfthohe Bar-Anrichte im Bereich unter dem Einschussloch in der Decke.

Es folgten zwei weitere Schüsse, einer in den Bauch und ein weiterer in den Oberarm des ersten Opfers. Anschließend richtete Streicher die Waffe auf eine weitere Person, die – immer noch nahe des Haupteingangs stehend – eine Bewegung in seine Richtung gemacht hatte. Er schoss auf dessen Oberkörper und traf trotz der erheblichen Entfernung direkt ins Herz. Beide Opfer verstarben am Tatort. Da der angeblich erste Schuss in den Rücken des ersten Opfers ging, kam das Mord-Merkmal der Heimtücke zum tragen.

Ergänzendes zur gerichtlichen Betrachtung

Die Ablauf-Rekonstruktion (Reihenfolge der Schüsse) ergab sich für das Gericht aus der Anordnung der Hülsen, die bei Revolvern in der Trommel verbleiben. Natürlich lässt sich aus der Anordnung in der Trommel naturgemäß nicht ermitteln, welcher der erste Schuss war: Abhängig davon, welches Projektil als erstes abgefeuert wurde, ändert sich jeweils die Schuss-Abfolge, und zwar in sicher feststellbarer, objektiver Art.

In der Trommel befanden sich bei Sicherstellung der Waffe – ein Glücksfall für die Rekonstruktion der Geschosse verschiedener Hersteller: Eine Federal-, eine Winchester- und drei CCI-Hülsen. Das Federal-Geschoss wurde später im Holz oberhalb des Deckenspiegels gefunden. Das Winchester-Projektil fand sich nahe der Wirbelsäule des ersten Opfers, die drei CCI-Geschosse wurden dem Bauch- und Arm-Schuss des ersten Opfers sowie dem Oberkörper des zweiten Opfers zugeordnet.

Laut Gericht war der Tatort teils verändert worden, bevor die Polizei eintraf. Dem ersten Opfer soll nachträglich eine kleine „Frauenpistole" in die Hand gelegt worden sein, so dass er als bewaffneter Angreifer erscheinen konnte, obwohl er in Wahrheit angeblich unbewaffnet war. Zudem sollen Absprachen bezüglich der Aussagen gegenüber der Polizei getroffen worden sein.

Warum schloss das Gericht, dass der Rücken-Schuss der erste war?

Die Aussage des von Anfang an voll geständigen Täters bzw. seines Anwaltes wurden bis heute niemals voll gewürdigt. Sie sagten – trotz sich stark ändernder Beweislage – niemals etwas anderes aus, als dass der Bauch-Schuss der erste Schuss gewesen sei. Damit hätten sich Opfer und Täter aber gegenüber gestanden; Heimtücke läge dann nicht vor.

Das Gericht glaubte dem damals Angeklagten aber nicht und stützte die Festlegung des ersten Schusses (und damit wegen der bekannten Hülsen-Reihenfolge in der Trommel des Revolvers aller folgenden Schüsse) auf einen Zeugen. Er saß zum Zeitpunkt der Schüsse an der Theke. Allerdings befand sich erstens eine fest installierte Zapfsäule zwischen seinen Augen und dem Inneren der Bar, zweitens war das gesamte Etablissement in rotbraunes Dämmerlicht getaucht, drittens hatte der Zeuge bereits Alkohol getrunken und viertens laut seiner eigenen Aussage keine Waffe in der Hand des Täters gesehen. Der Zeuge ist seit der Verhandlung nicht mehr auffindbar.

Dieser Zeuge lieferte den einzigen für das Gericht glaubhaften Beweis, dass der erste Schuss der Rückenschuss gewesen (und damit die Heimtücke gegeben) sein musste.

Weitere Untersuchungen

Zunächst beschränkte sich unsere Beauftragung auf das kleine Blutspuren-Feld auf der Anrichte der Bar. Nach Beschaffung brauchbaren Foto-Materials und Ausschnittsvergrößerung wurde aber deutlich, dass die Spiegelsplitter in das Blut **hinein** gefallen waren. Das Blut war also nicht **auf** bereits heruntergefallene Spiegelstücke gespritzt. Daraus folgte, dass schon **vor** dem Spiegelschuss Blut auf die Bar gelangt war. Da der Rückenschuss aber sehr tief – unterhalb der Auflagefläche der Bar – erfolgt war, konnte das Blut nicht aus dem Rückenschuss stammen. Woher sollte also das Blut stammen, in das die Spiegel-Splitter gefallen waren?

Es drängte sich nun die Vermutung auf, dass dem Urteil ein grundliegender Denkfehler zugrunde lag und die Aussagen des Täters korrekt waren. Waren die objektiven Spuren (Blut, Glas, Geschoss-Hülsen) nicht genügend beachtet worden? War eine andere, objektivierbare Schuss-Reihenfolge eindeutig belegbar?

Versuche

Gemäß der Ausführungen des Gerichts war der Spiegelschuss früh erfolgt und dadurch Spiegelsplitter auf die Anrichte gefallen. Dann erst sei Blut aus der Augenbrauenverletzung auf die Anrichte gespritzt. Obwohl dies angesichts des Befundes, dass die Spiegelsplitter im Blut lagen, widersinnig war, wollten wir doch zunächst prüfen, aus welcher Höhe und in welcher Weise das Blut (bogenförmig?) seine Bahn genommen haben musste, um das Spuren-Feld – wie am Tatort fotografisch dokumentiert – zu erzeugen.

Der gesamte Innenraum der Bar wurde daher von uns durchschritten, mit Metermaß und Laser vermessen und skizziert. Anschließend wurde eine 3-D-Rekonstruktion (inklusive animiertem Film) erstellt, aus der ersichtlich werden sollte, wie der Tathergang laut Urteil abgelaufen ist und ob sich alternative Schussreihenfolgen bestätigen lassen.

Es wurde zudem ein rechtsmedizinisches Gutachten eingeholt. Es behandelte die Frage, welche Bewegungsmöglichkeiten nach einem Rückenschuss in den unteren Teil der Wirbelsäule bestehen. Konnte sich der Getroffene nach solch einem Schuss noch umdrehen? Und vor allem: Konnte er, wie im Urteil und auch durch das Faserspurengutachten zwingend gefordert, noch mit dem Angreifer rangeln? Desweiteren sollte anhand von Fotos von der Obduktion geklärt werden, ob das Blut auf der Anrichte aus der Verletzung der Augenbrauen stammen kann.

Dabei zeigte sich, dass die Rücken-Schussverletzung in Höhe des zweiten Lendenwirbels etwa zwei Zentimeter rechts der Mittellinie des Rückens lag. Es handelte sich um einen Trümmerbruch des zweiten Lendenwirbelkörpers mit Eröffnung des Rückenmarkkanals. Diese Verletzungen führten zu einer sofortigen Lähmung der Beine. Das Opfer stürzt sofort zu Boden, weil es sich nicht mehr aufrecht halten kann. Die rechtsmedizinische Stellungnahme sagte weiter aus, dass das Projektil eine Bewegungsenergie (einen Impuls) auf den getroffenen Körper überträgt und vergleicht diesen Effekt – wörtlich – mit dem „Tritt eines Elefanten".

Selbst unter der Annahme, dass nach dem Rückenschuss noch eine sehr kurze Bewegungsfähigkeit des ersten Opfers gegeben war (das feste Rangeln, das sowohl das Fasergutachten objektiv und die Urteilsbegründung nach richterlicher Einsicht zwingend fordern) war damit ausgeschlossen. Wo also sollte das Blut auf der Anrichte herkommen? Bereits hier zeigte sich, dass die Ablauf-Beschreibung aus dem Urteil grundsätzlich nicht möglich war.

Zu unserer Überraschung – wir sind keine Mediziner – fand sich in der rechtsmedizinischen Stellungnahme zudem der Hinweis, dass die Schuss-verletzung im Arm nur ein Durchschuss war und das Projektil danach wei-ter in den Brustkorb (Lunge) gedrungen war, wo es bei der Sektion auch gefunden wurde.

Durch diesen Schuss in die Lunge war Blut in die Luftwege eingedrun-gen; es erreichte über die Luftröhre den Kehlkopf und löste einen Hus-tenreflex aus. Dr. Schäfer folgert daraus, dass es sich bei den Blutspuren auf der Anrichte offensichtlich um derartig ausgepustetes Blut handelt. Dies steht auch in Einklang mit unserem Befund, dass das Blut – ableitbar aus seiner Form – von oben (und nicht von unten) auf die Anrichte gelangt war. Vor Gericht oder bei den Ermittlungen war dies nie bekannt geworden.

Damit war bewiesen, dass entweder der Bauch- oder der Lungen-Schuss der erste Schuss war. Anders konnte kein Blut von oben auf die Anrichte gelangt sein, denn spätestens beim Rücken-Schuss muss das erste Opfer zu Boden gegangen sein. So erklärte sich auch schlüssig und eindeutig, was in der Urteils-Begründung unverständlich blieb, nämlich warum die Spiegel-Splitter im Blut lagen. Die Erklärung: Der Spiegel-Schuss war erst der vorletzte Schuss. Daher regneten die Splitter in das schon vor-handene Blut, so, wie es auch auf den Fotos vom Tatort festgehalten ist.

Schuss-Reihenfolge: Ein reines Logik-Rätsel

Aus den Akten entnahmen wir, dass die Schusswaffensachverständigen sowie der Anwalt des Verurteilten schon bei der ersten Verhandlung eine Skizze angefertigt hatten, in der mehrere zum späteren Urteil alternative Schussreihenfolgen logisch aufgezeigt wurden. Diesen alternativen Aus-führungen, obwohl absolut stimmig und mit den Spuren im Einklang ste-hend, wurde kein Gehör geschenkt.

In der zunächst nur von der Verteidigung vertretenen Alternativ-Ver-sion beginnt das Geschehen damit, dass das Opfer den Angreifer im

Thekeninnenraum anschaut. Es kommt dann zu einem Gerangel und dem ersten Schuss von vorn (Bauch-Schuss). Dies passt zu der an der Leiche feststellbaren, einzig möglichen Schussrichtung des zweiten Schusses: von oben rechts nach unten links durch den Arm durchschlagend und dann in die Lunge. Das Opfer dreht sich, mit dem Kopf noch oberhalb der Ablage befindlich, und hustet dabei Blut aus der Lunge auf die Anrichte. Auf dieser befinden sich zu diesem Zeitpunkt noch keine Spiegelsplitter.

Während der Körper-Drehung setzt Streicher den Revolver nahe an oder auf den Rücken des Opfers und drückt erneut ab. Das Opfer fällt nach vorne und bleibt liegen. Der vierte Schuss geht, wie im Western, als Warnschuss in den Spiegel unter der Decke. Nun regnen Splitter auf die Anrichte und damit auch in die dort schon befindlichen Blutspuren aus der Lunge des Opfers.

Das zweite Opfer nähert sich Streicher trotz des Warnschusses; der schießt daraufhin zum fünften Mal – im Inneren des Theken-Bereiches stehend – und verletzt so auch das zweite Opfer tödlich.

Die Augenbrauenverletzung ist in diesem Szenario nicht mehr erforderlich. Sie kann nach rechtsmedizinischer Aussage ohnehin länger (etwa einen Tag) vor der Schießerei entstanden sein; im Institut für Rechtsmedizin war die Verletzung auch bereits krustig vertrocknet, wie beispielsweise bei einer beginnenden Heilung.

Die alternative Geschehens-Reihenfolge erklärt als einzige, wie die Splitter auf das Blut auf der Anrichte fallen konnten und zeigt anhand der bekannten Geschoss-Reihenfolge eindeutig, dass der Rückenschuss nicht der erste, sondern der letzte Schuss auf das erste Opfer war.

Der Ablauf, der im Urteil beschrieben ist, ist damit durch objektive Befunde – also nicht etwa durch abweichende Auslegung und Abwägung – widerlegt.

Ausgang des Verfahrens

Aufgrund der neuen Sachbeweise wurde eine Wiederaufnahme beantragt. Bei einer auf Geheiß des Bundesverfassungsgerichts und nur extrem
zäh zustande gekommenen, formellen Vorbesprechung vor dem Kölner
Landgericht im Jahr 2009 waren alle Sachverständigen aus der Hauptverhandlung sowie die neu hinzugezogenen Sachverständigen anwesend.
Die neuen Sachbeweise wurden unter Einbeziehung aller Sachverständigen diskutiert. Soweit für die Autoren erkennbar, wurden die neuen
Tatsachen ausführlich und sehr klar dargelegt, von allen Beteiligten offen
und ausführlich diskutiert und einwandfrei verstanden.

Dennoch wurde die Wiederaufnahme abgelehnt. Dies wunderte uns
als juristische Laien, weil nicht nur wir, sondern auch das BVerG Bedenken
wegen „erheblicher Argumentationslücken" in den Beurteilungen der
bisherigen Gerichte bekundet hatte. Das BVerfG riet angesichts der unter
anderem von uns neu ermittelten Tatsachen wörtlich, dass „alle diese
Gesichtspunkte bei der gebotenen Gesamtbetrachtung des Geschehens-
ablaufes nicht unberücksichtigt bleiben dürfen" und verwies das Verfahren wieder zurück ans Landgericht Köln, das die weitere Bearbeitung bis
dahin abgelehnt hatte.

Das Landgericht Köln kam nun aber erneut zum Schluss, dass eine Wiederaufnahme abzulehnen sei. Allerdings fanden sich in der Ablehnung
unrichtige Wiedergaben dessen, was von Seiten der Sachverständigen
persönlich, ausführlich und in einfachen, klaren Worten dargelegt worden
war. Die falsche Wiedergabe dieser Feststellungen durch das Gericht
musste von uns auf Eigeninitiative hin schriftlich korrigiert werden – ein
Vorgang, den wir noch nie im Zusammenhang mit gerichtlichen Sachver-
ständigen-Aussagen erlebt hatten.

Obwohl das Landgericht auf der sachlich und fachlich widerlegten – und
sogar vom höchsten deutschen Gericht bemängelten – Geschehens-Ab-
folge in diesem Fall beharrte, wurde der Verurteilte nach über neun
Jahren im Hochsicherheitsgewahrsam plötzlich und ohne für uns oder ihn
erkennbare Gründe (seine Führung in der JVA war tadellos gewesen) in
ein anderes Gefängnis mit deutlich gelockertem Vollzug überführt. Er bleibt

aber bis auf Weiteres – obwohl durch die naturwissenschaftlich-medizinisch-forensische Spurenlage widerlegt – wegen Mordes inhaftiert.

Auch wenn es sich um den Sonderfall handelt, dass der Täter aus dem Milieu kommt und die Schüsse zugibt, muss es doch eine ungünstige Wirkung auf die Öffentlichkeit haben, dass die klare Spurenlage (Blut-, Faser-, rechtsmedizinische, Geschoss- und weitere Spuren), die in diesem Fall sogar vom BVerfG als stärker zu berücksichtigen empfohlen wurde, hinter einer einzigen Zeugen-Aussage eines sogenannten „Knallzeugen" (auf Schuss bezogener Zeuge) mit den bekannten Widernissen zurück steht.

Fall 3: Durchgebrannt? – Unfall? – Mord? Der Fall Raven Vollrath

Auftragserteilung

Im Januar 2008 beauftragte uns Familie Vollrath, die Akten im Fall ihres verstorbenen Sohns Raven zu sichten. Sie versprach sich Hinweise darauf, dass Raven nicht wie von der Polizei angenommen tödlich verunglückt, sondern Opfer einer Tötung war. Im Juni 2006 war die Leiche des Jungen nach sechsmonatiger Vermisstenzeit teilskelettiert in der Nähe eines Skiliftes in Österreich in einem Bachbett gefunden worden.

Anfängliche Einschätzung nach Aktenlage

Familie Vollrath hatte ihren Sohn Raven Ende Dezember 2005 als vermisst gemeldet, da er sich nicht wie sonst üblich von seinem Saisonjob in Österreich täglich bei den in Deutschland lebenden Eltern telefonisch gemeldet hatte.

Sie kontaktieren den Arbeits-Kollegen und Mitbewohner von Raven in Österreich und erhielten die Information, ihr Sohn sei mit einem Mädchen durchgebrannt. Das hielten die Eltern für extrem unwahrscheinlich. Sie fuhren nach Österreich, um sich persönlich ein Bild zu machen.

Raven hatte während der Wintersaison an einem Skilift gearbeitet und mit seinem Kollegen und dessen Mutter eine kleine Abstellkammer direkt an der Liftanlage bewohnt. Die Eltern Vollrath befragten die beiden Mitbewohner erneut zum Verschwinden von Raven. Beide beharrten darauf, dass Raven eines Nachts mit einem ihnen unbekannten Mädchen verabredet gewesen war und mit diesem durchgebrannt sei.

Diese Version zum Verschwinden des Jungen erschien auch der Polizei plausibel. Auf dem Parkplatz der Liftanlage entdeckten die Eltern Vollrath jedoch das unverschlossene Auto ihres Sohnes, in dem sich seine gesamten privaten Dokumente wie Führerschein und Pass sowie eine einzelne Socke von Raven befanden. Die Polizei stellte das Auto daraufhin sicher und beließ es bis April 2006 auf dem Parkplatz vor der Wache. Eine spurenkundliche Untersuchung des Autos blieb aus. Die Dokumente und die schon erwähnte einzelne Socke asservierten schließlich die Eltern, nicht die Polizei. Weiterhin galt als offizielle Version: Raven war durchgebrannt.

Am 12. Mai 2006 war der Schnee im Skigebiet weggeschmolzen. Als in einem Bachlauf nahe dem Skilift Müll aufgesammelt wurde, fand man Ravens Parka sowie eine Matratze, die aus der Unterkunft des Kollegen stammte. Am 10. Juni 2006 fanden Passanten die teilskelettierte Leiche des Jungen.

Die Bekleidung bestand aus einem bereits stark zersetzten T-Shirt, einer langen Unterhose sowie – am Fuß der Leiche – die zweite Socke, passend zu der aus seinem Auto sichergestellten. Der Leichenfundort lag 2,5 Kilometer von der Lift-Anlage entfernt.

Identifiziert wurde Raven über Zahnstatus und DNA-Profil. Die toxikologische Analyse ergab eine – wegen der Fäulnis natürlich mit allergrößter Vorsicht zu bewertende – Blutalkoholkonzentration von 0,8 Promille. Die Polizei schloss daraus, Raven habe nachts mit seiner Matratze alkoholisiert die Unterkunft verlassen, sei im Schnee 2,5 Kilometer ohne Schuhe umhergewandert, hätte sich mit seiner Matratze im Bachbett zum Schlafen hingelegt und sei schließlich dort erfroren.

Die Sektion ergab aufgrund der fehlenden Weichteile keine Auskunft darüber, ob Fremdeinwirkung (hier: Verletzungen an den Weichteilen) vorgelegen hatte.

Bis zu diesem Zeitpunkt war nur der Kollege und Mitbewohner Ravens zu dem Vorfall polizeilich befragt worden, nicht jedoch dessen Mutter, die zum Zeitpunkt des Verschwindens bei den beiden gewohnt hatte und als alkoholabhängig galt.

Die Eltern von Raven gaben sich damit nicht zufrieden; sie glaubten weniger denn je an einen Unfall. Nach vielen Beiträgen in TV- und Printmedien, in denen Familie Vollrath die Vorgehensweise der Polizei anprangerte, wurden im Januar 2008 die Ermittlungen wieder aufgenommen. Unter anderem hatten die Eltern Vollrath im Jahr 2007 bei einer selbst durchgeführten Suche in der Umgebung des Leichenfundortes einen blutdurchtränkten Badvorleger gefunden, der ebenfalls der Unterkunft von Raven und dessen Kollegen zugeordnet werden konnte.

Im Laufe der erneuten Ermittlungen wurde schließlich die Mutter des Kollegen/Mitbewohners befragt. Sie belastete ihren Sohn und sagte aus, dieser habe Raven erstochen.

Bei der Tat sei sie nicht anwesend gewesen, jedoch habe sie bei der Beseitigung der Leiche geholfen. Sie hätten Raven mit seinem eigenen Auto an die spätere Fundstelle gefahren und ihn dort mitsamt seiner Matratze über das Brückengeländer geworfen. Diese Aussage wiederholte sie vor einem Richter, machte in der Hauptverhandlung dann aber von ihrem Zeugnisverweigerungsrecht Gebrauch. Dies und die Tatsache, dass sie alkoholkrank war, erschwerte die Verwertbarkeit der ersten Aussage.

Die österreichischen Behörden begingen daraufhin den Tatort mit einem Blutspürhund. An Stellen, an denen der Hund anschlug, wurde eine Luminoluntersuchung durchgeführt und an Bereichen mit positiver Reaktion Abstriche genommen. Im Institut für Gerichtliche Medizin der Medizinischen Universität Innsbruck wurden die Abriebe analysiert. An drei dieser Abrieben konnte zweifelsfrei Blut nachgewiesen werden. Die molekularbiologischen Untersuchungen sämtlicher Abriebe führten jedoch zu keinen verwertbaren Resultaten. Das Gutachten vermerkt, dass entweder zu wenig intakte humane DNA vorhanden war oder es sich um Tierblut gehandelt hatte. Weitere Spuren-Untersuchungen wurden trotz dieses Ergebnisses nicht vorgenommen.

Weitere Untersuchungen

Die Eltern Vollrath hatten bei einem ihrer Besuche in der Unterkunft von Raven und dessen Kollegen einige Holzdielen aus dem Boden gebrochen. Auf diesen hatten sie nicht untersuchte, an Blut erinnernde Flecken gesichtet. Einige dieser Stücke brachten sie zur einer Besprechung in unser Labor. Der Blutschnelltest zeigte an mehreren Stellen auf den Holzstücken eine positive Reaktion. Wir rieten der Familie, die Holzstücke dem LKA mit der Bitte um Untersuchung zu übergeben, damit alles erstens behördlich, zweitens kostenneutral und drittens aus einer Hand bearbeitet werden würde. Die Frage war: Handelte es sich um menschliches Blut und wenn ja, kann ein DNA-Profil daraus erstellt werden?

Des weiteren rieten wir dringend zu einer Exhumierung der Leiche und einer erneuten Sektion, möglichst mit Virtopsie (Durchleuchtung), um eventuelle Stichverletzungen an den Knochen begutachten zu können.

Aus dem Gutachten des LKA Thüringen ging hervor, dass an den blutverdächtigen Anhaftungen der eingesandten Holzstücke nun kein Blut mehr nachweisbar war. Aus der molekulargenetischen Untersuchung der Materialproben war die Bestimmung eines DNA-Identifizierungsmusters nicht möglich. Die Schlussfolgerung: Es konnten keine weiteren Hinweise zum Verletzungsort des Geschädigten gegeben werden.

Die Exhumierung und anschließende Sektion im Institut für Rechtsmedizin der Universitätsklinik Jena im November 2008 ergaben an Brustbein sowie der sechsten und siebten Rippe des Leichnams gradlinige, glattrandige Knochenverletzungen (Stich-Schnitt-Verletzungen).

Das Gutachten bestätigt, dass für die Beibringung der Rippenverletzungen ein spitz zulaufendes scharfes Messer in Betracht komme. Diese drei – wegen der Knochendefekte einzigen noch sichtbaren – Stichverletzungen waren nicht todesursächlich: Es konnten weder stark blutende Gefäße noch Brustorgane verletzt werden, da die Knochen jeweils nicht durchstochen wurden. Nach Einschätzung der Rechtsmediziner erfolgte die Verletzungsbeibringung am liegenden Opfer. Im Dezember 2008 wurde der Kollege/Mitbewohner von der Skiliftstation wegen Totschlags angeklagt. Die Verhandlung fand in Deutschland statt. Die befragte Rechtsmedizinerin erklärte, es sei aufgrund des Stichmusters nicht auszuschließen, dass weitere Stiche ausgeführt wurden, die nicht auf Knochen trafen, sondern Lunge oder Herz tödlich verletzten. Aufgrund des Zersetzungszustandes der Leiche konnte das aber naturgemäß nicht belegt werden.

Ende Dezember 2008 wurde der Angeklagte nach einem Indizien-Prozess wegen Totschlags verurteilt.

Unsere Sicht auf den Fall

Nur das erbitterte Kämpfen der rechtlich und verfahrenstechnisch vollkommen ungeübten Eltern hat dazu geführt, dass die Ermittler die anfänglichen Feststellungen Jahre später zurücknahmen und neue Befunde schließlich die Wahrheit deutlicher darstellen konnten.

Der Zorn der Eltern auf die verpassten Ermittlungsschritte direkt im Anschluss an die Tat ist auch aus unserer rein spurenkundlichen Sicht nachvollziehbar. Eine Untersuchung des Autos des Vermissten unmittelbar nach dessen Verschwinden und auch die Untersuchung der blutähnlichen Anhaftungen, die unserer Meinung nach damals noch gut typisierbar gewesen wären, hätten sehr viel früher Hinweise auf eine Fremdverschulden bzw. ein Gewaltdelikt liefern können. Den Angehörigen bleibt der bittere Beigeschmack, dass sie ohne jeden Grund mit unbewiesenen, nicht belegbaren Erklärungen abgespeist wurden, obwohl umfangreiche Spurenfelder sehr leicht verfügbar waren. Die Eltern mussten mehrere

Jahre Zeit und Energie aufbringen, um die Ermittlungen zum Tod ihres Sohnes überhaupt ins Laufen zu bringen.

Damit endet unsere Serie von drei Tötungsdelikten, in denen die Spuren trotz deutlicher Hinweise nicht sinnvoll gewürdigt wurden.

Es handelt sich, wie wir sowohl aus unserer Praxis als auch aus Hunderten von Gesprächen mit über diese Situation ebenfalls unglücklichen Polizisten wissen, nicht um Einzelfälle.

Wodurch die aktive Spurenblindheit und -missachtung in Fällen wie den hier geschilderten entstehen kann, ist nicht Gegenstand unserer Fall-Serie.

Wir möchten aber darauf hinweisen, dass objektive Spuren unbedingt beachtet werden sollten, um nicht zu bewirken, dass die übertriebene Zuversicht der Bevölkerung in die Tatort-Arbeit – der so genannte „CSI-Effekt" – in das Gegenteil umschlägt. Aus unserer juristischen Laiensicht wird gezeigt, dass objektive Sachbeweise entgegen populärer Annahmen noch immer ungenügend gewürdigt werden und dabei Verurteilungen mit langen Haftstrafen entstehen können, die für Laien, aber auch naturwissenschaftliche Kriminalisten nicht leicht nachvollziehbar sind.

Anhang

Fußnoten

1   Marks genetischer Vater
2   Marks Frau
3   Lydia: Eine erstaunlich gute Kurzbeschreibung, besonders erstaunlich, weil sie Mark, der ja in Köln lebt, so selten sehen.
4   Rammstein: Stirb nicht vor mir. Aus: Rosenrot, Universal Music, 2005.
5   http://www.vol.at/news/welt/artikel/niedriger-luftdruck-im-flugzeug-steigert-lust-auf-tomatensaft/cn/news-20100211-01461625
6   Dies ist ein theoretisches Rezept, da Lydia weder kocht noch bäckt.
7   Zuerst erschienen im **Bodystyler**-Magazin.
8   Ja, Dudelsäcke sind (auch) ein Militärinstrument. Tina erscheint das aber nachvollziehbahrer Weise etwas veraltet …

9   Liebe Mütter und Väter, dies geht nicht gegen eure Kinder! Nach langjähriger Erfahrung mit Menschen verschiedenster Coleur hat es sich als hilfreich erwiesen, sich vorzustellen, man müsse etwas einem Dreijährigen ohne Hirn erklären. Nur so vergisst man keine relevanten Details oder Vorgänge zu erwähnen.

10   Aus: **SeroNews**, Institut für Rechtsmedizin, Universität Düsseldorf. Diese Artikelversion ist eine Rohfassung und daher nicht voll identisch mit der gedruckten Originalversion aus den **SeroNews**, die Kollege Wolfgang Huckenbeck, Institut für Rechtsmedizin der Universität Düsseldorf, herausgab.

11   Aus: **Zeitschrift für Rechtsmedizin**, 2008.

12   Das Armenviertel ist mittlerweile abgerissen und durch einen Park ersetzt worden. Wer die Zustände von damals erahnen möchte, kann sich den Film **Orozco, the Embalmer** (2000) ansehen.

13   Siehe dazu ausführlich: **Aus der Dunkelkammer des Bösen**, Lübbe, 2011.

14   Siehe dazu auch das Video von der Kuh und Mark, die versuchen, die Straße zu überqueren – die Kuh gewinnt (youtube channel „Mark Benecke")

15   Gabriele Goettle ist eine der mit Abstand besten Autorinnen Deutschlands. Kauft ihre Bücher – sie enthalten fantastische Beschreibungen von Nerds, Sonderlingen und anderen Menschen, die ganz besonders sind. Ihren Artikel hat sie mir für den Abdruck hier geschenkt, wofür ich ihr sehr, sehr, sehr dankbar bin.

16   Mittlerweile gibt es zum Glück weitere Arbeitsgruppen.

17   Die Namen mancher Beteiligter sind in diesem Teil des Buches geändert.

18   Aus: **Vampyre Chronicles**, Mai 2008, Volume 2, Issue 9, S. 26/27

19   Das Wort Yelle muss in verschiedenen Varianten verwendet werden in Abhängigkeit zum grammatischen Zusammenhang – die unterschiedlichen Schreibweisen: Yelle/Yellele.

20   Details: Siehe **Vampire unter uns!**, Band 1 und 2, Verlag Roter Drache, 2009/2010.

21   Ergebnisse veröffentlicht als: W. F. Angermeier, M. Benecke, B. Göhlen

und V. Kolloch (1993) Inhibitory learning and memory in the lesser topshell (Monodonta lineata, Da Costa 1767). Bull. Psychonomic Society, Vol. 31, S. 529–530.

19 Diese Texte haben wir für KriminalistInnen geschrieben. Sie sind daher etwas sachlicher und sollen noch einmal zeigen, wie sehr wir herumkniffeln müssen, um Fälle zu verstehen, und wie wenig das oft nützt.

Bildnachweis

Die letzten Korrekturen für das vorliegende Buch fanden in den heißesten Monaten des zum Glück meist, aber eben nicht immer, regnerischen Jahres 2011 statt. Um der Sonne zu trotzen und wegen diverser Sonnenstiche trage ich diese Ausgeburt eines Altersheimes gegen die fiesen Strahlen.

Ganz zum Schluss:

Ein megafettes Dankeschön an alle AutorInnen und FotografInnen, die dieses Buch möglich gemacht haben, sowie an unsere Lektorin Julia Lössl, die über meine zwanghaften Korrekturen nie den Humor verloren hat.

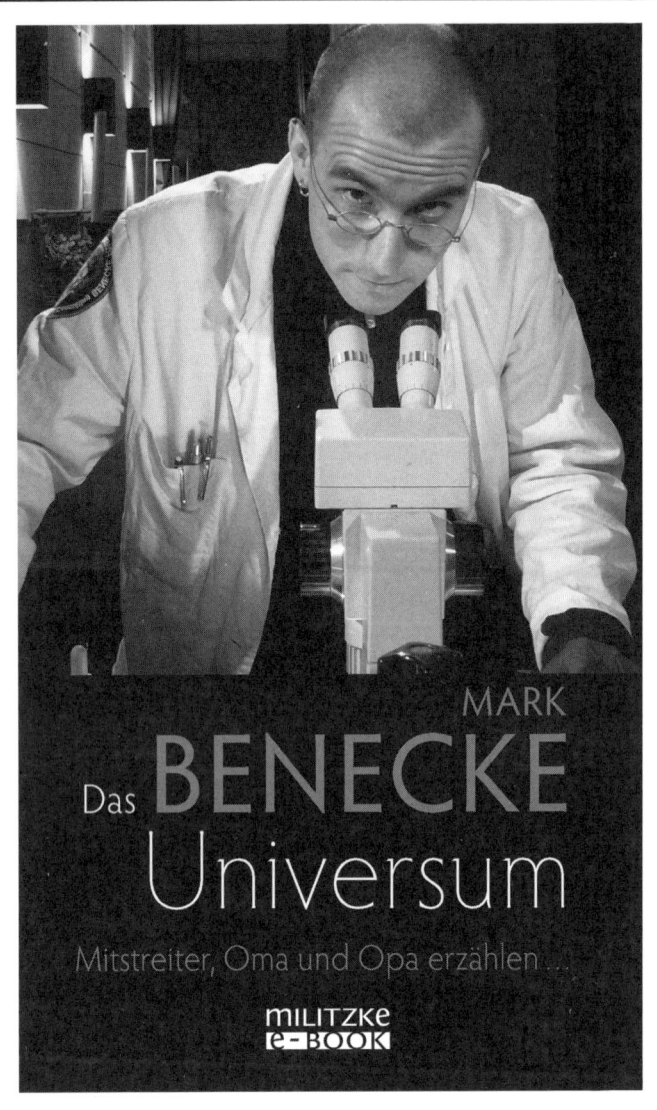